借鉴三百余个历史故事
引导你何时进、退、守、显、藏
运用启发式的进阶教程
助你找到人生的目标和方向

蜕 变

——走向成功的64条法则

林柏恩◎ 著

中华工商联合出版社

图书在版编目(CIP)数据

蜕变 / 林柏恩著. -- 北京：中华工商联合出版社，
2019.1

ISBN 978-7-5158-2462-8

Ⅰ.①蜕… Ⅱ.①林… Ⅲ.①成功心理－通俗读物
Ⅳ.①B848.4－49

中国版本图书馆CIP数据核字（2019）第 015039 号

蜕变——走向成功的64条法则

作　　者：	林柏恩
策划编辑：	李红霞
责任编辑：	马　燕
封面设计：	周　琼
责任审读：	郭敬梅　李　征
责任印制：	迈致红
出版发行：	中华工商联合出版社有限责任公司
印　　刷：	唐山富达印务有限公司
版　　次：	2019年5月第1版
印　　次：	2022年2月第2次印刷
开　　本：	710mm×1000mm　1/16
字　　数：	330千字
印　　张：	27
书　　号：	ISBN 978-7-5158-2462-8
定　　价：	49.80元

服务热线：010-58301130
销售热线：010-58302813
地址邮编：北京市西城区西环广场A座
　　　　　19-20层，100044
http://www.chgslcbs.cn
E-mail: cicap1202@sina.com(营销中心)
E-mail: gslzbs@sina.com(总编室)

爱迪生曾说过："成功是99%的努力加上1%的天才。"这话说得没错。人生要成功，非得付出大量的努力不可。然而在社会上，我们都发现了一个事实，就是很多的人都很努力地工作，但成功的人却只有少数！这个事实令我们不禁怀疑爱迪生有没有说谎。就我而言，我认为他没有。一个人能成功，努力是一个重要的因素，但问题是我们应该在什么地方努力？我们又应该怎样努力？这些关乎环境、际遇、处世的问题，需要清楚地认识并认真对待，才能与我们的努力产生化学反应，才可以将我们的潜能完全激发出来。本书将帮助你发现自己的处境，分析形势，指明方向，借着启发式的思考让你找到人生的方向和目标，辨别你现在在个人、人事、环境中的各种现象，使你在每个人生的机遇中，都找到解决方案，对未来更能运筹帷幄。

本书每一章都包括总体特征、进阶教程、要点总结三部分，可在不同的方向，给予人提醒和目标。尤在进阶教程中，针对每个人生不同的环境，引导你何时进、退、守、显、藏，又建议你在每个环境中应当如何自处，不论顺境逆境都能走得安全。每一条建议，都会给予你非常清晰的提示，只要跟随其中，自然益处良多！

本书并非教导你如何趋吉避凶，而是以启发形式指导你如何思考，帮助你做合适的决定。因为我们相信，你的潜能可以改变你的一生！所以，本书借着问题，助你了解切身的环境，了解你的需求，从而发展自己无限的潜能！过程中读者需要多加思考，不仅要阅读，更要留心书中问题背后的深意，若如此，必能得到最大的益处！

目录
Contents

第一章　创造的力量

总体特征

"创造的力量"不亚于混沌初开时的大爆炸。尤以精神及意志的力量不同寻常，这力量是来自于那份最原始的指令，无论我们那倔强的理性思维是怎样的，这力量仍会把我们带向不同的命运。

在政治或商业的事务里，你展现力量会被视为领导者或统治者，其他人会向你求取指引及辅导。你会有机会把你自己的个人欲望和社会的需要融合，然后制造秩序和安宁。你可以很容易地创造秩序和安宁。你可以很容易地创造功能职务和组织人群，从而带给他们兴旺及快乐。因为你的以身作则，你身边的人都会获得提升。

抛开所有所谓的干扰和无关紧要的小事，你一定要好好地运用这能力，不要把这超卓的"创造力"浪费在无目的的事情里。现在你做的所有事都会带领你达到更远大的目标，因此你要小心保存及运用你的资源。把握时机的技巧是成功的重要元素。经常处于随时可以行动的状态，保持鉴别能力，坚守正义，你便可洞察到时机的来临。你要知道你的行动会带来什么后果，也要知道什么时候不要采取行动，这精辟的警觉能力才是人所谓的"上智"。

在人际关系里面，你会成为中心人物。你的家人或伴侣会以你为领导，你要有信心地主动带领他们，同时，个人成长速度会加快。坚守高尚的原则及远大的理想，便能为自己提升内在的力量。

进阶教程

● 阶段一

1. 阶段特征

事物的萌芽时期，机遇及潜力初起，力量薄弱，还不能主事，应该隐忍不动，正视自己，养精蓄锐，等待时机。

2. 历史故事

潜龙伏深渊，自勉以待时

刘备是一个中国历史上尽人皆知的人物，桃园结义、三顾茅庐、草创蜀汉基业，皆为脍炙人口的佳话。但即便是这样一个英雄人物，在创业之初也有着一段辛酸的历史，也可以说是一段积蓄力量、厚积薄发的历史。

刘备乃是中山靖王之后，响当当的皇亲国戚，但因酎金夺爵而家道中落，后父亲举孝廉，官至东郡范令。父亲刘弘早亡，母亲无以养家，只能带着童年的刘备一起织席贩履，刘备就这样开始了自己清贫的童年生活。

刘备有着远大的抱负。他不爱读书，却喜交天下豪杰，与年少的公孙瓒，大富商张世平、苏双等人结交，同时他还拜九江太守卢植为师，扩大自己的影响力，为以后建立自己的军事武装奠定了基础。

3. 实现方法

①整理数据及资料；②加强锻炼及增进知识技巧；③虚心谦卑。

4. 日省吾身

①有没有收集好足够的参考资料呢？②是否整理了一份详尽的计划书？③有什么技巧需要加紧磨炼的呢？④有没有人可以求教指点的呢？⑤要成功，有哪些关键要素呢？⑥需要多少时间，才可以熟练掌握各种技巧呢？⑦如果有一件事，会导致最后事情失败，那会是什么事呢？⑧完成哪些事情，可以令你成功机会大增呢？⑨如果有一个时机比现在更好，这机会是何时呢？

● 阶段二

1. 阶段特征

经过积蓄酝酿，初具力量，头角渐露，才华初显，寻找机会以图发展。只要因循正途，越是品格道德高尚的人或事，越有一番大作为。

2. 历史故事

品高德自重，因时露峥嵘

正所谓时势造英雄，公元184年，刘备苦苦等待的时机终于到来了。这一年，不堪忍受压迫的农民揭竿而起，人数达十万余人，势力范围覆盖大部分国土，一时间，"内外俱起，八周并发"，史称"黄巾起义"。

黄巾起义很快波及刘备所在的地方，地方官无力自保，便要求治下各村寨结营练武，训练乡勇。刘备看准时机，与关羽、张飞共同举兵，建立起了自己的军事武装。在多次与黄巾军的战斗中，刘备武装屡立战功，因军功被封为安喜县县尉，即一个县城的军事长官。至此，刘备终于看到了实现抱负的一线曙光。

3. 实现方法

①厘清个人的愿景、使命和价值观；②以利人利己的"共赢"原则为出发点；③言行一致，公平、公正、公开，以建立公信力。

4. 日省吾身

①你渴望达成的理想中的愿景是什么呢？②若真的成功，你最想与什么人分享呢？③整个过程中，最受影响的人是谁？会不会对他们造成不公平？④这件事情是基于什么使命为出发点的呢？⑤推行这件事的过程中，有没有一些价值观念作为决策的原则呢？⑥今次的行动计划，有没有需要向某些人交代的呢？⑦此事过后，有哪些人受惠，最大得益者是谁？⑧有没有人表现出支持或者同意你的想法呢？他们所持的依据是什么呢？⑨过程当中，有没有任何需要兑现的诺言呢？⑩若出现得失，你如何交代和平衡各方面利益呢？

● 阶段三

1. 阶段特征

即使有机遇和能力，也需要经历一段努力的过程，当中的专注力决定成败。所以，必须艰苦奋斗，团结同事，服从领导，多挑重担，在困难中自我成长，在艰苦中锻炼意志。

2. 历史故事

道路多艰险，世事几沉浮

刘备初露锋芒，官至县尉，但此时东汉政权已经腐败透顶，且国库空虚。很快朝廷下令，因军功入官之人必须精选淘汰，该郡督邮便想趁机遣散刘备武装。刘备得到消息后，马上要求面见督邮，但吃了闭门羹，刘备因此带兵强行闯入，将督邮捆绑起来，鞭打两百，之后与关羽、张飞等人弃官逃亡。

在后来的岁月里，刘备先后投入毌丘毅、公孙瓒等人帐下，且屡有建树，但也几经沉浮。后来，黄巾军管亥率众攻打北海郡，北海相孔融派人求救，刘备领三千精兵驰援，黄巾军四散逃窜，刘备也因此声名鹊起。

公元194年，曹操以报父仇为名攻打徐州，徐州牧陶谦请求救兵，刘备再次驰援。曹操退军后，陶谦感激刘备相救之德，表奏其为豫州刺史，驻军小沛。公元195年，陶谦病故，刘备代领徐州牧。

虽然在事业上屡遭挫折，但凭借着顽强的毅力、不屈的精神，以及精准的眼光，刘备终于迎来了事业上的第一个高峰，成为一州之长。

3. 实现方法

①努力不懈，坚守行动计划；②随时提高警觉，小心行事；③不断强健振作，自我激励。

4. 日省吾身

①遇有逆境，你会保持的信念是什么？②以你对自己的了解，你的"持久力"如何呢？试着描述一下。③面对各种各样的合作伙伴，你会如何协调融合呢？④面对源源不断的要求和压力，你会如何应付呢？⑤当你疲倦不堪之时，如何能够紧守岗位，保持素质水准呢？⑥过程中最要谨慎小心的是什么呢？⑦有什么策略，可以确保有效保持体能状态呢？⑧如果有一句名言可以激励你，会是什么呢？⑨如何有效提升工作时的专注力呢？

● 阶段四

1. 阶段特征

任何事物的发展都不是直线的，而是曲折的，有起落的。我们需要在曲折中发展，在迂回中前进，因此，要有平静的心态，坚持忍耐，善于等待。要坚信前途是光明的，即使暂时没有大的跨越式发展，退而自保也是非常重要的。要特别注意对自己人格品质和道德水平的提升。这样可以兼善天下，施惠于人。

2. 历史故事

抱残以守缺，厚积而薄发

刘备入主徐州后，马上招募了万余人的军事武装。公元196年，袁术大举进攻徐州，刘备前往迎战，但大本营却被吕布偷袭，妻子被俘虏，军士离心，再败于袁术，困顿至极。辛亏得到糜竺以家财助军，才与吕布媾和，迎回妻子，暂住小沛。

不久，吕布进攻小沛，刘备战败，不得以前往投靠与吕布为敌的曹操。曹操之前为拉拢刘备，已经表奏他为豫州牧，刘备从此被称为"刘豫州"。此后，刘备与曹操联合进攻吕布，吕布战败被杀。曹操带领刘备回到自己的大本营——许都，并表奏刘备为左将军。

在许昌的这段时间里，发生了一段后来广为人知的故事，那就是"煮酒论英雄"。当初曹操为了拉拢盟友、壮大自己，收留刘备。如今吕布已败，刘备就成了肘腋之患。刘备知道曹操疑心重，于是每日种田为业，不再过问政事。曹操派人监视刘备，得知其无心功业，但仍不放心，于是找一天与刘备煮酒饮乐。在酒席上，曹操让刘备遍数当今英雄人物，但一一贬斥，随即对刘备说："今天下英雄，就是你和我啊！"刘备大惊，失手掉落筷子。正好雷声大作，刘备趁机说："是打雷的缘故，让我受到惊吓，掉落了筷子。"曹操听后哈哈大笑，说道："英雄也怕打雷吗？"之后便放松了警惕。

当时正值袁术称帝自立，刘备趁机劝说曹操以汉献帝名义前往讨伐，与朱灵一起进攻袁术，后进军下邳，杀死曹操心腹、徐州刺史车胄，占领徐州，从而摆脱了曹操的控制。之后，在徐州施行仁政，受到当地百姓的喜爱，终于站稳了脚跟。

3. 实现方法

①维持良好的情绪水平，防止大起大落；②有弹性地去处理问题，顺应环境变化；③抱持积极的心态，坚韧不拔，直至成功。

4. 日省吾身

①如果过程出现波折，你最难忍受的会是什么？②如果迟迟都未见成效，你会不会放弃呢？③你觉得当障碍产生，进度停滞不前时，最重要的信念应该是什么呢？④遇有进展，你会对自己说什么呢？⑤世事常变，你觉得自己顺应环境变化的能力强吗？⑥面对经常改变的工作要求，你要如何适应呢？⑦最能令你情绪失控的事情是什么呢？⑧如何保持"大无畏"的积极心态呢？⑨如何能够在过程中，做到胜不骄，败不馁呢？⑩如何能够确保将专注力放在受控圈而不是不受控圈呢？

● 阶段五

1. 阶段特征

凡各种元素匹配，天时、地利、人和得以协调，就会产生无穷的力量，无限的发展空间，此时必定是大展才华与能力、大展宏图之时。

2. 历史故事

龙非池中物，因时舞九天

公元208年，曹操基本统一北方，率军大举南下，希望一举统一大江南北。此时的刘备虽然势力较弱，但文有诸葛亮主持大局，武有关羽、张飞、赵云冲锋陷阵，又有皇叔正统之名，可谓天时、人和俱佳。

面对摧枯拉朽的曹操大军，刘备占领江陵，派遣诸葛亮联合孙权，凭借长江天险抵御曹军，以北方青州军为主的曹军不识水性，刘备也趁此抢占了地利之便。同年，孙刘联军火烧赤壁，大败曹军，曹操狼狈北逃，仅以身免。自此一场大战，曹操暂时无暇南顾，孙权也不得不休养生息，长江沿岸留下了大片开阔地可供刘备占据。刘备抓住时间，收复荆州四郡，再加上江陵，一共五郡在手，成了刘备建立大业的根基。

公元211年，刘备入川，三年后占领益州全境。至此，蜀汉的版图基本形成，三分天下，刘备已有其一。

3. 实现方法

①尽情发挥真知灼见，实现个人理想；②善于利用周遭各种环境，以为己用；③突破旧有框架，尝试新的领域和创见。

4. 日省吾身

①现在是不是最适合的环境呢？为什么？②现在有没有足够的人力资源来协调呢？③现在是不是最合适的时间呢，为什么？④当中有多少助力？发挥的潜力如何？⑤可发展的空间如何？最大的可能性是什么？⑥你认为各种资料应该如何协调？⑦有多少值得拓展的项目呢？⑧成功后应该如何庆祝呢？⑨会不会有一些崭新的观念出现呢？⑩三年内各项事情会以何顺序发生呢？

● 阶段六

1. 阶段特征

事物发展到极限，穷极必反，必然潜伏着盛极而衰的危机，构成了矛盾向相反的方向转化的契机。凡是偏激，到达极点，势必遭受挫折而后悔，乐极生悲。

2. 历史故事

盛极必复衰，亢龙亦有悔

公元218年，刘备率军进攻汉中，与夏侯渊、张郃相拒。翌年，于定军山大败曹军，黄忠阵斩夏侯渊。曹操闻讯后亲自带兵前来救援，刘备据险而守，另派黄忠、赵云在汉水断了曹军粮草，曹军军心大乱，不得以退兵。刘备趁机占领汉中，并派遣刘封、孟达占领上庸。

公元219年，负责守卫荆州的关羽统帅大部分荆州军向樊城、襄阳等地进发，樊城守将曹仁被困城中。曹操急忙派遣于禁、庞德前去救援。时值雨季，关羽利用曹军扎营的失误，命令荆州军建造大船，调水军集结待命。汉水果然暴涨，于禁统帅的援军被淹，全军覆没，庞德战死，于禁被擒。

此时刘备已经占领汉中，进位汉中王，关羽又打破曹军，一度迫使曹操商议迁都，以避蜀汉军队锋芒。此时的刘备可以说是志得意满，前景一片大好！然而，正如老子所言："福兮祸之所倚，祸兮福之所伏。"军事上的连战连捷，掩盖了政治上的巨大隐患。

此时，孙权因为荆州的归属权一事，已经与刘备产生了巨大的裂痕，孙刘联盟已经摇摇欲坠。连年征战也让刘备政权国库耗损、民力惟艰。果然，就在关羽准备攻破樊城，生擒曹仁之时，孙权命令吕蒙偷袭荆州，关羽兵败被杀，刘备如断一臂。

公元222年，即刘备称帝的第二年，刘备不顾诸葛亮等人的反对，执意统兵讨伐孙权，却在夷陵之战中被陆逊所败，将军冯习、张南等战死，自己也退至白帝城。公元223年三月，一代枭雄刘备在白帝城托孤于诸葛亮，四月二十四病逝，复兴大汉基业的梦想就此破灭。

3. 实现方法

①顾及周遭环境因素；②顾及阶段性因素；③用足够的时间来深思、自律。

4. 日省吾身

①有什么事情，有可能会弄巧成拙呢？②如果事情触礁，会有什么后果？③事情进展不好的话，会有什么人受到牵连呢？④现在有哪些地方，最容易出现"意外"现象呢，为什么？⑤你可承受的风险是什么？超出哪一个范围是你不可承受的呢？⑥现实周围不利的环境因素有哪些？⑦有哪些因素是你不能控制的呢？⑧你最要提醒自己不能触犯的是什么事情呢？⑨你要立刻停止戒除的是什么呢？⑩你要尽快补救的是什么呢？

要点总结

①奋发向上，自强不息；②施仁、行礼、讲义、坚持正固；③要遵循事物的发展规律，视不同事物的发展阶段而行；④切记谦虚谨慎，懂得进退存亡得失之律。

第二章 自然反应

总体特征

这时候的焦点特质在于顺从自然及灵活应对。大自然会灵敏地随着四季的不同需求而做出反应，适当地繁殖、适应和进化，受损后亦会自动痊愈，然后巧妙地保持着大自然的平衡。大自然是世界上所有事物背后那顺从及灵敏反应的背景舞台。这时的力量来自于身边的事物，要自然做出反应，遵守自然规律而行。

这时候你要处理的是眼前的现实而不是将来的可能性，你往往只能看到身边的情况而不知道这些情况背后的推动力。因此你不应该独自行动或尝试领导他人。如果你这样做，很容易失去方向而感到迷茫，因为你现在不可能了解到这情况背后的推动力。你需要朋友和其他人的协助才能达到目的。如果你能接受这点，就会找到你需要的指引。当你顺应自然地做出反应和允许自己被引导时，就算是很难的目标也能达到。

在复杂的商业或政治事务里，你要保持着顺应自然而做出反应的心态，这态度是你与世俗之事物之间关系的最重要元素。通过朋友、同事或伙伴的协助，你会被引领至最好的位置。最重要的是要约束自己那些想要坚持己见、控制大局的冲动。你可能一开始时太依赖自己坚强的一面，而忘记了如果运用不当，刚强的力量就会变得很危险。这时你要学习和领悟到"无为"，并感受及接受你身边最重要的人，让他们主动为你领路。处理人际关系时要维持传统的价值观，而避免冲动地去控制一切。当你考虑人生方向时，要花些时间独处，做客观的思考，努力扩展你的想法及眼光，用开放的态度去看这世界。客观的态度能让你的自然反应纯正，同时令你在处理事务时拥有耐心，获得内心的平静。

进阶教程

● 阶段一

1. 阶段特征

平淡的生活，使人懒于了解外边的世界，感受身边发生的事。而经过分析，可以预期未来，如此才能够快人一步，未雨绸缪。

2. 历史故事

居安需思危，未雨已绸缪

曾国藩，这是一个在中国近代历史上响当当的名字。无论是皇帝朝臣，还是洋人，甚至是他的敌人，都对他有相当高的评价。《清史稿》甚至评价其为"中兴以来，一人而已"。曾国藩之所以取得这样的成就，与他未雨绸缪、居安思危的性格密不可分。

曾国藩成为朝廷重臣后，声望如日中天。但他却十分明白月满则缺的道理，正所谓"金玉满堂，莫之能守；富贵而骄，自遗其咎"。他告诫家族子弟，必须走正道，保持耕读家风和礼义之泽。他说，如果子孙误入鄙薄自私的歧途，将来必定是斤斤计较，心胸一天比一天狭隘，到了那时候就难以挽回了。出于这种思考，曾国藩并没有像其他官员那样买房置地，而是极力反对家中为他购买五马冲私田。

3. 实现方法

①仔细感知事物的发展和需要；②未雨绸缪，善于为将来积累储备；③不可浮躁、自满松懈。

4. 日省吾身

①现在的形势优劣如何？②形势优劣背后的缘故是什么？③未来要面对什么危机？④有什么隐患呢？⑤需要做出准备的是什么呢？⑥有没有事情是过于乐观的呢？⑦万一将来逆境到临，什么事情是最需要留意的呢？⑧有没有危机应变计划？⑨有没有预防计划？⑩有没有资源储备计划呢？

● 阶段二

1. 阶段特征

环境适合之前，未有能力之前，需要学习为人处事之道。谨记正直、正大、正方、不反复，是成为人才的必备条件，才能在现今世道上冲出一条生路。

2. 历史故事

修身齐家，进德修业

曾国藩追求的"内王外圣"是儒家人格和思想的极致，但真正能够实现的人却寥若晨星。曾国藩为什么能成为"立德、立言、立功"的"三不朽"之完人？因为他立志要做这样的人。他在给儿子曾纪鸿的信中明确无误地表明了自己的这一志向："吾有志学为圣贤。"这样的志向，使得他自然地走上了自省、自责、自胜、自强的圣贤之路，既"进德修业，克己自律"，又"专志于学，勤于著录"。

"进德修业"正是曾国藩成为"完人"的前提。道光二十二年，他在给弟弟的信中说道："吾辈读书，只有两事：一者进德之事，讲求乎诚正修齐之道，以图无忝所生；一者修业之事，操习乎记诵辞章之术，以图自卫其身。"

3. 实现方法

①选择正直的行事方式；②锁定符合大义的目标和价值感；③安守本分，充分发挥能力。

4. 日省吾身

①有没有触及底线或违法的事呢？②有没有亏欠他人或团队？③有没有未尽己责的地方呢？④现在的行事作风是否光明磊落、合乎常规，能向公众交代吗？⑤所行的目标方向，是否正大光明？⑥所追求的宗旨和价值观，是否体现于现在的行为之中？⑦就现时的角色岗位而言，自己是否尽忠职守？⑧在职责范围内，是否已经充分发挥才能？⑨有没有滥用职权，或触及本分范围以外的事物，惹人闲言？

● 阶段三

1. 阶段特征

若太过于表现自己的才能，将会惹别人妒忌，即使身居重位，也终不得长久。要知道为人之道，乃在于能够隐藏自己，坚守正道。

2. 历史故事

忍字一把刀，心宽自可消

做官要修养心性，要"忍得住，忍得烦"，学会在收敛低调中做人，在挫折屈辱中做事，在巧妙周旋中攀升，当退则退，当进则进，能屈能伸，才能立于不败之地。曾国藩的"忍"是出了名的，这一特点甚至在他还未发迹时便已经显露。

据说曾国藩在岳麓书院读书时，与一书生同居一室，那个书生行为怪异。曾国藩的书桌距离窗户有几尺远，为了能够更好地读书，便移近窗前。那个书生发怒道："我的光线都是从窗中来的，你这一搬，把我的光都遮住了。"曾国藩说："那我的桌子放在哪里？"书生指着床侧说："放这里。"半夜，曾国藩仍旧读书不辍，那个书生又发怒说："平日不读书，这个时候了，还扰人清梦！"曾国藩便无声默念。曾国藩的忍功由此可见一斑。

3. 实现方法

①收敛锐气，忌露锋芒；②不可贪功自居，弄权自专；③避忌枝节牵连，无辜受屈。

4. 日省吾身

①是否能够敏感地察觉处境中人事关系的复杂性？②有哪些人是要小心相处的？为什么？③身边有哪些人容易散播流言？该如何应对？④自己有哪些才华和能力容易惹人注目成为焦点呢？⑤这些锋芒可能带来什么影响呢？⑥如何收敛锋芒呢？⑦现在有哪些无辜"罪名"，最容易被指责呢？⑧万一面对这些屈辱，有何自保名节的良方？⑨如何顺应众议，又如何独善其身呢？两者应如何平衡？

● 阶段四

1. 阶段特征

世事处在发展变革之中，人们相互缺乏沟通了解，关系亦变得扑朔迷离，难以测度，此时切勿表现自己，否则将很容易成为众矢之的。

2. 历史故事

审时度势，择时而发

《易经》上有这样一句话："君子藏器于身，待时而动。"意思是说，君子有才能但不使用，而要等待合适的时机。因为很多事情是需要天时、地利、人和等各个方面的因素都具备时，才能真正成功。

曾国藩在与人交往时便十分注意分寸，即使是皇帝身边的"红人"，他也不会为了抬高自己的身价而与之过于亲近。肃顺，爱新觉罗氏，皇室宗亲，历任咸丰帝侍卫、御前大臣、内务府大臣、户部尚书、协办大学士等职，可谓咸丰帝最亲信的大臣之一。肃顺十分重视曾国藩，一心想要拉拢他，但曾国藩却十分小心，基本都是神交，即便有些往来，也都是通过彼此的心腹幕僚和中间人口传，努力避免自己陷入党派斗争之中。咸丰十一年，慈禧和奕訢发动辛酉政变，肃顺被杀，一大批心腹重臣被牵连，曾国藩却因为审时度势，而避免了这场腥风血雨。

3. 实现方法

①保存实力，避免他人猜度；②力戒多余或无端的行踪，避免事端；③不张扬任何的意图、志向及雄心，避免他人责难。

4. 日省吾身

①在什么时候最容易表达个人意见？②如何避免发表个人化的言论？③有哪些事情容易让人从中知道你的个人实力和资源呢？④若要隐藏你的实力，应该如何处理？⑤你接受暂时隐藏自己的实力吗，为什么？⑥"隐藏"的背后目的是什么？⑦你承受得住不领功的诱惑吗？⑧有什么意图，是你现在不必表露的吗？⑨有没有什么人在留意你的举动？⑩现在是不是你发展的最佳时机？

● 阶段五

1. 阶段特征

处理事情的时候，如果一味以事务为先，一味以自己的利益为先，缺乏顾及他人的感受，尽管事务处理得成功，但在人事上却失去了支援。良好的管理需要刚柔并济的手法，能够在"人"和"事"上都取得成功，才是真正的成功。

2. 历史故事

心怀菩萨，行霹雳法

曾国藩认为，做人行事应该刚柔并济，互相弥补，不可以有所偏颇。所谓的刚，不是残暴，而是强；柔，不是卑弱，而是谦逊退让。曾经的曾国藩年轻气盛，在京城做官时，对于那些地位高、自恃财大气粗的人十分不屑，于是经常跟他们斗争，所以仕途并不顺利，经常受到排挤和打压，吃了很多苦头。曾国藩这才意识到过刚易折的道理，于是他总结道："近来见得天地之道，刚柔互用，不可偏废。太柔则靡，太刚则折。"他认为，柔是一种获得成功的手段，是方法，而刚强才是最终的目的。只有将两者相互融合，并且在融合之中互相渗透，才能达到自立自强、获得成功的目的。

3. 实现方法

①谦逊中庸，居下不争；②积极进步；③顺于正义之事而行。

4. 日省吾身

①有没有滥竽充数，沙尘俱下呢？②最容易自满的事情是什么呢？③必须要争取的事情是什么呢？④最容易患得患失的事有哪些呢？⑤若坚持与人争夺的话有哪些危机呢？⑥自己需要继续进步的事情有哪些呢？⑦若这些事情得到显著进步后，有何益处？⑧有哪些事情，过去自己只针对别人，鲜少针对自己的呢？⑨有什么属于道德正义的事，需要坚守奉行的呢？⑩如何确保不会误入歧途呢？

● 阶段六

1. 阶段特征

当固有的手法开始失效，人和事已经不再受到一贯的管理制度控制，这时正是要转变之时，需要开发新的方向，才不致盛极而衰。

2. 历史故事

主办洋务，实业救国

曾国藩亲眼见证了西方列强用坚船利炮打开了中国的大门，认识到了旧有的方式已经到了更新换代的时候了。因此，曾国藩也就成为最早主张洋务运动、"师夷长技以制夷"的人之一。

1867年3月，曾国藩在江南制造总局设置造船所试制船舰。同时拟设译书馆。第二年，江南造船厂试制的第一艘轮船驶至江宁，曾国藩登船试航，取名"恬吉"。这位中国科举出身的文人，正在用全新的眼光打量这个世界。

3. 实现方法

①留意矛盾对立的变化；②新方向的可能性；③留意固有思想的局限，小心物极必反。

4. 日省吾身

①事情是不是只有一边倒的趋势？②如何对矛盾双方进行分析？③最易混淆、难以分辨的优劣是什么？④哪一方面出现的机会比较大呢？⑤有什么独特的迹象或特性可以帮助判断方向呢？⑥假若有全新的浪潮或趋势兴起，可能会是什么呢？⑦这浪潮和趋势最快何时会出现？⑧一直固有的旧思维是怎样的？⑨如果一直抱持旧思维，最坏可能爆发的结局会是什么？⑩旧有思想和方法，最大的局限是什么呢？

要点总结

①永远坚守正道，目光远大；②要顺应天时，宽厚、包容、正直、宏大；③耐于寂寞，静心禀志；④顺应自然而不失促成积极的发展。

第三章　困难的开始

总体特征

正如盘古于混沌中开天辟地，所有新事物的诞生都是从混乱开始的。然而，万物虽始于混乱，最终都会达到秩序和效率。就好像狂风暴雨却能滋养一切生命，令生命得以兴旺，人事都是一样，优秀有效的组织出现前也是从混乱开始。可以经受风暴并坚守原则便可到达成功。

这"困难的开始"是因为由无数的元素在挣扎成形。你现在面对的就是这样的状况，因为你的新情况还未完全成形，所以当你想控制它时，你会感觉迷茫。要将精神集中在面前的问题上，尤其是世俗事务上，巩固基础，不要尝试再开新局面。现在你的双手已经载满了无数细节，先把这些细节都安稳和巩固后才可能继续发展。在工作上，最聪明的方法便是聘请有能力的员工去协助你达到目标，然后自己再继续投入这项目的，你便会得到重大成功。

这时候的自我在挣扎形成，自我肯定开始动摇，在重新评估，其表面症状会是迷惘、混乱，难以做出任何决定，或是难以有新的爱好和欲望。这时候要接受自己这一刻的变化，不要和这些变化搏斗。同时，要从你的渴望中找出例子，以帮助自己确认方向。要汲取他人的意见，但不要开始新的工作或者未尝试的项目。要保持自己的中正，顺应外界事物的发展。而去整理那无数扑面而来的资料会用尽你所有的精力。

迷茫及混乱亦充塞在人与人的关系中，而你也很难改变什么。在你情感生命的这个新阶段要保持平静，向"局外人"寻求指引，无论你找到的是专业的指引还是朋友的个人意见，只要你把自己和问题抽离，便可以协助你把事情的条理整理得更清晰。记住：这是一个成长的阶段，成长中必然伴随着痛苦。可是，只要你坚持不懈，耐心度过这阶段，便会获得成功。

进阶教程

● 阶段一

1. 阶段特征

在新的开始，一切都处于萌芽阶段，虽然一切都处于迷茫混乱之中，但只要有坚定的决心，耐心等待，就会迎来预期的结果。

2. 历史故事

生逢乱世，此志不改

陆逊，字伯言，三国时期吴国的政治家、军事家。陆逊的家族为江东大族，世代为官。只可惜陆逊出生的年代正值汉末天下大乱，而且年少丧父，只得依靠他的从祖父——庐江太守陆康。

公元194年，淮南军阀袁术攻打庐江，陆康恐寡不敌众，提前将儿子陆绩及其从子陆逊一起送往吴郡。之后陆康坚守庐江两年，最终城池陷落，不久便病逝。身在吴郡的陆逊按照辈分虽然是陆绩的从子，但年纪却大了陆绩六岁，于是，他便肩负起支撑门户的重任。此时，江南军阀有袁术、孙策等，但心怀大志的陆逊没有急于将自己"卖与帝王家"，他知道，自己的真命天子还没有出现，要想建功立业，还必须耐心等待。

3. 实现方法

①愿景必须符合正道，要胸怀大志，自立自强；②平易近人，不计较他人地位的贵贱；③先求稳定，再求发展，要有定力，不可冒进。

4. 日省吾身

①现在有没有明确的志向，而方向是否合乎道德，光明磊落？②你的志向是否坚定，是否容易动摇？③你的理想会对世界和社会有何贡献？④你会如何好好装备自己，自强不息？⑤你的根基是否稳健？⑥有哪些部分需要继续加强呢？⑦如何加强呢？⑧是否有一套行动计划呢？⑨会不会操之过急，过于冒进呢？⑩能否放下自我，平易近人，主动与周围人群和环境融合呢？

● 阶段二

1. 阶段特征

事情开始发展，事业刚刚开始起步的时候，前景并不明朗，或有太多的变数，不能预期，现在最需要的就是等待。等待，等待一切走上正轨。

2. 历史故事

初入幕府，静待良机

公元203年（建安八年），年仅21岁的陆逊看到了入仕的机会。孙策死后，孙权继承遗业，统帅江东，招贤纳士，才华横溢的陆逊成了孙权的幕僚，但年少的陆逊距离统治的核心集团还有很远的距离。他从文员做起，之后出任海昌屯田都尉，数年间并没有什么惊人的壮举。此时的陆逊正处于蛰伏期，仍然在耐心等待着属于自己的良机。

数年过去了，虽然陆逊在海昌赢得了民心，但对于乱世来说，真正能够让他跻身孙权核心统治集团的敲门砖，还必须是军功。陆逊的耐心等待没有白费功夫，机会终于出现了。当时山贼潘临在会稽地方叛乱，官府无法约束，陆逊趁机招兵前往讨伐，一举将其平定。公元216年，鄱阳贼尤突作乱，声势甚大，孙权命奋武将军贺齐前往讨伐。陆逊也一同前往，斩首数千，因军功晋封定威校尉。

3. 实现方法

①远大的理想需要时间培育，必经艰辛才能达成；②不要短视妥协，草率变节，自乱阵脚；③耐心等待，坚韧不拔直至成功。

4. 日省吾身

①你对实现理想有没有时间规划呢？②你估计需要多少时间才能完成呢？③万一理想遭延迟，你认为可接受的时间是多久呢？④当中需要面对的艰辛是什么？⑤要付出的代价会是什么？⑥你对将要面对的困难，接受得了吗？⑦对于这段时间出现的人或事，所造成的滋扰或诱惑，你能预计得到吗？⑧你对这些变化，承受得了吗？⑨最容易打乱你阵脚的事是什么？⑩你会如何处理？

● 阶段三

1. 阶段特征

当事业走上正轨，面对机会时，或会因眼前的利益而放弃长远的发展，此时切记要三思而行，不然一步错，满盘皆输。

2. 历史故事

抓住机遇，谨慎抉择

事业刚刚有所起色的陆逊，却也迎来了政治生涯中的第一次重大考验。公元217年，费栈在丹阳煽动山越造反，响应北方的军阀曹操。孙权命陆逊前往讨伐，叛乱很快被平息。为了永绝后患，陆逊决定将山越居民迁往平原，编入户籍，耕田纳赋，同时挑选万余健壮者从军。会稽太守淳于式为此上表孙权，说陆逊违法征用民众，百姓备受侵扰。面对同僚的弹劾，陆逊该如何处理呢？

此时的陆逊深知，一旦处理中出现纰漏，很可能会断送自己的政治生涯。经过深思熟虑，陆逊亲自拜见孙权，一边申明迁山越于平原便于管理，选精壮入军可以强兵，一边表明淳于式是个好官，希望孙权重用他。孙权十分纳闷，说道："淳于式状告于你，你为何又推荐他？"陆逊答道："淳于式心系百姓，是个难得的好官。我如果为此去污蔑他，岂不是混淆了明君的视听？"孙权听后十分满意，说道："陆逊真是有长者之风，一般人无法做到啊。"

出众的军事才能，再加上如此的政治手腕，终于让陆逊成为孙权核心统治集团中的一员。孙权甚至将自己的侄女嫁给了他，可见对他的重视。

3. 实现方法

①忌急功近利，任意妄为；②忌行事极端，要知进退的合适时机；③不能盲目进取，要审时度势，随机应变，但必须坚持目标不放弃。

4. 日省吾身

①会不会行事过于激进？②有哪些事情，进展太快反而不好呢？③会不会太凭感觉行事，甚至放纵情绪？④太感情用事，有什么不好呢？⑤如何确保头脑理智，保持冷静呢？⑥有哪些时候，是要将步伐放慢，甚至是要停下

来呢？⑦最理想而又适度的进展速度是什么样的呢？⑧进展过程中，你会用什么方法收集各方的资料，不断检视环境情况呢？⑨当你看到什么事情或征兆时，会决定停止、放弃、退出？⑩你可以承受的最大程度的风险是什么？

● 阶段四

1. 阶段特征

有明确的目标，知道将来的方向，能够以坚韧的态度一步步前行，把握每一个机遇，朝着既定的方向前进，成功之门将为你打开。

2. 历史故事

忍辱负重，收复荆州

赤壁之战后，曹操退守北方，孙权经营江东，刘备率军入川，三足鼎立之势已成，孙刘联盟对抗曹操的基调也确定下来。但孙刘联盟却并非无懈可击，而荆州便是一个彻彻底底的导火索。

曹操败退后，刘备趁机巩固了对荆州的统治，即便是后来大举入川，也仍然命令心腹关羽驻守荆州，作为出川的门户和北伐的根基。刘备在距离如此近的地方驻守重兵，让孙权如鲠在喉，夺取荆州就成为孙权的一块心病。然而，无论是赢得赤壁之战的周瑜，还是其继任者吕蒙，都无法讨到半点儿便宜。看准时机的陆逊，决定一展身手了。

陆逊先是前去拜见吕蒙，对他说："关羽深通兵法，却不把江东豪杰放在眼里，只忌惮您一人。如果您称病去职，关羽必然更加目中无人，放松戒备，到时候便可一举夺取荆州。"吕蒙深以为然。公元219年，孙权正式拜36岁的陆逊为都督，代替吕蒙。

陆逊上任后，很快给关羽写了一封信，信中言辞极尽吹捧之能事，大赞关羽的功绩，表达了自己的仰慕之情。关羽看到信后，甚为轻视陆逊，觉得东吴已经不用防备，转而将精兵调往北方对付曹军。

陆逊见时机一到，便与吕蒙分道袭取荆州，同时分化瓦解关羽的属下，一举攻克荆州。关羽败退回麦城，后被吴将潘璋擒获并斩首。就这样，陆逊完成了自己第一次惊人的壮举，不但赢取了荆州，还击败了三国时期著名的将领关羽，一时名声大噪。

3. 实现方法

①面对困难险阻不要气馁，要懂得自我激励；②坚持不懈，永不放弃，直至成功；③服从上级领导，不越级、不越位。

4. 日省吾身

①现在面对的困难是什么？②可以解决困难的信心指数若为0-10分，那么你有多少分呢？③难点是什么？④有何办法解决和处理？⑤在漫长的过程中，如何有效激励自己？⑥有什么人和事物可以支持你吗？为什么？⑦你需要服从的事情和人物是什么？为什么？⑧面对服从，你表现得称职吗？⑨沉着应战这段时间，你估计会持续多久？

● 阶段五

1. 阶段特征

任何事情若过分投入，企图得到更大的荣誉，终会因为不能抽身，导致问题的产生。现阶段要端正自身的态度，才能灵活应付每个难关。

2. 历史故事

适可而止，再结同盟

荆州争夺战后，孙刘联盟名存实亡。公元221年，刘备不顾诸葛亮、赵云等人劝谏，大举发兵征讨吴国。孙权以陆逊为大都督领兵拒敌。面对声势浩大的蜀军，陆逊采取诱敌深入的策略，一步步退守，并不与蜀军正面交战。

就这样，两军对峙半年之久，恰逢盛暑，蜀军的后勤保障出现了困难。公元222年六月，陆逊开始反击，采用火攻战术，一举攻破蜀军营地，烧毁连营四十余寨，刘备大败，仓皇退往白帝城。

吴军获胜后，部将徐盛、潘璋等人强烈要求乘胜追击，一举歼灭刘备势力。但陆逊在大胜之余却保持了清醒的头脑，他认为刘备在川中势力稳固，无法短时间内击败他，而且北方还有魏国虎视眈眈，所以应该适可而止。因此，陆逊只派遣少量兵力象征性地追击刘备，大部队转而向北，防范魏军。果然，魏军趁吴蜀相斗之际进犯，但无机可乘，只得退兵。

3. 实现方法

①固本培元，扎根永恒；②初有小成，须聚集资源，储备优势；③避免

大而不实，炫耀挥霍，虚耗实力。

4. 日省吾身

①目前所累积的实力和资源是什么？②如何好好保存现有实力，避免损耗呢？③如何确保实力可以继续不断累积呢？关键是什么？④为了要达成长远的目标，现在最需要稳固根基的是什么？⑤有什么事情和原因，最消耗实力和元气呢？⑥如果此刻的优势得以保持，半年后的情况有什么不同呢？⑦最容易炫耀的事情是什么？⑧最容易鲁莽行动的事情是什么？⑨有什么具体行动，可以定期进行以确保实力可以继续累积呢？⑩如何得知你的实力有所累积和提升呢？

● 阶段六

1. 阶段特征

难以得到的机会，一直努力却无法获得，因为相对的益处很大，虽然机会难得，仍然深切期望。谨记不要轻言放弃，努力终有回报。

2. 历史故事

坚持不懈，终得回报

吕壹，三国时吴国人，他是孙权的心腹，深得孙权信任。但吕壹为人阴险狠毒，玩弄权术。有一次，吕壹的门客违法，被建安太守郑胄所杀，吕壹因此怀恨在心，诬告郑胄。不明真相的孙权将郑胄幽禁起来，幸亏潘濬、陈表等人上言，郑胄才得免死罪。

后来，吕壹又陷害宰相顾雍，形势对顾雍十分不利。黄门侍郎谢玄情急生智，对吕壹说："一旦顾雍被免官，继任者很可能就是潘濬。"吕壹对潘濬十分忌惮，因此打消了罢免顾雍的想法。

陆逊、潘濬等重臣见吕壹这样的小人蒙蔽主上，十分痛心，多次上书弹劾吕壹，却毫无作用。潘濬甚至动了刺杀吕壹的心思。面对如此时局，很多人离开了孙权统治集团，但陆逊坚持了下来，他知道像吕壹这样的小人总有倒台的一天。

果然，吕壹的末日来到了。当时，吕壹正在陷害孙权的驸马朱据私吞军饷，甚至将朱据府中掌管财务的官员拷打至死。朱据迫于无奈，只好幽禁自己，等待孙权亲自审查。后来，孙权发现朱据是清白的，说道："吕壹连朱据都会诬告，何况一般的官吏百姓呢？"于是将吕壹处死。坚持到最后的陆逊也终于等到了吕壹倒台的一天。

3. 实现方法

①屡战屡败，永不放弃；②遇有生机，不要轻易自满；③绝处逢生，要从艰难之中找出路。

4. 日省吾身

①现在最艰难的事情是什么？②为什么这样艰难，背后的原因是什么？③要面对和处理这些难处，棘手的地方在哪里？④处理不好的话，有何结果？⑤最坏的情况会是什么？⑥要从中找到出路，心态上有什么要注意的，为什么？⑦有多少事情主导着事情的好坏呢？⑧当中有多少项是自己可以控制的呢？⑨当中有多少项，是可以部分控制的呢？⑩又有多少是无法控制，只能接受现实的呢？

要点总结

①面对困难，要坚韧持守；②要知道自己的所有，不胡乱运用；③慎重留意每一个机遇，切勿因小失大。

第四章 缺乏经验

总体特征

一直以来，你都有足够的经验去应付生命中的转折，提升你的个人修为，处理新环境，但这次是例外。你面对着困难复杂的事件感到迷茫，并不是因为你的无知或懒惰，而是因为你对于处理这件事情缺乏经验。同时，这缺乏经验的阶段也蕴含了成功，因为现在你要被迫成长，锻炼你的个人修为。

首先你要知道怎么做，然后去做。如果你不承认有些东西你需要学习的话，就没有人可以教你任何东西。而此时你必须要发觉某些东西，如找一个有经验的老师，征求他的辅导并学习他的智慧。在这一时刻寻求帮助有两点是很重要的。首先，你会表现出你诚心愿意学习，因此你会吸引到来自各方面的人向你提供帮助；其次，这寻求指引的过程本身会形成一个基础，有助于你日后的个人修为。逆水行舟，不进则退。这无可避免的成长，如果没有适当的指引及栽培的话，是会扭曲及偏离的。

所以，当你寻求指引时，要确保你自己有足够的虚心准备好去接受帮助。去接触一个在这令你害怕的事情上明显的有经验及智慧的老师，用谦虚及开放的态度请求指引。如果你不能完全明白你听到的指引，或者你听到的不是你所期望的，都是因为你自己缺乏经验。如果你已经知道答案的话，你根本就不用去问。你现在面对的是你自己的盲点。要好好地从老师的经验里学习，因为这是你唯一的资源。

如果你此刻是其他人的指引者，而向你学习的人不认真，不愿意聆听的话，你便不用浪费精力，把你的精力放在更重要的事上吧！

进阶教程

● 阶段一

1. 阶段特征

没有制度的环境会导致人心惶惶，不能专注工作，常常担心事情有变。

此时需要有一套完整的制度，保障人的安全，这样自然能提升效率了。

2. 历史故事

制度改革，国之根本

拓跋宏，即北魏孝文帝，是中国历史上著名的少数民族政治家，在他的统治之下，北魏迅速成为国力强盛的北方大国。然而，拓跋宏继位初期的社会情况却并不理想。公元471年，由于种种原因，献文帝拓跋弘将皇位禅让给年仅5岁的皇长子拓跋宏，自称太上皇，仍然掌管朝政。此时的北魏动荡不安，暴动、反叛事件不断，民不聊生。公元476年，太上皇拓跋弘被嫡祖母冯太后毒死，冯太后执政，开始了鲜卑族汉化的变革，如禁止"一族之婚，同姓之娶"等，并效法汉人的均田制，使得北魏社会发生了重大的变化。

公元490年，冯太后病逝，孝文帝拓跋宏亲政。面对百废待兴的国家，拓跋宏知道，只有进行深刻的制度改革，才能让北魏真正地强大起来，建立统一中国的根基。在接下来的数年间，拓跋宏进行了一系列改革，重用汉人，效法汉族礼仪，祭祀周公、孔子，仿照汉人官制，定期考核，改革姓氏，改用汉姓，禁止鲜卑语，改说汉语。在一系列的改革下，北魏迅速强大起来。

3. 实现方法

①以制度系统规范过程，避免危险；②知法守律，避免犯罪；③订立具体指标，易于追求。

4. 日省吾身

①如何确保不因缺乏认知，以致造成不良结果呢？②有何基本制度，可以对潜在危险发挥预防功效呢？③有没有权威的指引或成功人士的实践值得学习的呢？④有没有法律或正式的法例需要遵守？⑤对于种种规则，如何确保可以一一遵守呢？⑥对于学习或追求的事情，有没有具体的衡量指标呢？⑦有没有示范的例子可供模仿和参照？⑧有没有既定的练习流程？⑨有没有危机会使规则受到破坏呢？⑩有何方法阻止这些危机？

● 阶段二

1. 阶段特征

日常工作环境中，人难免会有犯错的时候，接纳别人的错误，帮助其改正，对于自身在人际关系和职场际遇上会有很大帮助。

2. 历史故事

以理服人，兼容并包

拓跋宏的政治手腕极强，能够软硬兼施，刚柔并济。对于那些阻碍汉化的人，他既能狠心杀死太子拓跋恂，也能循循善诱皇室宗亲。如都城南迁洛阳，是拓跋宏汉化的重要举措之一，但很多贵族由于自己的势力在旧都平城，并不愿意离开，其中任城王拓跋澄便是反对者之一。拓跋宏屏退左右，单独召见了任城王，对他说道："平城地势险要，是用武之地，但所处偏远，无法实行文治。如今想要移风易俗，问鼎中原，就一定要迁到洛阳，天下之中，才是国家发展的根本。"任城王听后恍然大悟，立即表示了赞同迁都。

3. 实现方法

①要包容，宽容那些无知甚至犯了错误的人；②有教无类，致力推动教化工作；③海纳百川，有容乃大。

4. 日省吾身

①周遭的环境有没有人的处事方式不合你的心意，甚至经常犯错呢？②不合心意的原因是什么呢？③如果有包容和宽恕这些事情的原因和理由，那会是什么呢？④你认为做出包容和宽恕值不值得呢？你看重的价值是什么？⑤对于栽培和指导的工作，你会对哪些人花心思多一点呢？为什么？⑥你最渴望教他们什么呢？为什么？⑦由于每个人个性和能力不同，如何因材施教呢？实际处理如何做到？⑧对于种种的与人配合，你的协调和适应能力，有什么需要注意和进步的吗？⑨如果你的包容性和协调性处理得好的话，对你现在的处境会有什么改善呢？

● 阶段三

1. 阶段特征

现在的环境，左右逢迎的手段并不适用。专心完成工作，积极培养品格，才是当务之急。

2. 历史故事

勤于学习，终为己用

拓跋宏从小被冯太后抚养长大，深受冯太后的影响。他不但精通儒家经典、百家之说，就连文笔也是极佳。他一生勤学，手不释卷，无论是车舆中，还是戎马上，都不忘谈经论道。拓跋宏善写文章，据说他诗赋铭颂各种题材都能写，随口说来，侍者笔录，竟然无能修改一次，文采之美，可见一斑。亲政以后，诏令、策书等也都由他亲手拟定。可以说，常年的勤奋学习，为拓跋宏后来的为政打下了坚实的基础。

3. 实现方法

①不能与违反道德的事情和任务妥协；②培育品德比培育才智更重要；③切戒虚浮气躁，根基不正。强调入门须高，蒙以养正。

4. 日省吾身

①日常生活中，有没有见过违反道德之事发生呢？②工作中，是否很多时候存在灰色地带？③道德与不道德之事，如何界定？分别在哪里？④遵守道德的意义和价值在哪里？⑤为了遵守道德，有没有牺牲和舍弃呢？⑥虚浮气躁对于遵守道德，有没有冲突的地方？为什么？⑦这种冲突，对我们日常工作和生活的影响如何？对你个人又有何影响？⑧坚守正确的道德观和价值观，对未来的成果有什么影响？⑨有没有某些人，在品格上值得你去学习和效仿呢？⑩如何在日后继续培养崇高的个人品格呢？

● 阶段四

1. 阶段特征

当有问题需要解决的时候，因为缺乏教导，没有足够的能力胜任，以致浪费机会。如果不想浪费良机，就要有充分的锻炼，不怕艰辛，不耻下问，方能随时准备，见机而行。

2. 历史故事

充分准备，等待时机

公元494年，孝文帝正式宣布迁都洛阳，从这时开始，大批鲜卑族人涌入中原地区，许多问题由此出现。如民族习俗不同、语言不通，鲜卑人不善耕地，人心思归。长此以往，国家的根基就会动摇。

拓跋宏深知要想问鼎中原，就必须解决民族融合的问题，让百姓将中原当成家，而不仅仅是侵略的一方土地。于是，拓跋宏下决心推广汉化，在大批汉族士人的支持下，同年，拓跋宏下诏禁止鲜卑人穿胡服，改穿汉服，鼓励耕种，选拔汉人参军。公元495年，又下诏禁止胡语，改说汉语，在洛阳城内设立国子学、太学、小学等。公元496年，下诏改鲜卑复姓为单音汉姓，甚至将自己名字拓跋宏改为元宏。

可以说，通过一系列改革，拓跋宏让鲜卑少数民族政权的经济、文化、政治、军事等方面都取得了长足的发展，缓解了民族隔阂，史称"孝文帝中兴"。

3. 实现方法

①常常学习，不断更新；②事前准备的方法才是最有效的；③寻找一个可学习的对象。

4. 自省吾身

①有没有可以学习的事情呢？②现在有什么需要？③学习什么可以填补这个需要？④发现没有该种知识的时候，你会怎么做？⑤可以向什么人求助呢？⑥有什么时间可以用来学习呢？⑦适应环境对你来说有没有难度呢？⑧有没有一些对象，拥有你所需要的学习专长？⑨有什么渠道有助于你学习新鲜事物呢？⑩怎样持续学习下去？

● 阶段五

1. 阶段特征

本着强烈的求知欲，培养出愿意学习的态度，以一颗天真无邪的心向人发问，这种谦逊柔和的态度，会让人时常喜欢向你解答。随着你学识的增加，资源也增加了。

2. 历史故事

虚心纳谏，从善如流

拓跋宏是一个虚心纳谏的君主，他常对史官说："你们一定要敢于直言我的过错，不要有所隐瞒。如果人君作威作福，史官又不写，那人君岂不是更加有恃无恐了？"他还一直鼓励百官直言进谏，强调"言之者无罪，闻之者足以为戒"，对于那些敢于批评自己的人礼遇有加，如大臣李同"性鲠烈，敢直言，常面折高祖，高祖常加优礼"。

正是因为有了这样的品格，才让拓跋宏迅速赢得了汉族士大夫的支持，也为他进一步推行汉化、逐鹿中原打下了基础。

3. 实现方法

①不耻下问，求知学新；②以谦虚的心态学习每一件事情；③反复学习已知的事物，让它们成为你的一部分。

4. 日省吾身

①有什么可以学？②应该如何学习才能收到最大效果呢？③如何使学习到的知识不会被忘记？④要达到完全明白的水平，你尚欠多少？⑤有什么人你是难于发问的？⑥有什么事情让你不想学习？⑦最好的导师是谁？⑧如何在重新学习已知事物时仍保持虚心？⑨对于已明白的事，会继续求知学习吗？⑩怎样可以进一步提升你对每件事的认知？

● 阶段六

1. 阶段特征

对于求学的态度，如果对自己过于苛刻严厉，要求速度效果都显著，不能允许一点失败，只会令自己的士气大受影响。如果对自己宽容一点，进展反而会更大。

2. 历史故事

刚则易折，月满则亏

从历史的角度看，拓跋宏无愧于一位眼光超前、拥有雄才大略的君主，正是在他的统治下，社会矛盾尖锐的北魏政权获得了宝贵的喘息机会，国力增加，民族融合，文治武功各有所得。

然而，在汉化一事上过于武断的作风，也间接加剧了鲜卑贵族内部的矛盾，为后来国家的内乱埋下了隐患。在拓跋宏去世仅仅25年之后，北魏边镇的鲜卑军事集团发动了反对汉化的军事政变，史称"六镇起义"，这也加速了北魏政权的最终衰败。

3. 实现方法

①一丝不苟地学习，但要适当地鼓励自己；②允许自己有不足和需要改进的空间；③为自己订立一个适合的学习进度表。

4. 日省吾身

①你现在需要怎样学习？②你如何评价自己的学习进展？③从0–10分，你对自己的学习能力如何评分？为什么？④如果做得不好，你会对自己说什么？⑤有没有一个学习进度表？⑥有没有为自己计划未来的学习方向？⑦当你未能达到预期的目标时，你觉得是在于你自身的能力不足，还是学习计划太苛刻？⑧你有什么步骤去提升自己的实力？⑨当自己按要求完成学习计划时，你会对自己说什么？⑩你会如何接受自己的能力不足呢？

要点总结

①学习是一个过程，要有步骤；②为自己订立一个学习进度表；③尝试敞开心胸，接受不同的事物；④时常装备自己，以备不时之需。

第五章　有计划地等待

总体特征

　　万事万物一定要经过一段有计划的等待的时刻。你可能在面对某种威胁或正等待着一个能对你有深远影响的决定。如果你一味担心的话，内心就会变得迷茫而被混乱和恐惧所操纵，你会因烦躁不安而浪费了宝贵的精力，而当采取行动的时刻来临时，你的判断力便会有所误差。

　　要达到目标，你一定要在内心静候有利的时机，同时提升自己，为即将到来的时机做好准备。运用对事物的细心观察来让自己看到事物的真相，面对现实而不是恐惧和幻想。如果你清楚自己的优势及弱点，当时机来临时你便会知道应该怎么去做，才能成功。

　　这有计划的等待时刻是对你自信心的一个考验。这是你必须表现出自信的时刻，不要流露出你对自己过去或将来的怀疑，要完全投入于当下。维持积极的思想，保持肯定及乐观的态度。这样你便可以得到其他人对你的信心，同时巩固你对自己的肯定。

　　做好外在的形式是内心修为的一个方法，就好像瑜伽一样，让身体做出某些特定的平衡姿势，会令精神上产生平衡与共鸣。外在及内在的协调会产生更敏锐的意识，更高度的觉醒及整体的健康气氛，因此，与其为不确定的事情担惊受怕，不如用乐观和肯定来相互勉励。

进阶教程

● 阶段一

1. 阶段特征

　　环境局势动荡不稳之时，急于表现并不是最有效的方法，要静静等待，以恒心耐力支持自己，直到时机成熟再一展所长。

2. 历史故事

乱世之中，去灾免祸

隐忍，是成大事者的必修课。孔子说："小不忍则乱大谋。"足见对"忍"的推崇。如果说古人中能隐忍的人，司马懿肯定排在首位。

司马懿，字仲达，三国时期著名的军事家、政治家。司马懿的忍，从其青年时就可见一斑。当时正值汉末，外戚宦官交替专权，国政混乱。后来董卓专权，肆意杀害大臣，胁迫天子。面对这样的乱世，司马懿并没有轻率选择入仕，而是暂时压抑住出将入相、一展才华的野心，甘心做一介白丁。果然，司马懿成功躲过了董卓执政时期的腥风血雨，但很快另一位枭雄再次把持了朝政，他就是曹操！

3. 实现方法

①远离危险，远观静养，待援而后进；②恒心久待，不轻举妄动，才不会招致祸害；③不骄不躁，保持内心的平静。

4. 日省吾身

①现在所处的环境是否已经远离危险呢？②如何安排才可以确保远离危险呢？③要继续远离危险，需要留意的变数是什么呢？④最凶险的情况是什么呢？⑤如果放慢速度可以减低危险，那么需要减少和放慢的事情是什么呢？⑥需要恒心持守的事情是什么呢？⑦有哪些事情是不可轻举妄动的呢？⑧鲁莽的不良后果是什么？⑨有什么事情容易引发焦躁的情绪呢？⑩如何保持内心的平静？

● 阶段二

1. 阶段特征

环境走向一个更严峻的阶段和不明确的方向，加上有人从中作梗，令没有方向的自己更显得无助。此事要谨记坚守，以无比坚定的决心支持自己，不要轻举妄动，只要危机一过就能化险为夷。

2. 历史故事

称疾躲祸，避世独居

曹操，治世之能臣，乱世之枭雄。在挟天子以令诸侯后，为了巩固自己的统治根基，曹操准备选贤任能，丰满自己的羽翼。公元201年，曹操命令地方推举贤良，司马懿被当地政府推举为上计掾。曹操听到司马懿的名声后，派人前去征召。但司马懿左思右想，认为汉朝气数已尽，不想在曹操手下做事，便谎称自己有风痹病，身体无法动弹。

曹操当然不相信，就派人前往查看。司马懿假装卧病在床，一动不动，就好像真的染上风痹病一样。来人赶紧回去禀报，曹操心里很清楚司马懿是在装病，但自己根基不稳，司马家又是大族，不能轻易得罪，于是就打消了征用司马懿的念头。就这样，司马懿继续过起了白丁生涯，而这一待就是七年。

3. 实现方法
①静待不躁；②切记言多必失；③坚持到底。

4. 日省吾身
①如何保持高度的耐性？②最难坚持的事情是什么？为什么？③如何保持冷静的头脑？④最容易冲动的事情是什么？⑤多说话的坏处是什么？⑥最怕招惹的是非是什么？⑦是非可能带来的后果是什么？⑧坚韧不拔的价值是什么？⑨最重要的坚持是什么？为什么？⑩最关键的自我提醒是什么？

● 阶段三

1. 阶段特征
面对危险已经身陷险境，又遭逢旁人暗算，在这种情况下，最需要的不是挣扎求存的力量和奋勇挑战的勇气，也不是能够克敌制胜的奇智，而是耐心地等待。急于采取行动是不明智的，应该等待机会，只在最有利的情况下再一举出击。

2. 历史故事

耐心等待，逢凶化吉

公元208年（建安十三年），已经羽翼丰满的曹操再次征召司马懿，此时的曹操已经不用再顾忌司马懿大族子弟的身份，对前去征召的人说："如果司马懿还不应征，就将其收监下狱。"司马懿见没办法再推脱，只能应征入朝，历任黄门侍郎、议郎、丞相东曹属、丞相主簿等职。

此时的司马懿与曹操世子曹丕交好，据说曹洪因为才疏学浅，希望得到司马懿的帮助，但司马懿却耻于与之交往。曹洪怀恨在心，便在曹操面前中伤司马懿，幸亏曹丕保驾，才幸免于难。见识了世道险恶的司马懿变得更加小心谨慎，不再轻易得罪权势之人。

3. 实现方法

①刚亢躁进，只会遭来灾难，应敬谨审慎；②面对险恶的环境要培养内力；③恭敬审慎，认真对待，则可化险为夷，立于不败之地。

4. 日省吾身

①冒进鲁莽的危险是什么？②现阶段最危险的坚持是什么？③固执背后的原因是什么？④冒险的代价是什么？⑤有助于面对危险的能力是什么？⑥这些能力如何培养出来呢？⑦如何确保可以化险为夷，立于不败之地呢？⑧最重要的心态是什么？⑨需要警惕的是什么？

● 阶段四

1. 阶段特征

经过一轮战斗，人人挣扎求存，却无能为力。此时要耐心等待，不浪费体力，待有外援，才能大难不死。

2. 历史故事

忍辱负重，壮志在心

诸葛亮第五次北伐时，司马懿率领魏军抵挡蜀军，仍然沿用之前的以守代攻的战略方针，坚守不战，意图延长战争时间，让蜀军粮草不济，自动撤军。诸葛亮用尽方法，无论是叫阵、辱骂还是挑衅，司马懿都龟缩不出。情急之下，诸葛亮派人给司马懿送去一件女人衣服，嘲笑他懦弱无能，不敢出战。魏将见状，个个义愤填膺，要求出战，司马懿却哈哈一笑，换上女装，甚至跳了一段舞蹈，为大家助兴。诸葛亮得知消息后，长叹一声，知道北伐又要无功而返了。

3. 实现方法

①刚而折，柔而存，柔顺导致大难不死；②随机应变可脱离险境；③在危险之时要保持冷静，不急不躁。

4. 日省吾身

①需要顺应的环境因素是什么？②需要顺从的人是谁？③需要服从的是什么？④现在的形势是什么？⑤在应变上，需要留意的事情是什么？⑥随时有机会转变的事情是什么？⑦顺应变化的难度在哪里？⑧如何克服过程中的困难呢？⑨面对危难之时，救急的策略如何？⑩凶险之时，如何保持冷静？

● 阶段五

1. 阶段特征

事情进展顺利，如今你已经处于一个相对丰足的环境中。谨记不要因此沉溺于享乐，不然富强的基业也会因为不善经营而迅速瓦解。

2. 历史故事

托孤重臣，谨言慎行

通过几次对抗诸葛亮北伐的胜利，司马懿为自己赢得了相当高的威望，也深受曹丕、曹睿两代君主的信任。公元239年，正出征在外的司马懿突然接到曹睿的诏书，要求他火速回京，不要停留，直接进入寝宫面见皇帝。

司马懿知道有大事要发生，急忙连夜赶回都城。见到曹睿的那一刻，才发现年仅36岁的皇帝却已经憔悴不堪。曹睿见到司马懿，拉着他的手说道："我不怕死亡，但强忍着不死就是为了见你一面，将身后事托付于你。"

同年，齐王曹芳即位称帝，命司马懿出任侍中、持节、都督中外诸军、录尚书事，和大将军曹爽各统精兵三千人，共执朝政。司马懿声望日隆。

虽然官位不断升高，但司马懿的言行却越发谨慎起来，因为他知道，在乱世之中，从富贵满堂到身败名裂往往只是一夕之间的事情，很多知名人物都是前车之鉴。因此，司马懿在之后的日子里更加小心谨慎，不愿意让别人抓住一点把柄。

3. 实现方法

①在享乐之时，也要坚守正直、公正的品德；②远离堕落腐败；③于富

乐之中，仍然心系大众。

4. 教练指导问题

①在得意之时，最容易忽略的道德标准是什么？②你最容易偏离正轨的地方是什么？③偏离正轨的后果是什么？④堕落腐败的原因是什么？⑤有什么人会牵涉其中？⑥于富乐之中，如何保持自己的公益之心？⑦如何防止正直的良心被污染？⑧想要保持自己的正直公正，所面临的阻碍是什么？最佳对策是什么？应该保持什么样的心态才最有益助？

● 阶段六

1. 阶段特征

面对危机局面。不同的人因你的柔顺而向你挑战，这时需要自强，以柔性的手段包装强硬的态度，并需要能助己之人，才能逢凶化吉。

2. 历史故事

刚柔并济，果断出击

在曹丕、曹睿相继去世后，大权逐渐旁落到大将军曹爽手中。公元247年，曹爽用心腹何晏等人的计谋，把郭太后迁到永宁宫，曹爽兄弟"专擅朝政，兄弟并掌禁兵，多树亲党，屡改制度"。司马懿见状，知道此时硬碰硬对自己毫无益处，便再次称病在家。第二年，曹爽派李胜前去看望司马懿病情，李胜回报说："司马懿已经像尸体一样，没几天活头了，已经不用再担心他了。"曹爽便放下了对司马懿的防备，更加肆无忌惮起来。

公元249年，曹爽劫持魏帝，司马懿趁机上奏郭太后，请废曹爽兄弟，命令司马师屯兵司马门，控制京城，司马懿则列阵以待曹爽。又命司徒高柔前往曹爽军营，对他说："皇帝只会罢免你们的官职，不会杀死你们。"曹爽兄弟本来就忌惮司马懿，听说能够保命，便向司马懿投降了。曹爽兄弟交出兵权后，司马懿马上违背了自己的誓言，露出了枭雄的本来面目，将曹爽及其党羽诛灭三族，从此独揽大权，架空皇室。

3. 实现方法

①强大之人，强盛之事，一定要恭谨谦逊，不要违背大势；②不受欢迎的人，要表现出诚意而以恭敬相待，以柔克刚，化敌为友；③礼贤下士，自

能和衷共济，扶危拯溺，共赴危难。

4. 日省吾身

①你是否需要面对有实力或影响力的人？②你是否有宏伟之事将要面对？③如何保持顺应自然，不勉强呢？④面对你不喜欢的人，如何转化对他们的感觉？⑤面对彼此不友善的关系，如何化敌为友？⑥礼贤下士的技巧是什么？⑦如何能培养出与你共赴危难的伙伴呢？⑧面对争执局面，如何以柔克刚？⑨相处时，恭敬相待的法门是什么？⑩违背人和事的代价是什么？

要点总结

①凡事皆当顺其理而待其时，不可妄有作为；②强调需要有方，则艰险也能化夷，天下之事，若能款曲停待，终是少错；③时未到，事难成。做事情既不要操之过急，也不要坐等机遇，关键是谨慎戒备；④看准机遇，再谋求发展。

第六章　冲　突

总体特征

你心中觉得你自己绝对正确，所以你充满信心地遵循着自己固有的方法。其实你是在按照你自己的本性及这时所需而行。但你选择的这条路上会遇到的却是冲突。你面前会出现障碍或是外来的阻力，你会觉得他们是无法克服的。这冲突会让你停下来去重新思考自己所坚持的方法。

开始做事情之前，小心衡量可能出现的困难及阻力是明智的做法。只有周详的考虑才会避免出现冲突而削弱你的力量，才不会令你的努力停滞不前。

如果问题是有关于权力或是政治的话，对你最有利的方法是你将面对的冲突拿到一个中立的、有权力的人面前，让他来做没有偏见的决定。这样做的话，可以在未造成伤害前把纷争暂停。如果你打算进行一个雄心勃勃的计划，或有重要的目标的话，最好暂缓行动。

这一阶段，工作上不会得到预期的成果。竞争太大，就算小心计划的目标都会遇上冲突。自己本以为可以被完全接纳的意见或产品都会得到负面反应。最好是暂停改变或创新，直至比较有利的时刻来临。这时候团结是很重要的，但是偏偏又是最缺少的。误会主要来自于基本信念的不同，这是不能用强硬的办法解决的。除非有一个所有人都信任的、明智的中间人在场，否则很难避免争论的场面。

在人际关系中尽量避免公开的对抗。最重要的是不要只基于自己的观点来做出重要的决定。就算你问心无愧，但你要知道你只看到了事物的一面。

进阶教程

● 阶段一

1. 阶段特征

凡争执出现，一般情况都会流于情绪发泄，不能够以理服众。注意要学习控制自己的脾气，方能真正地解决问题。

2. 历史故事

以气亡身，前车之鉴

灌夫，西汉初期著名将领。他的父亲张孟，本是汉初名将灌婴家臣，赐姓灌。七国之乱时，颍川侯灌何随同太尉周亚夫出征，灌夫与父亲一起在灌何军中。当时灌孟已经年老，不受重用，因此十分气愤，每逢战斗时，都会对敌军最坚固的阵地进行冲击，想以此证明自己廉颇未老，结果死在战阵之中。

按照汉朝规定，父子一同参军的，有一人战死，另一人可以退伍。但灌夫执意要为父报仇，于是挑选了勇士几十人，向敌军阵中冲杀，一直杀到将旗之下才退返回来，杀死敌军数十人。灌夫所带领的勇士也全都战死，只有灌夫一人返回汉军营地，身受十多处创伤。待到伤情刚有好转，灌夫便再次求战，周亚夫连忙阻止了他。从此，灌夫名震天下。

3. 实现方法

①了解争执的害处；②学习以理性解决纷争；③尽快解决争执。

4. 日省吾身

①你是怎样解决纷争的？②你觉得长期处于争执的害处是什么？③有什么难处阻碍你解决争执呢？④如何增进解决纷争的技巧呢？⑤需要多少时间，才可以熟练掌握各种技巧呢？⑥有没有人可以求教指点呢？⑦要解决纷争有哪些关键要素呢？⑧你觉得什么争执会令你难以解决？⑨你觉得解决问题最好的时机是何时？⑩怎样不让你的感情牵涉进争执？

● 阶段二

1. 阶段特征

其位在下，上告有权势的人，常会面对不利局面。在下位者应早于失利前权衡轻重，及早抽身，才不致全军覆没。

2. 历史故事

醉酒惹祸，得罪上级

灌夫虽然勇猛，但气性太大，常常喝酒误事。公元前139年，有一次，已经出任太仆的灌夫与长乐尉窦甫喝酒，结果醉酒后打了窦甫。窦甫是窦太后的兄弟，可不是好惹的人物。窦太后听说自己的兄弟被打了，马上起了杀机。汉武帝怕太后杀了灌夫，连忙调派灌夫前往燕国，担任国相，希望以此让灌夫远离中央，保全自身。

3. 实现方法

①预期争讼后果；②先为争讼失败后果作准备；③在不利之时及早抽身，不要拖延。

4. 日省吾身

①你能承受争执失败的结果吗？②面对失败，你会怎么做？③若出现得失，你如何交代和平衡各方利益呢？④你计划在什么时候完成争论呢？⑤这次争论的原因是什么？能不能避免？⑥在这次争论中，你有没有需要向某些人交代的？⑦应该如何有效地向在上者反映问题？⑧你自己会进行何种准备面对这次争执？⑨过程当中，有没有什么后果你需要自己承担？

● 阶段三

1. 阶段特征

其实没有必要开展争执，只因为个人希望在人前有所表现才不惜互相挑刺。然而，在下位者若与上司争执必然不利，倒不如专心工作。

2. 历史故事

结交窦婴，开罪田蚡

担任燕国国相后不久，灌夫又因事被罢免官职，赋闲在家。此时他结交到了同样郁郁不得志的窦婴。类似的遭遇，让两个人很快便产生了惺惺相惜之感。有一次，灌夫前去拜访皇帝面前的红人田蚡，田蚡听说灌夫与窦婴交好，便随口说道："明天我与你一同前往窦婴府上拜访。"灌夫马上将事情告诉窦婴。第二天，灌夫从早晨等到中午，仍不见田蚡，灌夫便来到田蚡府上，发现田蚡还在睡觉，于是强使田蚡前往窦婴府上。饮酒时，灌夫不禁说了几句气话，讽刺了田蚡。窦婴见势不妙，马上搀扶灌夫离席，以免他得罪田蚡。但两人的嫌隙却就此埋下。

后来，田蚡派家臣向窦婴索要一块田地，窦婴没有给，灌夫还在一旁大骂了家臣。田蚡知道后，十分气愤，说道："我和窦婴之间的事情，灌夫有什么资格干预？"从此便怨恨上了灌夫。

3. 实现方法

①学习"不争"；②学习安于现在的生活；③不断提醒自己的使命和承诺。

4. 日省吾身

①如何不与别人争执？②遇有争执的情况，你会抱持的最重要的信念是什么？③你对自己现在的工作如何评价？④你如何投入工作环境中？⑤当有人挑战你时，你会如何应对呢？⑥你会如何达到上司对你的要求？⑦在你的印象中，你的工作环境如何？试着描述一下。⑧你最不能容忍的话语是什么？⑨你的工作环境有没有不能接受的人或事物？⑩你会如何兼顾你的工作和人际关系？

● 阶段四

1. 阶段特征

在争执中失败，气愤难平，但仍然要回到工作岗位上，理性和感性不能平衡。要留意自己的工作表现会因为情绪受到波动，如何重回工作的进程是当务之急。

2. 历史故事

未消怨气，又添新恨

公元前131年春，田蚡向汉武帝告发灌夫家人在乡里横行不法，灌夫也抓住田蚡的秘事，准备反击。幸好宾客们从中劝说，两人才作罢。夏天，窦婴拜访灌夫，让他与自己一同去祝贺田蚡迎娶燕王的女儿。在宴会上，田蚡向众人敬酒，大家纷纷离席礼让，窦婴敬酒时，却只有几个熟人离席。怨气未消的灌夫看到世态炎凉，更加生气，便借机发作起来，大骂了灌贤和程不识。田蚡见灌夫闹事，也气上心头，便以不敬罪，将灌夫囚禁起来，严加看管，让灌夫无从告发自己的秘事。

3. 实现方法

①学习不再争论，积极面对工作；②懂得放开怀抱，不计较得失；③了

解何为安分守己。

4. 日省吾身

①争执失败后，你会如何调整自己的心情？②争执失败后，你会不会再次争取，为什么？③若你明明是正确的，却在争执中失败了，你会怎么做？④面对争执的失败，你会坚持还是离开，为什么？⑤若你不甘心地输了，你觉得你的情绪能调整到什么时候？⑥你会如何让你的情绪不影响你的工作？⑦你会接受自己在争执中的失败吗？⑧如何保持安分守己的心态呢？⑨令你抛开计较得失的是什么条件？⑩你如何控制自己的负面情绪呢？

● 阶段五

1. 阶段特征

作为上司，面对那些期望得到公平对待的人，需要留意如何不会因为个人情感而待人有差，才会令人尊重。

2. 历史故事

田蚡窦婴，庭辩罪状

窦婴见事情闹大，索性向汉武帝告发田蚡，希望以此解救灌夫。就这样，以灌夫为导火索，最终演变成了窦婴与田蚡的较量。窦婴与田蚡都是外戚，只不过窦婴早已失宠，而田蚡却是新贵。在朝廷上，窦婴与田蚡各陈己见，汉武帝无法定夺，便让群臣商议。大臣们都不敢说话，汉武帝大怒，离席而去。

此时的汉武帝，并没有表现出英明的一面，而是好像无所适从地娇惯耍小性的孩子，没有给出任何解决方案，而是干脆甩手不管。窦婴见状，知道灌夫再也救不出来了，甚至自己也要倒霉了。

3. 实现方法

①需要发挥公平的精神；②需要学习对人对己标准相同；③坚守信念和精神。

4. 日省吾身

①解决争端的信念是什么？②如何做一个公平的仲裁者？③什么是公平？你会怎样演绎一个公平的仲裁人？④什么时候裁决最合适？⑤你需要什

么资料令你的裁决更加有效？⑥当你遇到无法裁决的事时会怎么做？⑦如果双方中有人是你的朋友，你当如何令你自己的判断不受影响？⑧心情会影响决定吗？⑨要为裁决准备什么？

● 阶段六

1. 阶段特征

争执发展到一定地步，个人为了邀功而不断你争我夺，整个职场都弥漫着不健康的风气。对于为公司付出的人，如何不受影响和自律是最大的关键。

2. 历史故事

党争不断，政权坍塌

窦婴与田蚡的争斗，看起来是为了灌夫，其实却是新旧两个势力集团的争斗。最终，有王太后支持的田蚡获得胜利，灌夫被灭门，窦婴也被斩首弃市。田蚡也没有好到哪里，窦婴死后的第二年也病故。

然而，西汉时期的党争并没有因为窦婴、田蚡等人的死亡而停止，反而是愈演愈烈，最终成为西汉王朝覆灭的重要原因。

3. 实现方法

①不沉迷于浮名之中；②重视稳固的根基；③赢得尊重而非权力。

4. 日省吾身

①赢得争执有什么好处？试简述之。②如果为得到权力而争执会有什么后果？③你加入争执的原因是什么？④你如何不被人影响保持正直呢？⑤若有人为谋权而争执，你会如何面对？⑥有什么事会让你不得不加入争执中呢？⑦你要如何提醒自己不受影响呢？⑧若有一件事会令你失去理性处理争执的，那会是什么事？⑨在争执中你会做的第一件事是什么？

要点总结

①处理情绪，尝试与朋友分享问题；②专心工作，不要争权；③以平和、安静、理性的心态解决问题。

第七章　集体力量

总体特征

集体力量需要的是纪律及正直的目标。当你进行计划时亦要得到身边的人的支持。如果你可以做有效的沟通及你的目标是和社会的观点相协调的话，你就可以运用这些群众支持的力量。

对其他人的宽宏及支持会帮助你达成团结群众的困难任务。但切忌不要利用集体力量达到危险目的。除非没有其他的方法。显然，这工作需要有一个坚强的领导者，这时尤其对在权位的人有利。带领他人的最有效方法是待之以宽宏和慷慨，同时，他们必须受到崇高理想和坚守原则的激励及鼓舞。

现在的任何行动都需要你自己内心坚守正直。行动时一定要记着那集体力量就在你背后支持你，如果你觉得跟自己四周环境没有联系时，你一定要去找寻和体验这种已存在的强力资源。这自然需要你有超凡的醒觉及决心，做得到的人便会有好结果。

在你与外界的关系中，最后永远都要自省内心中正之处才会见到清晰的方向。这是一个把你的思想扩展去包含更大的目标——全人类的目标——的好时机。这会加强你用集体力量的能力，以应付日后的困难时刻。

进阶教程

● 阶段一

1. 阶段特征

作为队长，在建立一个高效团队之前，需要制定严明的法令，才可以治理全队，才能在出击之前，已预期能够必胜，或是如何应对，也能应对得宜。

2. 历史故事

令出必行，如心使手

孙武，字长卿，春秋末期著名军事家、政治家，被后世尊称为"兵圣"。相传，公元前512年，孙武带着自己写的兵法十三篇面见吴王阖闾，当时一心称霸的吴王十分赞赏孙武的见解，但又怕孙武只是纸上谈兵，便安排了180名宫女让孙武操演阵法，来验证他的军事才能。

孙武以吴王的两名美姬为队长，告知以军阵之法。第一次操练时，宫女们以为只是玩乐，嬉笑不止。孙武说道："号令不清，是统帅的责任。"于是重申军令。第二次操练，宫女们仍然如故，孙武说道："令出不行，是队长的责任。"命人斩杀了两名美姬，以儆效尤。其他宫女见状，再也不敢嬉笑，专心操练，令出必行。于是，吴王知道孙武可以统率兵马了。

3. 实现方法

①学习建立团队精神；②有纪律的工作态度，建立榜样；③学习彼此合作。

4. 日省吾身

①有没有好好地跟同事相处呢？②你与同事的关系如何？③如果公事上与同事有冲突，你会怎样处理？④公司的工作纪律如何？⑤有没有员工常常早退，不守规则？⑥公司的纪律和风气如何？⑦你觉得同事有需要改善的风气吗？⑧你会如何与同事合作，开展你的工作呢？⑨你觉得什么时候最适合建立与同事的关系？

● 阶段二

1. 阶段特征

身为主帅，如果能得到上级的赏识，造就光辉的成绩，合天时、地利、人和于一身，刚柔并济，正值大显身手的时候。

2. 历史故事

大举伐楚，直入郢都

吴王命孙武与伍子胥为将，谋划伐楚。此时的楚国国内动荡，内忧外患，而吴国则是兵强马壮，上下齐心，天时、地利、人和皆已占据，伐楚时机已到。公元前508年，孙武献"伐交"之策，煽动桐国叛楚，然后游说楚王说吴国愿意替楚国讨伐桐国，因而出兵在章豫偷袭楚军，继而攻克巢，活捉楚公子繁。公元前506年，孙武和伍子胥指挥的吴军五战五胜，一举攻入楚国的都城郢，楚王逃跑，楚国遭受重创。

3. 实现方法

①实现上级对自己的期望；②带领团队一同向目标出发；③了解清晰的目标。

4. 日省吾身

①你未来一年要达成什么目标？②你会怎样带领你的团队达成目标？③你会如何带领你的团队？④你对你的团队有什么期望？⑤有没有一些信念和价值，你觉得可以在你的团队中实行？⑥你会为你的团队做什么？⑦你觉得你的领导能力中欠缺什么？如何才能解决？⑧你怎样提升团队的士气？⑨若团队之间出现纷争，你会如何处理？⑩对于难于合作的队员，你会如何领导和与他合作？

● 阶段三

1. 阶段特征

若队长轻举妄动，急于求胜，对于困境缺乏全面了解，贪胜急功，见小利而忘命，必败无疑。要留意败因是否因自己得权太快，心存骄傲，无视对手，以至于骄兵必败。

2. 历史故事

贪图小利，兵败楚国

吴军攻入郢都后，大肆抢劫，时日一久，军心便开始涣散。孙武几次劝说班师回国，但吴王阖闾贪恋楚国财物，不肯回国，让孙武忧心忡忡，却也毫无办法。

楚国的大臣申包胥逃亡在山中，派人游说吴将伍子胥，让他撤离楚国，回到吴国。但已故的楚平王是伍子胥的杀父仇人，伍子胥要好好羞辱楚国，不肯轻易退兵。无奈之下，申包胥来到秦国，在秦城墙外哭了七天七夜，滴水不进，终于感动秦国君臣。秦哀公派遣子满、子虎带兵救楚，与楚军合击吴军。

仍在抢劫财物的吴军毫无防备，被秦楚联军打得措手不及，最终狼狈退出了楚国。

3. 实现方法

①学习谦虚；②放眼长远，懂得权衡利害；③订立长线的计划。

4. 日省吾身

①如何才能学会谦虚呢？②遇有逆境，你会如何改变现在的环境？③你有为自己的队伍定下长期目标吗？④你以什么标准决定做一件事呢？⑤你会如何坚守你的信念呢？⑥有一件事可以让你短期得益，但却存在风险，你会做吗？为什么？⑦你对现在的环境了解程度有多少？⑧有什么事会改变你决定了的目标？⑨你如何在过程中保持不骄傲呢？⑩如果能够在过程中做到胜不骄、败不馁呢？

● 阶段四

1. 阶段特征

环境不允许主动出击时，队长要明白退守比急攻更有效。懂得巧妙的布局，才能将损失减到最低，待力量更强时，再一举进攻，才能大获全胜。

2. 历史故事

养精蓄锐，克胜强敌

公元前496年，阖闾大举伐越，越王勾践在檇李列队迎战。战斗开始时，越军连续三次冲击吴军军阵，都没有取得预期成果，于是越王使出了一种奇特的战法。他先是命令越国的死刑犯走到吴军阵前，举剑自尽，这个举动让吴军大感意外，防备出现松动。越军趁机掩杀过来，大败吴军，阖闾也重伤而死。

吴太子夫差收拾起遭受重创的吴军，退回本国，他知道现在越军士气正旺，无法与之正面较量，只能养精蓄锐，守住国门，稍有差池，甚至有国破家亡的可能。因此，他一面派人往越王处求和，一面加紧操练军队，以期东山再起。

公元前494年，越王听说夫差加紧练兵，欲报父仇，便不顾大臣劝阻，兴兵讨伐。夫差闻报，率领精锐迎战，在夫椒大败越军，越王仅带领五千余人退守会稽山。经此一战，吴王一举奠定了春秋霸主的地位。

3. 实现方法

①懂得分析现状。进退得宜；②洞悉前景，坚守目标；③学习退守，稳中求胜。

4. 日省吾身

①如果过程出现波折，你会怎样处理？②如果迟迟未有效果，你会不会坚持下去呢？③出现令进度停滞不前的障碍时，你会怎样做呢？④期限前仍未达成目标，你会怎样做？⑤遇到不能前进的局面时，你会有什么感觉？⑥你会如何适应不明朗的局面？⑦令你不能退守的原因是什么？⑧你会如何积极地防守呢？⑨在过程中，你有没有留意局势的变化，从而预先准备？⑩在实力不够时，你会如何积蓄力量，再稳中求胜？

● 阶段五

1. 阶段特征

做一个队长，即使有孔明的才智、关羽的勇武，若用人不当，仍旧会损兵折将。因此，除了自己要有实力外，用人的才智，用人的学问，也可以影响每一个细节，从而足以将局面全然改变。

2. 历史故事

任用小人，放虎归山

越王被围困在会稽山，只能贿赂吴王心腹伯嚭，表示愿意向吴王称臣。吴王夫差此时正志得意满，便听信伯嚭的进言，同意越王称臣为质。伯嚭原为楚人，后因家族被人陷害，只身逃亡吴国，受到吴王宠信，在伐楚之战中立有战功。伯嚭为人好大喜功，贪财好色，越王重臣文种、范蠡趁机贿赂伯嚭，让其代为求情，放越王归国。伯嚭收到贿赂，在吴王耳边花言巧语，最终让勾践回到越国，为吴国灭亡埋下了隐患。

3. 实现方式

①需要用人得宜，不忌人才；②需要充分了解及发挥团队每个人的才干；③需要学习合作同工，完成大业。

4. 日省吾身

①你身边有的人可以胜任什么工作？②你会如何调配资源呢？③当有的

人才能比你好，你会嫉妒吗？你会如何处理？④你知道你团队中每个人的长处吗？⑤有没有你很少动用的人力资源？为什么不起用他？⑥你会如何在不同的工作中调配你的队伍？⑦你有多信任你的队伍？⑧你有没有错用人才的时候？试简短分享。⑨在你的观察中，你觉得你的团队合作顺利吗？⑩如果你分身不暇时，你觉得你的团队能为你应付吗？

● 阶段六

1. 阶段特征

领导团队，要赏罚分明，小人之类绝不能用，是为用人之道最紧要的一项。谨记小人之害，能祸及全身，切记切记。

2. 历史故事

残杀大臣，国破家亡

自孙武隐退后，吴国重臣便只剩下伯嚭和伍子胥两个人。伯嚭贪财，收受贿赂，十分担心伍子胥告发自己，于是常常在吴王面前诋毁伍子胥。与为人刚直的伍子胥比起来，吴王更加宠信能说会道的伯嚭，对伍子胥便渐渐疏远了。伍子胥知道长此以往，必被伯嚭所害，于是在一次出使齐国的过程中，将孩子托付给齐国重臣。伯嚭得知此事，便告发伍子胥有二心。公元前484年，吴王赠剑给伍子胥，命令其自杀，伍子胥仰天长叹："唉！奸臣伯嚭作乱，大王反而杀我。我使你的父亲称霸诸侯。在你还未被立为太子的时候，几位公子都争立为太子，我与先王冒死力争，你差点不能被立为太子。你被立为太子后，想将吴国分一半给我，但我并不敢有这种奢望。可是如今你竟听信奸佞小人的谗言而杀害长辈。"

据说，伍子胥临死前，让家人将自己的眼睛挖出，悬挂于东门，声称要亲眼看到越国的军队从这里进入吴国国都。公元476年，吴国果然被越王所灭。

3. 实现方法

①留意身边的小人，不受媚惑之言引诱；②赏罚分明，用人有方；③提拔有才能之士。

4. 日省吾身

①你的团队中有没有有才能之人被埋没呢？②你会察觉团队中是否有

人喜欢说人是非？③若看见有做得好的人，你如何提拔他？④你有没有尝试过投入小人得势的团队？你的感觉如何？⑤你的团队可有向你反映有小人的出现？⑥有人特意对你拍马逢迎吗？⑦你有没有发现并赏识身边有才能的队员？⑧若看见有小人出现，你会如何应对？⑨你现在的团队结构有没有需要改善的地方？如有，请说明。⑩你说得出身边每一个队员的优点吗？

要点总结

①有秩序，以制度管理下属；②要留意团队中的每个人的优缺点，方便分配工作；③赏罚分明，使人心顺从；④运用团队的力量，明白合作的力量不是加法而是乘法。

第八章 一 体

总体特征

作为文明的一部分，人类亦是文明的产品之一。每个人都和他的社区成员共同分享这一社区所提供的独特的体验，继而产生语言、规律和传统所形成的联系，这是个人及社会的发展及进化的基础。每一个人都是社会中的一分子。

你现在被社会包围着，无论你现在探讨的是什么问题，都先要从你和你的社会的关系上着手。因此，创造一体的需要就显得格外重要。保持与全人类的那份联系会滋养人的心灵。这观点会令你的方向更清晰。不要恐慌，因为这样不会减弱你的自我意识，反而会让你从一个更深远的背景中看清自己。

第一个机会出现时便要把握机会创造一体，这是个人性格修为过程里的重要体验。如果你继续忽略这些机会的话，你便会越来越与你的社会剥离，而最后变成毫无影响力：你不但觉得自己没有什么可以表达，亦没有人会倾听你。无论是在下次选举中投票，加入一个公众团体或支持一种文化活动，现在是采取行动的时候了。在人际关系中，可以在关系里面找寻机会一体的地方，同时亦可以在社会中找寻你们的关系里一体的意义。

同等重要的是：可能有一机会在你面前展现，让你成为创造一体的领导者，去团结社会里的成员，影响他们，提升他们。身处这位置的人需要有强大的责任感、道德感和目标。

进阶教程

● 阶段一

1. 阶段特征

做下属的，除工作能力外，最重要的是要有良好的人际关系，人与人之间的诚信，好比坚韧的粗绳，拉不断，分不开。借着你的诚信，可以吸引更多人亲近，人越多，你的力量就越大。与你的朋友一同投入工作，工作必会事事顺利。

2. 历史故事

以信为本，以诚待人

吴起，也许现在很多人都没听过这个名字，但是在战国初期，他可是大名鼎鼎的风云人物，围绕着他的故事、传说众多，其中有一条就是诚信为本。相传他约了一位客人来家里吃饭，结果一直等到黄昏客人都没有来，吴起也不吃饭，就等着客人。第二天一早，吴起又派人请客人来家里，这才与他一起吃饭。

吴起是战国时期著名的军事家、政治家、改革家，先后在鲁、魏、楚三国为官，所在均有功绩。据说吴起为魏将时担任西河郡守，所在与秦国接壤，当时秦国有个岗亭离魏国很近，附近的居民不敢在那里种田，使得大片土地荒废。于是吴起就在北门外放了一根车辕，说有人能把车辕搬到南门，就有赏赐。起初没人相信，最终有个人将车辕搬至南门，吴起果然如约打赏。之后吴起又在东门外放了一石红豆，说如果有人能把红豆拿到西门，赏赐如前。百姓都争抢着去搬。最后吴起说道："明天我要攻打岗亭，能冲锋陷阵的，就赏赐他上等田地和住宅。"百姓纷纷参战，一举攻克了秦国的岗亭。

3. 实现方法

①建立同僚间的亲和感；②建立自己的诚信，兑现自己的诺言；③学习付出和承担，建立关系。

4. 日省吾身

①与同事之间如何建立良好的关系？②与同事有没有一个清晰的目标？③有什么关于人际交往的技巧需要磨炼？④如何吸引更多人与你相交？⑤你对自己的诚信有什么评价？⑥有什么优点能令你建立良好的同事关系？⑦你用多少时间与同事相交？⑧有什么阻碍令你不能建立诚信？⑨做什么事会让人觉得你值得信任？⑩你愿付出什么令同事与你的关系变好？

● 阶段二

1. 阶段特征

团队中最忌没有向心力，即使拥有众多精英，也不能令整个团队发挥最高的效率。对于内部的关系，若以亲善待之，则能上下一心。

2. 历史故事

上下齐心，共御外侮

据说，吴起当年为魏将，带兵攻打中山，有士兵得病，吴起跪地为其吮吸伤口的脓液。士兵的母亲听说了这件事，号啕大哭。村里人问道："将军这么重视、爱护你的孩子，你为何还要哭泣？"那位母亲说道："当初他父亲也在吴起军中，有病时吴起也像现在这样照顾他，为报答吴起的知遇之恩，孩子的父亲奋战而死。现在吴起又这样对待我的儿子，估计我儿子的死期也不远了。"果然，这位士兵在战斗中奋勇当先，战死沙场。

这虽然只是个故事，但也充分说明了吴起为将时善于团结人心，上下一心，军队才有了极强的战斗力。在吴起为魏将时，连败秦军，使强秦不敢东犯魏境，战斗力由此可见一斑。

3. 实现方法

①了解内部关系；②以亲善付出，建立关系；③联络众人，上下一心。

4. 日省吾身

①你会如何建立团队的向心力呢？②现在需要什么才能令团队发挥更好的效果？③你团队的团结程度如何？④你的团队有共同的目标吗？⑤有没有人不服从指示？⑥谁可以帮助你调和团队的关系？⑦令你最难提高员工的融洽的原因是什么？⑧有没有赏罚制度？⑨对成功的队员，应如何表扬？⑩有没有你很少留意的队员？

● 阶段三

1. 阶段特征

工作环境中需要学习与人亲近的学问，才能使工作效果更好。要注意不亲近心术不正之人，因为即使得到了关系，换来的也只能是祸害，最终只会令自己受伤。

2. 历史故事

施政以德，国之根本

在吴起成为魏将之前，原本在鲁国为官，后来齐国攻打鲁国，吴起自告奋勇抵御齐军。有同僚说吴起妻子是齐国人，怕他偏向齐国，为了表示自己的忠心，吴起杀了妻子，从而领兵出征，大败齐军，树立了很高的威望。但仍旧受到鲁君猜忌，被迫逃亡魏国。魏文侯知道吴起是个人才，大胆启用了他，但也只是看重其军事才能，而看不上吴起的品德。

吴起为人虽然有污点，但在施政方针上，还是认为国君应当施行仁政，亲近子民，才能保证国家强大稳定。有一次，魏武侯与吴起一起观赏黄河，他对吴起说："你看看这险峻的山河，真是魏国的天然屏障啊。"吴起说道："当初三苗部落，左有洞庭，右有彭蠡，但不修德义，被禹消灭。夏朝左有黄河、济水，右有泰山，伊阙在南，羊肠在北，但不修仁义，被商汤所灭。纣王都城左边是孟门，右边是太行，北面是常山，南面是黄河，但不修德政，被周武王所杀。由此可见，国宝不在于地势险要，而在于施政以德。"

吴起的这些话，可以说是道出了为政者的根本。

3. 实现方法

①小心选择同僚；②随时提高警觉，留意身边的人；③衡量建立关系的代价。

4. 日省吾身

①最近比较亲密的同事是谁？②有没有因为别人的缘故做错事？③你有多了解身边的人？④你觉得自己的朋友为人如何？⑤你觉得自己的选友能力如何？⑥当你已经没有能力处理事务时，有没有人能为你负担？⑦选友最重要的是什么？⑧有没有同事能够鼓舞你呢？⑨你的同事有没有帮助你提升工作能力？⑩如何可以寻到可称之为贤明的同事？

● 阶段四

1. 阶段特征

得到帮助是不容易的，但若得到了上级的支持，或结交到亲密的工作伙伴，将会一起在工作上坚守，尽力做到最好，在工作上获得突破，大展宏图。

2. 历史故事

受人器重，事业之帆

得到领导的重视和信任，往往会对个人事业起到重要的推动作用。吴起的一生，便是一个很好的例子。为鲁将时，国君信任他，他可以击败强大的齐军；国君猜忌他，他只能落荒而逃。为魏将时，魏文侯信任他，他可以连破秦军；魏武侯猜忌他，他只能逃亡楚国。

到了楚国，楚悼王十分赏识吴起的才华，仅用一年便将其升任令尹，支持吴起进行了大刀阔斧的改革，包括制定严格的法律，取消旧贵族的种种特权，奖励军功，鼓励耕种等。通过吴起的改革，偏安一隅的楚国迅速强大起来。从公元前381年开始，楚国四处征战，连续击败魏军，为将来的霸业打下了基础。

3. 实现方法

①学习维持现有的关系；②重视同伴之间的力量；③抱持积极的心态，主动出击。

4. 日省吾身

①同伴能够支持你的工作吗？②你有没有能够倚靠的工作伙伴？③同伴是你重视的其中一个范畴吗？④你的积极性与同事间的关系的比例是怎样？⑤你有没有信心维持关系？⑥你对你的团队抱有信心吗？⑦如何保持你与同伴的关系及进步呢？⑧与同事有共同目标吗？⑨你如何与同事一同订立目标？⑩同事做什么事会令你不能接受？

● 阶段五

1. 阶段特征

作为领导者，用人之道需要得宜才能得人心。如能摒弃小人，持纳贤能，以仁义、光明正大之心与人交往，以出色的人际技巧，用平易近人的心态，使人才汇集，愿意接近。得力源头，全在于此。

2. 历史故事

兴国众贤者，败国一小人

纵观历史，成事者，亲贤臣远小人；失败者，亲小人远贤臣。魏国从魏文侯的文治武功，到魏武侯的国势渐衰，便是这样的过程。魏武侯继位后，魏相李悝去世，田文、公叔相继成为魏相。公叔的妻子是魏国公主，他当政时，由于忌惮吴起，便想出一条计策。

他先去找魏武侯，说道："吴起是个人才，但您的国家太小，我担心吴起不会甘心屈尊于您。你可以假装将女儿嫁给吴起，如果他答应婚事，说明有久留之心，如果推辞，就说明没有。"之后公叔又邀请吴起来家里做客，故意让身为公主的妻子专横跋扈。吴起见状，以为公主都是傲慢无礼，当魏武侯说想要将女儿嫁给他时，吴起果然推辞婚事。于是，魏武侯越来越猜忌吴起，吴起只能仓皇逃亡楚国。

3. 实现方法

①以平易的心去接近身边人；②加强自己的包容力，丰富身边的人才；③了解及懂得运用现有环境，达成理想。

4. 日省吾身

①有没有人对你持有不安的感觉？②是不是有适合发展的资源？应该如何发展？③自己与工作伙伴的关系如何？④你的人力资源能否助你提升竞争力？⑤对自己的人际技巧评价如何？⑥你会如何协调工作间的人际关系？⑦有没有人才愿意主动加入你的团队？⑧你有没有所谓的平易近人的性格呢？⑨现有的人际关系，能否达到最佳效果呢？⑩你在处理人际关系方面有没有遇到难题呢？

● 阶段六

1. 阶段特征

当人到达一定地位时，容易觉得自己高高在上，从而知己无一人。对于自己的自信、能力、地位太过执着，以致自觉不屑与人交往。在这个阶段，最容易失去同伴的支持，独立面对困难，十分危险。

2. 历史故事

一意孤行，终至败亡

吴起在楚国实行变法后，楚国果然强大了起来，楚悼王也十分信任吴起，任命他为国相。吴起至此完成了自己出将入相的心愿，变得高高在上，行事也越来越雷厉风行，不再顾忌旁人的感受。虽然他希望在短时间内让楚国强大，以此来报答楚王的知遇之恩，但过快的变革让很多旧贵族无法忍受，也为自己后来的败亡埋下祸根。

公元前381年，楚悼王去世，楚国贵族趁机发动兵变，吴起就在楚王的灵柩前，被众人用乱箭射死。对于那些过分急于求成的人来说，这样的结果是不可避免的，吴起如是，商鞅又何尝不是？

3. 实现方法

①放低成见，乐于与不同的人交往；②检视自己的人际关系；③打破思维的框架，放下骄傲。

4. 日省吾身

①你对自己的经验能力自信吗？有没有影响别人接近你？②有人在你面前班门弄斧，你愿意教导他吗？③你有没有出现挑战别人的心态？④有什么人，最令你不愿意接近？⑤自己对工作的自信有没有阻碍你与同事之间的关系？⑥你有没有不利于你交友的性格？⑦你对你的队员有成见吗？你最不能接受的是什么？⑧你喜欢你的工作环境吗？⑨你与同事的关系融洽吗？⑩对于同事不懂得的事物，你愿意回答并细心教导吗？

要点总结

①乐于与同事建立关系，愿意互相帮助；②以和谐关系将公司连成一体，透过配合产生无穷力量；③以平易近人、乐于聆听的心态与同事建交。

第九章 克 制

总体特征

好像你所有的行动、明确的意向、认真的计划，都会被某些未知的因素所抑压，你无比沮丧，你可以看见令你达成目标的必须元素，但却无法令它们配合起来。无论你曾试用什么方法，人总会感到束手束脚，不能进行任何重要的行动。但从细微、温和的改进中，也可能会有比较小幅度的成功。

你现在只可以对其他人有少许温和的影响，维持目前现状的力量十分强大而无法干预。此时，你最好的行动是继续保留在你想影响的事情里面，用友善的说服力去维持你现有的影响力及确保这情况不会像脱缰之马一样从你的手中溜走。你可能已经发现这不是开创新事业的好时机，就算前景看似不错，仍然应该等待一个确保成功的时机。这时候可以把精神放在工作的细节上，但不要尝试进行重要的改动。

人际关系要达到成功的结果需要有高超的技巧，你如完全不能控制所发生的事情，任何争辩都不会有作用。你可以选择的是顺从，用友善的形式等待这一时刻过去，或者选择离开这段关系。

进阶教程

● 阶段一

1. 阶段特征

人生路上，难免有错，不免走了歪路，只要能浪子回头，不再陷于其中，重新走回正路，就可以避免泥足深陷，仍然可以重新再来，前途将会一片光明。

2. 历史故事

浪子回头，力除三害

周处，字子隐。其父周鲂为三国时期吴国的鄱阳太守。周处从小就臂力过人，任性妄为，横行乡里。当时乡里人都说："南山有白额猛虎，长桥下有蛟龙，再加上周处，便是乡间三害。"

　　周处决定为乡间除去三害。他先是上南山射死猛虎，又跳到水中与蛟龙搏斗，经过三天三夜才将蛟龙杀死。等他回到乡间，发现乡民以为他与蛟龙同归于尽，正在庆祝，才知道乡邻如此厌恶自己。于是他决定痛改前非，离开乡里。这就是著名的浪子回头的故事。

3. 实现方法

①要有认错的勇气；②接受别人的批评；③虚心请教他人的意见。

4. 日省吾身

①你会如何面对失败？②对面对失败有什么缺乏的地方？③当有人劝你回头时，你会听吗？为什么？④阻碍你认错的是什么？⑤有什么事，可以帮助你接受自己的失败呢？⑥有什么人会令你愿意听他的意见？⑦你有没有预备改正的方向？⑧你接受别人意见的能力如何？⑨为了浪子回头，你会用什么方法帮助自己？⑩有什么环境比较容易令你接受自己的失败？

● 阶段二

1. 阶段特征

当自己回归，重新走回正路上时，在得益的同时，也要留意身边的人是否像自己一样走错，要劝勉、慈悲地助人重回正轨，同道而行。

2. 历史故事

正人正己，以身作则

　　周处离开乡里，去拜访当时的名人陆机、陆云兄弟。正好陆云在家，周处问道："我年纪大了，是不是现在开始修炼品德已经来不及了？"陆云说道："古人云：朝闻道，夕死可矣。你现在还在盛年，只应该担心没有志向，又何必担心没有美名呢？"周处恍然大悟，于是奋发好学，成了一个有文采、讲仁义、注意克制自己的全才。

　　后来周处为官，也处处以仁义教导百姓，如他在楚地为官时，当地新老居民杂处，风俗不一，周处便以教义敦促他们，为那些在野外无人认领的白骨安葬，得到远近百姓的称赞。

3. 实现方法

①顾忌和留意别人的行为；②以怜悯的心待人；③坚守正道，不偏不倚，让人靠得住。

4. 日省吾身

①你渴望别人与你一同改正吗？②看见别人做错了，你有什么感受？③你是为了什么劝诫做错了的同事呢？④你对你的劝阻能力有什么看法？⑤你心里有没有一些信念驱使你呢？⑥有什么人你是不会理会他们做错？为什么？⑦你喜欢看见别人得到的益处吗？为什么？⑧最大的难处是什么？⑨你有没有优势去令你的劝说更有效呢？⑩若别人不听你的劝告，你会如何做呢？

● 阶段三

1. 阶段特征

权力可以摧毁人与人之间的关系，要留意身边不安于作为的下属，他们对你的事业会带来威胁。

2. 历史故事

结党倾轧，人心不平

三国末年，经过连年斗争，终于以晋朝的统一结束了分裂局面。当孙吴被西晋攻破后，西晋将军王浑在原东吴都城建邺的宫殿中饮酒，他对在场的吴国降众说道："各位都是亡国之人，难道就没感到一点悲伤吗？"在座众人默默不语，只有周处站出来说道："汉朝末年国家分崩离析，先是魏蜀吴三国鼎立，魏国先灭亡，吴国后灭亡，有亡国之忧的又何止一人。"原来王浑祖先是汉朝之官，后入魏，再入晋。周处的一席话让王浑无言以对。

故事虽然很简单，但很好地反映了三国末期的党派情况，即使大家都成了西晋的官员，也仍然在内心深处认为自己是魏人、吴人、蜀人，这也是西晋王朝短命的原因之一。

3. 实现方法

①监察你下属对你的态度；②建立威信，让下属不敢随意挑战；③建立团队守则和制度。

4. 日省吾身

①什么令你不能控制下属？②你如何在下属面前建立威信？③你对自己的领导能力有什么评价？④你有没有为你的团队建立制度？请简说一下。⑤你会如何建立一个有素质的团队？⑥你是一个怎样的上司？⑦不守本分的下属会带来怎样的影响？⑧你与下属的关系是怎样的？⑨当下属有意越权，超越本分，你会如何处理？⑩你觉得一个有效的团队应有哪些特质？

● 阶段四

1. 阶段特征

面对多方面的问题，身心害怕之时，正需寻求别人的支持。面对问题，宜先解决内在的，当团队内部无懈可击，外来的难题也就迎刃而解了。

2. 历史故事

分崩离析，吴国败亡

说到吴国败亡的原因，虽然有西晋大军的进攻，但更重要的原因还在于统治者的内部出现了问题。从孙权晚年开始，党争不断，各立门户，豪族自保，国将不国。到了吴国最后一个皇帝孙皓的时候，更是朝纲废弛。孙皓沉溺酒色，亲近佞臣，昏庸残暴，杀戮功臣。王朝的内部已经崩塌，即使当时还有周处这样的名将，也已无法挽狂澜于既倒。

3. 实现方法

①建立一个相互信任的团队；②以团队的力量解决问题，不要单独面对；③将问题分类，分次序逐一解决。

4. 日省吾身

①有没有同事分担你正在面对的问题？②你有一套处理问题的程序吗？③当有突如其来的问题出现时，你会如何面对？④有什么要素能减少危机发生？⑤你觉得自己与同事的信任程度是怎样的？⑥面对难关，同事对你的态度是支持的吗？⑦你能预期未来将会出现的危机吗？⑧单独面对问题的后果是什么？⑨若同时间遇到不同的问题，你的处理方法是什么？⑩在难题面前，你会怎样处理自己的情绪？

● 阶段五

1. 阶段特征

良好的法治、默契的配合、融洽的工作气氛，三者兼备时，可以改革环境，将生气注入整个地方，在丰富了自己的同时，也泽及他人。

2. 历史故事

严格执法，过犹不及

周处性格刚烈，虽然读了礼仪之书，但在处事上却过于刚强，不留回环的余地，也为之后自己的结局埋下隐患。

周处归晋后，升任御史中丞，这是一个类似监察的职位。周处在位时严格执法，无论是宠臣还是贵戚，都逃不过他的弹劾，即使是梁王司马肜违法，周处也严格依法惩处，因此几乎将朝野上下得罪了个遍。

后来氐族人齐万年发动叛乱，朝廷征召将领前往征讨，朝廷大臣连忙建议道：“周处是前吴国名将，派他前去征讨，肯定能够获胜。”而实际上，众人只是想将他调离京城而已。

3. 实现方法

①联合同事，改善环境；②厘清目标，一跃而前；③以无私的心，与同事一同工作。

4. 日省吾身

①现在是最适合发展的环境吗？为什么？②如何共用已有的资源，使个人配搭得宜？③有没有一个长远的目标适合开展呢？为什么？④现在的环境对你有助力吗？⑤你会如何实现你的长远目标呢？⑥你认为一个最有利于你的环境应该是怎样的？⑦现有环境有没有需要改善的地方？⑧你期盼如何改善现时的环境？⑨你有没有能够共同进退的战友？⑩怎样才能令你的同事一同分享现有环境中的好处？

● 阶段六

1. 阶段特征

当权力到了极处，如果不懂得收放自如，即使是良臣名将，也会落得鸟尽弓藏。如果未意识到自己功高自傲，执着于眼前的得失成败，就会在嫉妒和猜疑中，步入险境。

2. 历史故事

壮烈殉国，捐躯沙场

周处领命前往征讨齐万年，而他的主管领导正好是曾经得罪过的梁王司马肜。伏波将军孙秀知道周处此去必定战死疆场，劝他说："你家中还有老母，可以此为借口推掉军事。"周处说："当我辞别父母入朝为官，就已经不再是父母的孩子，现在我只会效忠于我的国家。"中书令陈准知道司马肜会公报私仇，便向朝廷进言："夏侯骏、司马肜都是贵戚，不是将帅之才，还会牵制周处，不如让名将孟观与周处同往。"但朝廷没有同意。

齐万年听说这件事后，说道："周处以前守卫新平，我知道他的为人。他文武兼备，如果一人而来，我必不能阻挡；如果有人牵制，一定会被我所擒。"当时，齐万年拥兵七万有余，夏侯骏却只给周处五千人，命他为先锋讨贼。周处据理力争，说道："我是晋国的将领，如果兵败，不仅是我个人，也是国家的耻辱。"但司马肜却一再催促周处进兵，无奈之下，周处只好领命前往，最终战死沙场。

3. 实现方法

①放开怀抱，抛开功成名就；②尊重自己的上级，不要自恃有功而无视他；③需要与同事有良好的关系，能够支持和提醒自己。

4. 日省吾身

①功高自傲的后果是什么？②你对你现在与上级的关系有什么评价？③你会因你的工作成就而自满吗？④有没有什么地方，是你最容易得罪上级的呢？⑤有没有同事提醒过你与上级之间的关系？⑥你是否尊重自己的上级呢？⑦你对自己的"成就"有什么程度的执着？⑧如果有一件事会令你得罪上级的，那会是什么事？⑨你现在要立即做的是什么呢？⑩如果上级已开始对你的权力感到不满，你会如何做呢？

要点总结

①克胜己心，重新开始；②隐藏自己，不特意表露，只做好自己的本分；③多方面寻求协助，加强周围环境对自己的支持；④多以团队的力量，群策群力解决问题。

第十章　行为表现

总体特征

　　这可以是精彩、充满启发性的时刻，也可以是危险的时刻，一切都在于你有怎样的行为表现。最有可能令你进步及成功的方法是保持尊严和沉着，如果你的行为是适当的、得体的，便不会制造混乱。

　　尤其是在社会事务中，要特别留心你的行为表现。如果有所迟疑，便记着保持你的尊严，你可能会突然面对需要对你身边的人做出取舍的情况，这是社会架构重组的时候，有人起，有人跌。这是自然的发展，没有人会受伤害。这些区别及平衡的循环过程是基于每一个人的自我价值而分类进行的，最终会为社会带来持续进步。

　　如果你在处理商业上的事情，一定要小心自己的表现，保持尊严，你下面的人可能会采取大胆的方法，又或者是做出超乎你预期的行动，看清这些人的内在价值再做出反应，你的权利便不会受到挑战。这样做你便不会因为自己的偏见或一时心血来潮而影响你的处事能力。

　　在人际关系中，这时候是十分困难的。要去考虑你亲密的人的目标及渴望。如果有误会或迷惘的话，要保持沉着。考虑周详而有礼貌的行为表现会带来好结果。如果你和你所爱的人考虑在感情关系上采取一些疯狂的行动的话，现在还不是时候，把一些尊严带入你们的关系中，便可以制造良好的气氛，让感情成长和进步。

　　总而言之，你要保持尊严和沉着。你现在的行为表现直接决定你的外在情况。如果你保持善良的表现的话，会避免忧虑所带来的不利健康的影响。最重要的是，利用这一时刻去建立自我价值。留意自己出色的特质，然后向着这些有价值的方向继续你的内心修为。

进阶教程

● 阶段一

1. 阶段特征

事情刚刚起步，如同在迷雾中一样。现在最需要的是一个目标，当确定了清晰的目标，就要坚持不屈向前进发。不因外来因素而破坏原则，相信自己的眼光，一心一意，最终会达成目标。

2. 历史故事

乱世之中，偏安小国

韩昭侯，又称韩厘侯，是战国时期韩国的第六任君主，在位29年。他在位期间，韩国国力达到鼎盛时期。

不过，在韩昭侯继位之初，他接手的只是一个偏安一隅，被列强虎视眈眈的小国。韩国西有强秦，东有燕、齐，北有赵、魏，南有荆楚，真可谓大敌环伺。公元前363年，韩昭侯即位，结果第二年秦军便在西山击败韩军，第三年宋国又攻占了韩国的黄池，魏国攻占了韩国的朱邑。韩昭侯接手的，正是这样一个积贫积弱的"烂摊子"。

不过，韩昭侯并没有灰心，因为从他为储君时，便立下誓言，一定要让韩国强大起来。

3. 实现方法

①为自己订立清晰的目标；②以坚定的心去面对冲击；③为外来的问题订立一套解决方针。

4. 日省吾身

①建立目标前有没有考虑清楚呢？②准备好即将面对的问题了吗？③你能预期会出现什么问题吗？④你会怎样坚持自己的理念？⑤如果有人告诉你，这件事不会成功，你会如何答复他？⑥有哪些关键要素能令你成功呢？⑦你估计距离成功还有多长时间？⑧你信任自己的眼光吗？⑨如果计划被打乱，你会如何修正？⑩如果出现一个更好的目标，你会如何调节？

● 阶段二

1. 阶段特征

未来的事不得而知，但经过多方考虑，就算将会发生的一切事情，虽然未看见什么，内心已了然，因而能爽快地做出决定，明确方向，充满自信。

2. 历史故事

认准方向，初尝胜利

公元前357年，是有记载的韩昭侯第一次出兵，他进攻的对象是东周的陵观和廪丘两地。虽然这两个地方只是两个小村落，但对于韩昭侯来说却是意义重大，这是他上任以来第一次真正靠力量获得土地。

但是韩昭侯知道以韩国目前的军事实力，还远远无法和赵国、魏国等抗衡，更不用提强大的秦国、齐国和楚国了。于是，韩昭侯决定选贤任能，通过改革来实现自己强国的目标。

3. 实现方法

①要对未来做出预期，预设会遭遇的困难；②对目标有详细的一年或五年计划；③需要学会写一个时间表。

4. 日省吾身

①你在未来会遭遇到的困难是什么？②你预料到一年内有什么问题会发生吗？③知道自己在未来一年间会发生什么事，从而有利于达成目标吗？④你如何进行未雨绸缪？⑤透过思考，有什么危机是你解决不了的吗？⑥有没有人可以帮助到你？⑦你懂得如何为未来定下计划和目标吗？⑧过程当中，曾经出现过偏差吗？⑨若有目标未能及时达成，该如何处理？⑩你对你的时间管理有信心吗？

● 阶段三

1. 阶段特征

明明是有理想的目标和清晰的志向，却不能成功。因为能力不及，心志过高，虽然努力前进，仍然不能成功。

2. 历史故事

改变自己，奋力前行

在韩昭侯攻打东周的两年后，一位名叫申不害的小官向韩昭侯毛遂自荐，以法家之术游说韩昭侯。韩昭侯听后大悦，任命申不害为相国，施行变法。变法内容包括改革吏治，清点国库，整肃军纪，开垦荒地，发展手工业等，尤其是冶铁业极为发达，当时就有"天下强弓劲弩，皆自韩出"的说法。

在申不害的变法下，如侠氏、公厘、段氏等重臣被削弱，中央集权得到加强，国库逐渐丰盈，军纪得到整顿，经济也慢慢发展起来。看着这些成绩，韩昭侯感觉自己的梦想即将实现了。

3. 实现方法

①厘清目标，找一个合理的目标；②清楚自己的实力，使目标能够达成；③常常自我检视，留意目标是否适合自己。

4. 日省吾身

①达成目标的条件是什么？②过程中发现目标不能达成，问题出现在什么地方？③你的能力能符合你的目标吗？为什么？④如果能力令你不能达成你所定的目标，你会如何处理？⑤你通常多久会进行一次自我检讨？⑥你对自己的能力有信心吗？⑦你如何发现目标出现问题呢？⑧你的目标清晰吗？⑨你会做什么来提升你的能力，从而应付各种各样的难题呢？⑩一个清晰的目标应该是怎样的？

● 阶段四

1. 阶段特征

目标虽然很难达成，但因为心中对目标已经了解，明白能力状况。以履险的心态出发，是达成目标的第一步，一直走下去，成功就等在不远处。

2. 历史故事

坚定目标，履险前行

然而，好景不长，公元前354年，也就是申不害施行变法的第二年，魏国出兵伐韩，包围了宅阳。面对强敌，韩昭侯束手无策，只能向申不害询问对策。申不害建议韩昭侯亲自去见魏惠王，因为当时魏国方盛，鲁国、宋国等国君皆去朝见，如果能够手拿白圭前往（朝见天子时使用的玉器），必能获得魏王的欢心，免去刀兵之祸，为深入变法、积攒国力赢得时间。

韩昭侯采纳建议，执白圭面见魏惠王。魏惠王果然如申不害所料，十分高兴，与韩国盟誓，互不侵犯，撤兵而回。韩昭侯也为自己和韩国赢得了时间。

3. 实现方法

①为自己订立步骤，一步一步实现目标；②尝试多学习，以增强自己的实力；③保持积极的心态，不怕面对失败。

4. 日省吾身

①有没有步骤令你的目标更清晰？②你能不能遵照时间表一步一步完成目标呢？③有什么事情的出现会打乱你的步调？④为了达成目标，你觉得自己需要增加什么能力？⑤有什么学习课程可以对你达标有帮助？⑥你抱着什么心态去完成你所定的目标？⑦最令你不能承受的事是什么？⑧遇到难关，你会以什么心情应对？⑨你会怎样抱有积极的心态？⑩成功之前总有不少难关，你会用什么方式面对？

● 阶段五

1. 阶段特征

面对新的环境，会有不少问题来挑战你的能力，而你却不得不孤军奋战，这一阶段需要能恰当地行使自己的能力，靠一己之力改变环境，重新塑造对自己有利的局面。

2. 历史故事

以我为主，坚持己见

申不害为韩相十五年，内修政教，外应诸侯。在他的治理下，韩国政局稳定，贵族特权受限，百姓逐渐富足，"终申子之身，国治兵强，无侵韩者"。

虽然申不害有如此功绩，韩昭侯对他也极其信任，但在一些重要事情上，韩昭侯仍然会自己拿主意，而不依靠旁人。有一次，申不害向韩昭侯为他的亲戚求官，韩昭侯没有答应。申不害十分不满，韩昭侯说道："我任你为相，是要治理国家，那么我是应该答应你的请求而废弃你的主张，还是应该坚持你的主张而拒绝你的请求呢？你曾教导我要按功行赏，如今却在法外另有所求，那我听哪个话才对呢？"申不害知道自己错了，赶紧向韩昭侯请罪。

3. 实现方法

①不要选择逃避问题，要积极面对；②要善用自己的权力，不偏不倚；③要有自信心，坚信自己能解决问题。

4. 日省吾身

①你如何不被挑战吓倒？②你有没有能力可以对付现在的问题？③问题的关键是什么？有什么方法能够尝试？④有什么人或事是你不能够妥协的？⑤最令你不能面对的事是什么？⑥你对自己解决难题的能力有信心吗？⑦你会怎样面对一个势力的挑战？⑧风气有问题，你会怎样解决？⑨会不会有一些感情的观念出现呢？⑩有没有人你是不敢得罪的？为什么？

● 阶段六

1. 阶段特征

当认清自己的优劣，把优秀的能力发挥得淋漓尽致，同时减少差劣的表现，从行为上让人看到改变，就会有巨大的收获。

2. 历史故事

改变自己，适应环境

韩昭侯虽然是一代明君，但也有些自己的小毛病。如，韩昭侯总是无法保守秘密，经常在无意间把一些重大机密泄露出去，使朝臣们的计划无法实施。

有一次，一个自称堂豀公的人进谏韩昭侯，问道："如果我有一个用玉做的酒器，虽然价值连城，但没有杯底，请问是否能用来盛酒？"韩昭侯回答："不能。"堂豀公又说："我还有一个瓦罐，虽然不值钱，但也不会漏水，请问是否能用来盛酒？"韩昭侯回答："能。"堂豀公接着说："如果一个人地位很高，却经常泄露秘密，那么他的计划根本无法实施，即使有再大的才干也无从施展。"韩昭侯恍然大悟，连忙称是，并下决心改正自己的毛病。果然，以后再有大臣献计献策，韩昭侯都会小心对待，再没有泄露过机密。

3. 实现方法

①善用自己的优势，发挥所长；②不要因为自己有失误而泄气；③要有自信，表现自己优越的一面。

4. 日省吾身

①你对你自己的优劣有什么了解？②你会如何完善自己的优点呢？③你会怎样改进自己的缺点呢？④有什么地方最容易发展你的所长呢？为什么？⑤哪一种工作最容易令你失职呢？你会如何避免？⑥有什么课程能够帮助你去增强自己的优点？⑦有什么工作最能令人看见你的优秀能力？⑧你的同事对你的能力有何评价？⑨你对自己的能力有自信吗？⑩当机会来到时，你善于表现自己吗？你又会担心什么？

要点总结

①积极面对问题，以多方面的策略对应；②计划时间表，记录、评价及调节事情的进程；③满怀自信，以自己的能力及权力去解决问题。

第十一章 兴 旺

总体特征

这时候就好像初春一样，令人兴奋，大地充满生机，配合得完美和谐。当春天的信息来到任何一个状况里时，接收到春的信息的人会去耕耘面前丰沃的环境元素。他会进行分析、调解、控制和适度地利用这丰盛的机遇，从而安排他的将来和组织他的生命。现在是有可能让好的、有用的新主意去推动你的发展的时候，同时要将以往较差的、在衰退的元素革新。

你会在人际交往中获得特别的收获。如果你最近在逃避社交活动的话，现在应该觉得有自信去跟别人接触，彼此之间的敌意即将会完结，不信任和派系主义会减退，代之而来的是双方的好感。互相的正面影响可以产生兴旺的社会环境。

当最贤能的领袖自然地担当起领导的角色，这人的宽宏大量和前进的决心，会令所有人归入正途。因为现在的环境是正直的、和谐的，所以这是一个非常适当的时间，去制定有用的制度和建设更先进的秩序系统。最能直接受惠于这兴旺的时机是商业上的事务。要利用这兴旺的环境去组织你的计划。好像初春一样，很多事物都会变得清晰，要利用这清晰的能力去发动、组织所需的系统架构，这些系统会一直发挥作用，甚至协助你渡过将来困难的时刻，服务性行业以及需要和其他人合作的工作会特别受惠。

这时候重点在于内心的和谐。你的外在性格会反映出你兴旺的精神所带来的平和。现在你本人的能量和宇宙的动力是协调的，所以就算是你的无心的行动，都会对自己和其他人有利。你和其他人的关系外表看来可能会是一样，但你的态度会有大大的改善。同时，你的身体健康也会有所改进，你会感觉到新的力量在建立，旧有的衰落在减退。总体来说，这一时刻带来的是心境的平静，从而创造一个可以包容一切的环境去建立成功与兴旺。

进阶教程

● 阶段一

1. 阶段特征

在环境中总有许许多多的危机潜伏其中，可能是人，可能是事；可能在外，可能在内。可通过同盟将力量团结，将危险势力一举毁灭，方便扩展势力。

2. 历史故事

联结盟友，统一战线

刘邦，汉朝的开国皇帝。这是个已经被人熟知的人物，我们的故事，要从他与项羽的大决战说起。公元前209年，刘邦自沛县起兵反秦。到了公元前202年垓下之战时，刘邦已经是坐拥70万反楚联军的首领，而曾经一度举世无匹的西楚霸王，手中只有10万久战疲惫之兵。那么，这样的形势是如何形成的呢？要知道，当初项羽分封诸侯，刘邦被封为汉王，士兵被削减为区区3万，短短几年间，为何刘邦的势力竟发展至如此呢？

一切都是联盟的力量。自刘邦拜韩信为大将后，先后攻破三秦、魏、代、赵等诸侯势力，同时策反了亲楚的英布、彭越，再加上韩信、刘贾等人的助阵，争霸形势迅速发生逆转。最终，垓下一战，项羽自杀，刘邦在众人的拥护下君临天下。

3. 实现方法

①建立危机感，事先意识到有问题；②充分分析，洞悉危机的来源；③与同事结合力量。

4. 日省吾身

①你对危机有没有做好准备呢？②知道危机的来源吗？③如何才能顺利地解决问题呢？④知道潜伏的问题是对内还是对外吗？⑤有没有先例，使你可以参照解决问题？⑥团结同事可以怎样解决问题？⑦多久会有一次会议，以商讨如何解决问题？⑧你对于危机敏感吗？⑨你对自己的分析能力有信心吗？⑩你有一套危机处理计划吗？

● 阶段二

1. 阶段特征

经过一轮震动，危机已经解决，虽然已大获全胜，但国虚土荒。需要靠忠正的人治理，才会使国力恢复如昔，甚至更胜一筹，以利于再次出击。

2. 历史故事

封侯拜相，垂拱天下

经过多年的对秦战争和楚汉争霸，汉初的社会可谓是民生凋敝、百废待兴。那么，如何发展经济、稳定社会便成为首要问题，而这一工作的重担，自然要落在丞相身上。汉初的第一位丞相是大名鼎鼎的萧何，说到这里，还有个故事。

当初刘邦登基为帝，论功行赏，很多大臣都说曹参跟随陛下南征北战，立功最多，当属首功，应当封为丞相。只有关内侯鄂君说道："在楚汉战争中，陛下有好几次都是全军溃败，只身逃脱，全靠萧何从关中派出军队来补充。有时，就是没有陛下的命令，萧何一次也派遣几万人，正好补充了陛下的急需。不仅是士兵，就是军粮也全靠萧何转漕关中，才保证了供应。这些都是创立汉家天下流传后世的大功劳，怎么能把像曹参等人只是一时的战功列在万世之功的前面呢！依臣之见，萧何应排第一，曹参第二。"刘邦深以为然，于是，萧何成了汉朝的第一个丞相。

萧何也没有辜负刘邦的期望，他执政后，政治上善于协调各种人际关系，安抚百姓；经济上发展生产，鼓励农业，与民休养生息，让汉初社会很快从连年战乱中恢复过来。

3. 实现方法

①发挥自己的能力，为公司助力；②不要单为自己，也要为公司的利益着想；③需要有一个长远及全面的计划书。

4. 日省吾身

①你希望自己如何帮助重整公司？②你能够为改善环境付出多少？③若需要你加倍付出时，你愿意接受吗？④如果做一件对公司有益，但对你没有益的事，你会做吗？⑤你是以什么原则去处理事务的呢？⑥你有没有为公司

设计一个长期的计划？⑦你如何使计划能够达成？为此你需要什么力量？⑧有没有途径可以令你的计划实行得更完善？⑨你会如何运用现有的人手去处理当务之急？⑩你有没有能一同为公司奋斗的同事？

● 阶段三

1. 阶段特征

既然有安定，就会有战乱；既然有盛世，也会有荒年，要以平静、安稳的心对待这种不能预计的因素，不论日子如何，也要活得自在。

2. 历史故事

盛世不久，治世难长

经历了汉初一段时间的稳定后，刘邦开始变得越来越猜忌，而猜忌的对象首先就锁定在几个异姓王身上。首先遭殃的是燕王臧荼，由于刘邦大肆抓捕项羽旧部，臧荼十分恐惧，起兵反汉，刘邦亲自征讨杀死了他。之后张敖、韩王信、彭越、韩信、英布等人也先后被杀，其中英布起兵造反，声势尤大。最终，刘邦以武力镇压和杀死了这些异姓王，转而将领地分封给了自己同姓的诸王，本以为如此就可天下安定，基业长存，可惜人算不如天算，未来还有一场更大的叛乱在等着刘邦的子孙，而这次叛乱的始作俑者，就是这些分封的同姓王。

3. 实现方法

①用一颗平静的心看待世事；②需要警觉各种动向，快人一步；③不要因在动荡的局面而变得消极，要明白总会有出路。

4. 日省吾身

①面对动荡的局面或许会感到不安，你会如何处理自己的心情？②面对不稳定的日子，你所保持的信念是什么？③你有没有留意现时局势的流向是什么？④如何保持一颗平静安稳的心去过日子？⑤你会因为不安的日子而过于担心吗？⑥你会怎样坚持自己对将来的盼望？⑦什么情况最能令你感到焦虑？⑧有什么人或事，会令你打消疑惑？⑨你会如何令自己全身心投入工作，不被情绪影响呢？⑩对你来说，什么叫作安稳的时间呢？

● 阶段四

1. 阶段特征

有时候一个人不能改变全盘局面，但因有一群贤能之士相助，致能成功。为造就环境，愿意不先满足自己的私欲，旁人都因你的诚信而与你共事，不担心会有损失，注意要以别人为先，不以己为重，如此方能得到别人的信任。

2. 历史故事

选贤任能，帝业根本

刘邦曾问群臣，我为何能够最终统一天下，群臣回答各不相同。之后，刘邦有些自得地说道："你们这些人只知其一，不知其二。论运筹帷幄之中，决胜千里之外，我不如张良。论安抚百姓，供应粮草，我不如萧何。论统领百万之众，战必胜，攻必克，我不如韩信。可是，我自觉可以做到知人善用，能够发挥他们的长处，这才是我最终取胜的真正原因。"由此可见，刘邦认为自己成功的根本，还是笼络了一群人才。

事实上，刘邦对于笼络人心还是很有一套的。如我们都知道刘邦不喜欢儒生，甚至会扯下儒生的帽子往里面小便。但对于郦食其、叔孙通这些人却另眼相看，因为他们都有乱世之才。

3. 实现方法

①以诚信待人，令人觉得你安全；②建立一个智囊团，以助解决问题；③凡事以人为先，顾及他人的感受。

4. 日省吾身

①你对自己待人处事的态度有什么看法？②你觉得身边的人与你的关系如何？③如何建立一个能相互信任的团队？④若下属有需要，你会如何帮助他？⑤如果做一件事，只会令下属得益，你会做吗？⑥你的诚信可靠吗？⑦令你不能兑现承诺的事是什么？⑧你会如何在他人面前建立诚信？⑨你现在有没有一个智囊团？⑩如何能够将别人的需要放在自己的需要之前呢？

● 阶段五

1. 阶段特征

通过合作交流，令事情走向更光明的局面。虽然潜伏着不少危机，但只要处理得宜，矛盾就能迎刃而解。

2. 历史故事

见微知著，防患未然

很多问题，都是由不起眼的小事逐渐发酵，渐渐演变成大问题。而刘邦在这一点上就做得很好。刘邦刚刚登基时，分封功臣，只给了萧何等二十余人官职，由于其余众将互不服气，相互争功，迟迟没有结论，刘邦就没有继续封官。一次，刘邦与张良一起散步，看到数名将领坐在沙地上，不知道在说些什么。刘邦就问张良他们在做什么。张良说："他们在谋反。"刘邦说道："为什么要谋反？"张良说："他们怕陛下以后不再给他们封官。"刘邦就问怎么办。张良问道："您最讨厌的人是谁？"刘邦说："雍齿。"张良说道："那么问题解决了。您封雍齿为侯，让大家看到您连最憎恨的人都愿意封官，他们就不会谋反了。"于是，刘邦大摆庆功宴，封雍齿为什邡侯，并当着众人的面命令丞相和御史抓紧时间拟定分封名单。众将之心才安定下来，一场祸端也就消除于无形之中。

3. 实现方法

①与各人合作交流的能力；②提升危机的处理能力；③加强领导能力。

4. 日省吾身

①有没有能够帮到的同事？②有没有能够协调人手的能力？③现在是不是处理问题的最佳时机？④你将如何使用你拥有的资源去解决问题？⑤你会如何领导员工为你解决问题？⑥有什么危机是不可避免的？⑦有没有一些危机处理的法则？⑧你会如何加强自己的领导能力？⑨会不会有不同部门的人合作的机会？⑩你与各人的关系是怎样的？

● 阶段六

1. 阶段特征

当顺境走至尽头，就会重归乱世，一切将重新再来。注意不要在此时急于求成，需要由内而外，重新整顿，否则只会让情况一发不可收拾。

2. 历史故事

轻敌冒进，白登受困

急于求成是成功者的大忌，很多深谋远虑者，如刘邦，也会有急于求成之时。公元前201年，韩王信在大同地区作乱，勾结匈奴攻打太原。刘邦亲统三十二万大军前往征讨，首战告捷，又乘胜追击，直抵娄烦。此时刘邦已经志得意满，认为天下豪强已不足为惧，于是不顾刘敬等人的劝阻，轻敌冒进，直追到平城，结果中计被围困于白登山，七日七夜不得脱。后来陈平献计，向匈奴阏氏行贿才脱险。

刘邦回到长安后，深刻认识到自己急于求成的错误，放弃了短时间内武力解决匈奴威胁的设想，转而采取和亲政策笼络匈奴，一定程度上保证了边境的安定，也为日后抗击匈奴赢得了宝贵的时间。

3. 实现方法

①不要急于建设，要着重根基；②需要由内而外重新整顿；③需要有长期的计划，一步一步恢复力量。

4. 日省吾身

①有什么事你现在要先处理？②急进的后果是什么？③必须要解决的问题是什么？④你会如何部署未来一年的发展？⑤你的第一步行动是什么？⑥你现在面对哪些难处？⑦你可以动用的资源是什么？⑧有什么事是现在不应该做的？⑨你自己应该先做什么呢？⑩你要补救的第一件事是什么呢？

要点总结

①预期问题，不等到问题发生才想解决办法；②建立一套危机处理守则，当问题发生时，仍然可以有序地解决；③建立团队处理危机，随时为未来做好准备；④团结内部关系，可以免却不少危机。

第十二章　停　滞

总体特征

自然的力量在这一阶段是停顿的，事物之间没有互相的交流，不能达到成效。本来可以滋养和培育万物的自然秩序出现紊乱，沟通的渠道受阻，因为看不清情况所需要的是什么，所以不能继续成长。

你所提供的有用的主意换来的会是漠不关心或拒绝，就算你的出发点是无私的，这时的环境气氛也不会接受你。问题不在于你的出发点，无论你是想赢取利润，还是反馈社会，都不能达成目标。

此时的社会生活会进入低潮。不要怀疑你自己内心的理想和操守，停滞是困难的时刻，而事实上，你很难做点什么，如果你参与公众活动，也会被这环境气氛影响，令自己也变得停滞。此时，你一定要尽己所能避免即将来临的混乱，学会退守。

不要尝试影响其他人，因为本来就是没有可能的。亦不要妥协自己的原则或改变标准，因为就算你这样做，那些混乱也不会停止，这是无法用合理的方法去解决的，你反而会泥足深陷，在各色各样的纷乱中越跌越深。不要受到别人承诺你一些回报或丰富的报酬所诱惑，而加入这停滞的情况，你会付出操守的代价，这代价太大了。相反，你要埋藏你的理念，避免接触任何能跟你有冲突的情况，直到这停滞的时刻过去。

人际关系在这一时刻总是困难重重的，可能你已经发觉与其他人的关系充满误会。勇敢地、无惧地坚守你的价值和自信，因为这一时刻终会过去，在身体健康上亦是同样。依靠自己，你便会安然过渡。

进阶教程

● 阶段一

1. 阶段特征

纷纷乱世中，掌权者已经无法控制局面，需要贤能之士出现。他们的成功，造就了改革的时势，能在乱世中成为英雄，亦能尽展所长。

2. 历史故事

八王之乱，在外而安

王导，字茂弘。出身于魏晋名门琅琊王氏。年幼时，王导便与琅琊王司马睿私交甚好。八王之乱后，王导看到朝廷纲纪废弛，大权旁落，便暗暗立下誓言，要重整纲纪，一展身手。然而，八王之乱犹如一台大戏，你方唱罢我登场，多少风云人物被卷进这场大戏，最终身死他手。司马诸王、名门高士，如石崇、张华、陆机、陆云皆无善终。于是，王导规劝司马睿尽快回到藩国，以躲避朝中的不测。公元304年，司马睿出镇下邳，离开了动荡不安的朝廷。

公元311年，汉国大将刘曜、王弥攻破洛阳，俘虏晋怀帝，杀死王公以下三万余人，黄河以北陷入空前的混乱时期，而远在建业的司马睿则趁机招揽贤士，扩大了自己的势力。

3. 实现方法

①加强锻炼，以备不时之需；②需要有领袖风范和才能；③不应收藏自我，宜多加发挥。

4. 日省吾身

①若要成为独当一面的领袖，你所欠缺的因素是什么？②你希望自己在哪方面成为领袖？③你会如何让人知道你有领导的才能呢？④什么时候是展现领导才能的最佳时机呢？⑤什么人是你现在最需要的呢？⑥令你一跃成为领导的关键是什么呢？⑦需要多少时间，才可以锻炼成为一个有领导才能的人呢？⑧对于发挥表现，什么是你最大的难题呢？⑨成为一个领导后，你想先做哪些事呢？⑩有没有人会支持你呢？

● 阶段二

1. 阶段特征

作为君子，有时难敌小人攻势。当权力落入小人之手，需要以过人的坚忍和耐力，以及无比的决心支持，在困窘的环境中生存下来。

2. 历史故事

君臣猜忌，王敦作乱

王敦是王导的堂兄，二人辅佐司马睿，一人主内，一人主外，形成了"王与马共天下"的局面。王敦常年领兵在外，位高权重，于是君臣猜忌的戏份又重新上演。虽然王导极力开导司马睿，司马睿仍然一意孤行，命令戴渊、刘隗等驻军合肥、淮阴，名义上是讨伐石勒，其实是钳制王敦。同时司马睿对王导也越来越疏远。

公元322年，王敦以讨伐刘隗、刁协为借口，自武昌起兵，一路攻入建康。王敦初叛时，刘隗劝司马睿尽诛王氏。王导便每天带领族人到台阁等处戴罪，终于打消了司马睿的疑心。等到王敦攻入建康，王导更是据理力争，让王敦打消了废帝的年头。

后来司马睿病死，太子司马绍即位，王敦又起了篡位的念头。可此时王敦已经病重，王导抓住时机，声称王敦已经病死，鼓舞士气，最终平定了叛乱，保住了司马氏的江山。

3. 实现方法

①要自强不息，在小人面前站稳岗位；②不同流合污，坚决保持正直；③避免招惹小人，免生枝节。

4. 日省吾身

①如何坚守正道不畏强权呢？②对于小人的挑衅，你会如何处理？③因小人的出现，致有不公平的现象，你会怎样面对？④有什么事你是不会做的？⑤有什么事你是会坚持的？⑥什么是自强不息？你觉得如何在小人面前也可以自强不息？⑦若有人给你好处，你会听他的话吗？⑧有没有人跟你一样要保持正直吗？⑨若只有你一人抗衡小人，你觉得可以吗？为什么？⑩你会如何不招惹小人呢？

● 阶段三

1. 阶段特征

小人当道，包庇朋党，指鹿为马，一切的环境已经走向恶果的边缘。这时候要警觉不落入其中，依然坚守正道，等待改变的日子来临。

2. 历史故事

苏峻之乱，祸端再起

公元325年，王敦之乱刚刚平定不久，新的危机又马上来到。庾亮不顾王导反对，下令征召苏峻入朝，引发了苏峻之乱。苏峻带兵攻入建康后，由于忌惮王导，始终不敢篡位称帝。王导则多次设法营救被苏峻劫持的司马衍，均未能成功，只得带领两个儿子逃出建康。

之后苏峻之乱平息，建康城中宫殿残破，温峤等人建议迁都，王导却力主留守建康，迁都之议才作罢。

3. 实现方法

①以坚忍的心渡过难关；②不要与小人硬拼，要小心缜密；③与志同道合的同事联合，抵抗小人。

4. 日省吾身

①你觉得自己的坚忍程度如何？②在当前的环境中，你如何联合同事抵抗小人？③被人挑战的时候，你有什么应对的方法？④被人排挤的时候，你如何控制自己的情绪？⑤面对别人给你的压力，你会如何应对呢？⑥你有什么地方最容易被情绪影响？⑦但你的坚持到了极限，什么事最能鼓励你？⑧你如何小心，避免与人硬碰呢？⑨有没有一些同事能帮助你呢？⑩如何避免同流合污呢？

● 阶段四

1. 阶段特征

光明拨开云雾，奸臣已然失势，一个个受到制裁，一切将重新开始。此时正是开拓新时代的好时机，需要众人无私付出，再一次建立盛世。

2. 历史故事

拨云见日，中兴之机

随着王敦、苏峻之乱的相继平定，东晋政权获得了难得的喘息之机。此时已经位极人臣的王导更是用心辅佐司马衍，在政治上联结大江南北名门望族，经济上鼓励耕种，发展经济，军事上训练新兵，加强守备，偏安一隅的东晋政权终于稳定下来，也有了与北方众多政权一较高下的资本。

3. 实现方法

①预备自己，准备随时表现；②不让奸党死灰复燃；③要计划未来发展的方向。

4. 日省吾身

①你会如何准备自己，以便面对全新的局面？②如果有人需要你的支持，你会支持他吗？③对已经失势的人，你会如何应对他？④在新时代开始前，有什么事情是最先要准备的呢？⑤你觉得你会给公司带来何种助力呢？⑥面对现在的局面，有什么事是必须要先处理的呢？⑦你对公司的未来有什么计划呢？⑧现在是不是最佳的表现时机？为什么？⑨面对新时代的来临，你会怎样避免同类问题再次发生？⑩如何有效地将从前由小人执政时失去的再拿回来？

● 阶段五

1. 阶段特征

能够改革朝政，肃清奸党，当然对业务有良好的帮助。但注意不要自满，虽然内忧已除，但要懂得居安思危，才不致重蹈覆辙。

2. 历史故事

居安思危，不越雷池

王导是东晋开国第一功臣，辅佐三代皇帝，尽心尽力，同时自己也是位极人臣。有一年天下大旱，王导认为是自己执政不力，天降灾异，所以上书请辞，司马衍下诏说道："皇帝管理天下，要合乎天道……如今天降大旱，责任全都在我一个人……怎么能让您帮我承担这个责任呢？"可见皇帝对王导的尊重。

虽然被皇帝宠幸优渥，但王导十分明白自己形势的微妙之处。自古以来，大臣功高盖主，难有善终，"王与马共天下"虽然说明了王家与司马氏的关系、地位，也必然引起皇帝的疑心与猜忌。于是，王导行事格外谨慎，平时起居简朴如平民，家中谷仓没有过多积蓄的粮食，穿衣服也从不同时穿两件帛衣。每次皇帝有封赏，王导都会到司马睿的陵墓前拜祭，言辞凄切。

正是由于他的谨言慎行，虽然家族中出了王敦这样的乱臣贼子，但终王导一生，王氏在东晋朝廷中都屹立不倒。

3. 实现方式

①要留心现有的情况加以警惕；②要居安思危，为未来做好计划，防患于未然；③不要自满于现在的环境。

4. 日省吾身

①现在还有没有阻力？若有，阻力是什么？②现在有没有潜藏的问题需要解决？③有没有一些制度可以防止同类问题再次发生？④有没有能避免危机的计划可以执行？⑤如何让环境变得更好呢？⑥有没有要留意的状况？⑦应该如何居安思危，才能有效避免问题？⑧未来一年公司应该向什么方向发展呢？⑨你满足于现在的环境吗？你期望的环境是怎样的？

● 阶段六

1. 阶段特征

否极泰来的时候已经来到，所有不利的因素都已经消失，余下的就是要发挥无比的机智和勇气，创造属于你的新时势。

2. 历史故事

清静为正，群臣自安

司马睿建立东晋政权以来，内忧外患一直不断。首先是皇权与士族之间的矛盾严重，王敦之乱就是矛盾爆发的典型案例；其次是江北贵族与江南贵族矛盾重重；再次是北方少数民族政权的不断侵扰。摆在王导面前的难题，就是对内消除矛盾、稳定政权，对外抵抗外侮、安定人心。

在国力有限，无力组织大规模北伐的前提下，王导适时提出了"镇之以静，群情自安"的施政方针。这一方针致力于优先消除东晋政权的内部矛盾，维持社会的稳定，如此才能发展经济，接收北方难民，发展壮大自己的势力。在此基础上，王导先后几次挂帅出征，征讨叛军和北方少数民族政权的侵犯。可以说，在王导的治理下，东晋政权终于从岌岌可危过渡到了稳定繁荣的局面。

3. 实现方法

①尽力发挥自己的所长；②创新求变，为公司谋福祉；③勇于表达自己，让自己能全力贡献。

4. 日省吾身

①有没有需要你的地方？②你有没有留意一些地方更适合你发挥才能呢？③如何可以促成良性的竞争？④有没有一些崭新的提议？⑤你有表现自己的勇气吗？　⑥有什么事情会令你发挥得更好？⑦你对于自己的创新有信心吗？⑧你以什么价值观去为公司付出呢？⑨妨碍你表现自己的是什么？

要点总结

①积极提高自己，待机表现；②在时机来临前要懂得隐忍，在时机来到时要懂得把握；③加强自己的内在修养，以度过黑暗的时代；④积极等待，守候否极泰来的时刻。

第十三章 团 体

总体特征

一个社会运作的最好的表现就是每一个社会成员都能在社会架构内找到自己的位置和安全感。当所有成员都获得有报酬的工作，而每人都能拥有自己的目标，以及每人都可以在他们自己的工作上做到最好，同时贡献于社会的共同目标，那么就会有一个和谐、团体的感觉。当团体的成员都想延续这种和谐时，便可以达成伟大的成就，这就是齐心协力的结果。

无论你现在是在社会中工作生活，或者是在主流以外为自己创造另一个生活，都会被你所在的社会的因素所影响。从进化的角度来看，想自给自足，不依赖社会的欲望是最古老的，但是从来都没有可能做到。这时孤立是没有意义的。因此，你要从团体的需要这个角度去重新衡量你的生命和目标。

可能你现在的位置是去协助组织你的团体，这角色需要坚强的个性和绝对的无私。当组织其他人时，必需要把每一个人都分配在一个团体里面的岗位上。如果没有秩序、等级和架构的话，整群人就会变得杂乱无章，那便很难取得什么成就。要运用你的智慧去细心区别每一个人的不同才华，安排每一个人到最能发挥自己和得到满足感的工作中。

整体来说，这是一个开始新工作的好时机，有利于创造架构、系统和健康的纪律去为整体达成远大的理想，尤其是当这些理想目标是配合人群的需要时。家庭是社会的缩影，在家庭里你要注意自己的个人目标是否配合你的亲人的利益，现在不是发挥个人主义的时候。

进阶教程

● 阶段一

1. 阶段特征

当难关来到时，一个人无法解决问题，可以去邀请同事一同解决。通过开放的渠道，争取更多方面的意见，对处理事情会有更大的帮助。

2. 历史故事

废除太子，共议国政

1620年，也就是努尔哈赤建立后金的第五个年头，他做出了一个重要决定：废黜大贝勒代善的太子之位。然而废黜太子后，应该选立谁呢？这个问题开始困扰着努尔哈赤。在几个候选人中，阿敏是弟弟舒尔哈齐的儿子，莽古尔泰、皇太极、德格类等各有各的缺点，没有一个人可以独当一面。于是，努尔哈赤别出心裁地建立了一个新的制度：共议国政。这一年，他立阿敏、莽古尔泰、皇太极、德格类、岳托、济尔哈朗、阿济格、多铎、多尔衮为和硕额真，共同讨论政事，企图以众人之力，共同治理国家。也正是因为这个新政，年仅8岁的多尔衮跻身权力中心，开始了他传奇般的一生。

3. 实现方法

①寻找可信赖的同事；②不要介意分享，要公开自己遇到的问题；③多聆听意见，不要单独行事。

4. 日省吾身

①你有没有一群能互相帮助的同事呢？②有困难时，你会主动找人给予意见吗？③遇到难题的时候，你的同事乐意给予你意见吗？④有什么心态令你难于向别人分享你的难题吗？⑤你有没有勇气分享自己的困难呢？⑥什么人的意见对你最有帮助呢？⑦你会如何参考同事给你的意见呢？⑧你喜欢单独行事吗？⑨你认为"意见"对你做决定的帮助有多大？⑩当你向别人询问意见时，你的心情是怎样的？

● 阶段二

1. 阶段特征

以封建的观念管理公事，以亲情作为自己的后盾，不能令业务晋升，还会因过分以自我为中心，令公事停滞不前，是于人无益的做法。

2. 历史故事

兄弟执政，一人之下

1627年，也就是多尔衮16岁的时候，他开始了自己的戎马生涯。从蒙古到明朝，多尔衮率领的铁骑所向披靡，甚至连袁崇焕、祖大寿这样的名将都在他的冲击下大败而去。

1643年，皇太极猝死于盛京，年仅6岁的福临即位，改元顺治。郑亲王济尔哈朗、睿亲王多尔衮共同辅政。但很快，多尔衮就将济尔哈朗排斥在权力中心之外，然后启用自己的同母兄弟阿济格、多铎，大权在握。1645年，多尔衮晋升为皇叔父摄政王，三年后成为皇父摄政王，真正做到了一人之下万人之上。而然，这种任人唯亲的手段也为日后埋下了祸根。

3. 实现方法

①不要有结党的心态，多与别人交流；②从公司的利益出发，以团体工作；③要以开放的心态做事，多接受不同的意见。

4. 日省吾身

①团队中有没有人与你特别熟？②有没有一些人是你不会接触的？③你对于自己的"团队工作"有什么评价？④如果有不太熟悉的同事向你表达有建设性的意见，你会愿意聆听他吗？⑤不熟的同事向你表达意见，你有什么感受？⑥你会如何加强自己团队的"团体精神"？⑦就你的见解和体验来说，什么是"开放"？⑧在团队中做什么事能对公司的业务有益？⑨结交同事时，你是抱有什么心态的呢？⑩你会如何阻止在团队中出现结党的情况？

● 阶段三

1. 阶段特征

虽然有团队的力量，但因自己的实力不足，强行前进只会伤亡惨重。所以只能潜伏不动，应该以蓄势为根本，以智取为攻略，承天之势及己之强。

2. 历史故事

权衡利弊，稳定内部

说起福临的即位，原本不是多尔衮的本意，但多尔衮却在其中起到了至关重要的作用。1643年，皇太极盛年猝死，并未来得及指派接班人，于是，围绕新的接班人展开了一场没有血腥的战斗。

当时，大贝勒代善拥有两红旗的支持，虽然不足以争夺皇位，但却可以左右继承皇位的人选。岳讬和萨哈廉才干过人，但都英年早逝，硕讬与代善有嫌隙，无法获得代善的支持。皇太极的长子豪格为人傲慢，更是被大多数亲王排斥。于是，最有实力的人就变成了坐拥两白旗精兵的多尔衮。

当时形势微妙，蒙古、明朝虎视眈眈，清政权外患重重。多尔衮明白，如果自己强行争夺皇位，必然导致八旗内部的争斗，且不说皇室的两黄旗，就是代善的两红旗也不会同意自己即位，甚至会以八旗精兵火并而收场，到时候只会让外人坐收渔翁之利。于是，在反复权衡利弊之后，多尔衮提出了拥立皇太极6岁的儿子福临即位。这一方案获得了代善等人的赞同，毕竟幼帝无法给大家带来短期内的利益伤害。于是才有了后来广为人知的顺治帝。

3. 实现方法

①需要联合上下，齐心工作；②有一套完善的岗位细则，提升工作效率和能力；③鼓励团队，提升团队的士气。

4. 日省吾身

①你对你工作团队的关系有什么评价？②如何能够让团队系统地分工合作？③有没有出现过分工不明的情况？④你会用什么方法令你的团队的合作更有效果呢？⑤当同事之间有矛盾时，你会如何处理？⑥你认为自己的团队士气如何？⑦你可以贡献什么给你的团队，以增进彼此之间的关系？⑧是不是每一个人都清楚地知道该如何彼此协调呢？⑨有没有什么团队的口号呢？⑩你会如何加强团队之间的凝聚力？

● 阶段四

1. 阶段特征

当可以一举击败对手时，选择不把他毁灭，因为商业中不是要少一个敌人，而是要多一个朋友，这个充满智慧的决定，会让你的业务更见益处。

2. 历史故事

互相牵制，汉人治汉

清朝基本完成统一后，多尔衮执政，一方面启用明朝旧臣，稳定朝政；一方面派兵消灭明朝残留的势力。然而，由于明朝末年党争不断，启用明朝旧臣后难以避免地也受到了党争的影响。1645年，冯铨案发，南北党争终于迎来了一个爆发点。

冯铨是明朝的官员，因为党从魏忠贤而获得高官，后来魏忠贤倒台被罢免。顺治元年投降清朝，之后一直效忠于清朝皇室。冯铨代表北方汉人集团的利益，处处为自己的势力争取利益，这就引起了南方汉人集团的仇视。于是，浙江道御史吴达弹劾阉党余孽，矛头直指冯铨。朝廷重臣洪承畴等都是南方人，也希望冯铨快点倒台。但多尔衮考虑到如果冯铨倒台，南方人得势，权力的天平必然失衡，在考虑了十多天后，终于做出决定，公开支持冯铨，严厉批评了弹劾冯铨的人众。于是，清朝内部的权力天平重新获得了平衡，多方势力互相牵制，使得清朝内部暂时保持了稳定的局面。

3. 实现方法

①对别人留有余地，切勿过分进逼；②不要以复仇的心态对待别人，常存仁爱之心，包容敌人；③明白"商场无敌人"的道理。

4. 日省吾身

①有没有向团队大发脾气？②如果有人得罪你，你会如何反应？③有什么心态是你要立即摒除的？④有人开罪你，你会以什么样的心态去对待？⑤你对自己包容的能力有信心吗？⑥有什么事情会令你有意图去报复？⑦你会如何与曾是你对手的同事合作？⑧你会怎样宽恕得罪过你的人？⑨什么人是你最不能宽恕的？⑩如果要与你的对手合作，你会如何处理自己的情绪？

● 阶段五

1. 阶段特征

员工在工作中遇到阻碍时，需要一个能够主持公道、为其利益着想的上司，令下属恢复最佳心情。只有这样，公司才能上下合力，不分你我，同心工作。当减少同事之间的隔膜，彼此一心一意工作时，便可将潜能发挥至极限，将力量提升无限。

2. 历史故事

排斥异己，大失人心

多尔衮执政后，虽然统治阶级内部保持了表面上的稳定，但多尔衮任人唯亲，不但没有消除各个势力之间的隔阂，反而使这种隔阂有了愈演愈烈之势。豪格就是多尔衮极力打压的势力之一。豪格是皇太极的长子，因为没有争取到皇位，对福临和多尔衮都充满了怨恨，为人又不修边幅，因此经常与同僚一起说多尔衮的坏话。早在福临刚即位的第一年，多尔衮就指使河洛会诬告豪格，之后以"图谋不轨"的罪名，废为庶人。之后虽然恢复了豪格的王爵，但却并没有因此而放过他。

1648年，豪格在四川征讨张献忠获胜，班师回朝，多尔衮不但没有犒劳他，反而以豪格包庇部署、冒领军功等罪名，将豪格囚禁，最终豪格死于狱中。

豪格只是多尔衮政治手腕下的一个牺牲品，类似的例子还有很多。可以说，正是多尔衮一系列有失公正的处置，使得他自己大失人心，这也就是为何在多尔衮死后，他背后的势力迅速倒台的一大原因。

3. 实现方法

①以秉公之心去对待同事；②鼓励员工提升他们的士气；③尝试改善员工之间的关系。

4. 日省吾身

①当同事遇到问题向你求助时，你会以什么心态应对？②什么心态让你愿意去帮助同事？③一个怎样的上司能令你愿意寻求协助呢？④有没有一些方式可以引导人为其他人解决问题？⑤作为上司，应该如何鼓励团队成员呢？⑥你对员工之间的关系有什么看法？⑦什么事可以促进员工之间的关系呢？⑧你有没有一些奖励措施呢？⑨你愿意花时间关心下属的问题吗？⑩应该如何促使员工彼此支持呢？

● 阶段六

1. 阶段特征

在社会中，有太多有才华的人才，有些被发掘了，有些则郁郁不得志。后者若能安分工作，不作非分之想，在平淡之中有所表现，已属不错。

2. 历史故事

有失其位，不守本分

其实，以多尔衮的资历和能力，如果能够安守本分，履行自己的职责，那么不但生前宠渥尤佳，死后也可以光宗耀祖，福荫后世。然而，多尔衮一生的心病都是那个没有获得的皇位，他觊觎这个位置，但总是被多方势力钳制而无法获得，从而使他做出了种种导致自己灭亡的行为。

济尔哈朗在后来弹劾多尔衮时说：当年皇太极殡天，大家拥立福临登基，命济尔哈朗和多尔衮共同辅政。但多尔衮很快就背弃誓言，排除济尔哈朗，任命自己的弟弟多铎辅政，自任皇叔父摄政王，一切仪仗如同皇帝。陷害豪格，使其冤死，私吞其家产……

1650年12月31日，多尔衮去世，不久后众大臣纷纷揭发多尔衮罪状，苏克萨哈等两白旗大臣也纷纷倒戈。于是，福临下诏剥夺多尔衮一切赏赐，毁墓焚尸。一代豪杰，最终落得这样一个下场，不禁令人唏嘘。

3. 实现方法

①忠于自己的岗位，不需刻意博取表现；②不要因不得志而失去工作表现的欲望；③以宽大的心融合团队，切勿抽离自己。

4. 日省吾身

①如果他人不看重自己的表现，你会如何面对？②你有怀才不遇之时，如何调整自己的心态？③如果"职"和"能"不服，你要如何在平淡的工作中有所表现？④你会如何在不得志时保持工作积极性？⑤有没有无法融入团队的感觉？⑥是否留意身边的同事对自己的看法？为什么？⑦你对自己在团队的功用有什么看法？⑧遇有比自己能力低，但职位比自己高的人，你有什么感受？⑨你如何接受自己怀才不遇的际遇呢？⑩队友的工作表现有没有你不能接受的？

要点总结

①增加团体力量，不做个人表现；②要联合团队中的每一个人，使其才能发挥最大效用；③理性思考每一个人的关系对自己的利害；④以关系将人拉近，用团队的力量解决问题。

第十四章　最高权力

总体特征

你现在于众人的目光下，包括你所引导的人与你之上的人都在看着你行事，所以如果你要继续进行你的工作的话，要有适当的行为。当心你的自负，要留意自己骄傲的迹象。对拥有较高权力的人来说，骄傲是不适当的。你一定要努力超越你内心和四周环境的邪恶，处处从善着手。你的力量来自于找到善与恶的本位。

世俗事务会有成功，可能还包括物质上的富庶。当你继续前进时，就算是你的上司也会顺从你。如果你有无私的态度，以及把目标的重点放在企业文化上，你就会得到更大的收获。

在社交事务里，就算你社交圈子里最强势的人都会尊重你的意见，你的善良及温和会赢得他们的心。在人际关系中，你也会拥有更高权力，如果你的出发点是善良无私的，你和人的关系也会向好发展。

对于你自己来说，当你遇上物质上的成功时，最常见的陷阱是骄傲、贪婪自大。你现在一定要下功夫去约束那些可能令你蒙羞，削弱你的修为的态度。并把精力放在提升自己的修养之中。

进阶教程

● 阶段一

1. 阶段特征

要取得成功，决不能轻易树立敌人。可能一开始并不容易与外人建立良好关系，但只要在自己的岗位上尽力，即使艰难，也会向好的方向发展，让你获得发展事业的空间。

2. 历史故事

任劳任怨，屡获提拔

年羹尧，字亮工，从小就显露出过人的才识。1700年中进士，累迁至内阁学士。此时的年羹尧任劳任怨，努力做好职责所在的每一件事情。很快，年羹尧就被求贤若渴的康熙皇帝注意到。1709年，不到30岁的年羹尧被破格提拔为四川巡抚，正式成为一名封疆大吏。

3. 实现方法

①建立一套和谐与人相处的方式；②自强，在岗位上克尽己力；③等待一个更适合的发展空间。

4. 自省吾身

①有没有需要建立的关系呢？②预备了什么去建立关系呢？③需要学习人际沟通的技巧吗？④对自己的人际相处方式有没有信心？⑤要令你的关系技巧更进一步时，你需要学习哪一方面？⑥现在是不是一个发展的好时机？⑦你现在最需要完成的一件事是什么？⑧你有没有一个耐心等待机会的心态？⑨你会如何创造一个合适你发展的空间？

● 阶段二

1. 阶段特征

经过一定时间的积累，你已经拥有足够强大的实力，可以有更大的投资能力和空间，准备向更高的目标前进。要注意当你有权力动用庞大的资源时，不要被一时强大冲昏头脑，做事留有余地，坚持走在正道中，这可以稳中求胜。若以偏门之法出击，虽在权力之巅，仍会败在其中。

2. 历史故事

兴利除弊，造福一方

年羹尧出任四川巡抚后，并没有因为年少得志而变得骄傲自满。他上书康熙皇帝，声称一定要竭尽全力报答皇恩。他在任整顿吏治，严厉打击收受贿赂的风气。了解掌握四川的形势，提出很多有益的举措，改善民众的生活水平。在他的治理下，四川很快就成为全国的表率。可以说，此时的年羹尧赢得了康熙皇帝的另眼相看。

3. 实现方法

①有一个完整的方向和计划；②做到不骄傲、不自满；③以稳固的途径

实现计划，不急于得利。

4. 自省吾身

①当你得到权力时，你会有什么样的心情？②你会如何有计划地发展你的事业？③发展中，你会怎样保持谦正的态度？④当未有成果时，你会怎样修改你的计划？⑤有没有制订一些长期和短期的目标？⑥如果有快捷的方法，你会怎样审核对长远计划的影响？⑦有没有一个合适的发展时间表？⑧怎样在过程中，做到不自满？⑨需要你不骄傲，有没有困难？⑩有没有容易令你感到骄傲的环境呢？

● 阶段三

1. 阶段特征

要成为一个受重用的人，需要有优秀的才干、无比的忠诚、团队之间的投入，这样，就会在上司面前得到信任和器重。

2. 历史故事

大显身手，屡立战功

不可否认的是，年羹尧的政治能力和军事能力都十分突出。从1701年开始，年羹尧带兵南征北战，足迹遍布西北、西南诸省，屡立战功。

年羹尧的军事能力历来被众人称道，也被诸多小说家演绎。据说，年羹尧在青海作战时，有一次查看地图，知道前面的道路泥泞难行，辎重和火炮无法通过，于是就命令每名士兵携带木板一片、柴草一束。士兵们不解其故。第二天行军时，遇到泥泞之处，年羹尧就令士兵用草束铺地，木板覆盖在上面，大军由此畅行无阻。

到了1724年，年羹尧平定青海，当时已经是皇帝的雍正喜出望外，晋封年羹尧一等公，加封其子年斌子爵，其父年遐龄一等公、太傅。同时令年羹尧统领云南政务，年羹尧由此成为雍正皇帝的左膀右臂。

3. 实现方法

①充分发挥才能；②有忠于工作的态度；③有愿意与团队合作的精神。

4. 日省吾身

①在现有岗位上，你觉得自己的表现是否合适？②你有没有才能是上司

未发现的？③什么范畴的工作更能表现你的能力？④你对自己的工作表现有什么看法？⑤你会如何提升自己的工作表现？⑥如何和你的团队同心工作？⑦为了展现工作能力，你会为此预备什么？⑧有什么方法，可以提升你和你团队的工作表现呢？⑨有没有一些具体的计划令你可以得到上司的赏识呢？

● 阶段四

1. 阶段特征

一个不懂得谦虚的人，在得到权力之时就会骄傲起来，即使他之前得到上司的信任，也会在上司的猜疑中，滑落下"圣坛"。能够做到在有地位权力之时，在上司面前保持谦卑，才会保留信任，仕途也不会有异变。

2. 历史故事

恃宠而骄，渐失恩宠

雍正皇帝即位之初，对年羹尧还是十分信任的，甚至在西部边疆的重要人事任命上，皇帝都会和年羹尧商量，如雍正四年时，就曾和年羹尧商量任命范时捷为陕西巡抚一事。雍正皇帝在一封写给年羹尧的诏书中说："你对我的情谊我是知道的，我也十分想念你，希望和你商量一些朝中之事。"

年羹尧不知道的是，他此时的位置已经十分微妙。一方面，他手握重兵，很容易受到皇帝的猜忌。另一方面，雍正皇帝又是一个十分容易猜忌的人。但此时的年羹尧已经志得意满，他再也没有初入四川时的清廉勤政，而是代之以傲慢骄纵，逐渐让朝野百官有了怨言，也渐渐引起皇帝的警惕。

3. 实现方法

①培养谦虚的态度；②与上司建立互信的关系；③放下虚荣，专注于工作，不以赞赏为工作目的。

4. 日省吾身

①有什么事情最能让你骄傲起来？②你会怎样投入工作？③当你有出色的业绩，比上司更有名时，你会如何处理？④你会如何令你的上司对你保持信任呢？⑤你对自己与上司之间的信任有什么评价？⑥面对自己的出色表现，你会有什么样的心情？⑦令你最执着、不惜为之放下公事的事会是什么呢？⑧有什么人或事能够提醒你不要骄傲呢？⑨有没有一句话能令你清醒过

来？⑩有没有一个平稳的心去面对权力呢？

● 阶段五

1. 阶段特征

作为上司，不能太过直接地指出对方的错误，有时可能需要柔性的管理方法，再加上诚信和尊重，在人际关系中便可赢得出色的效果。谨记要适当保持威严，即使没有强硬地处理人或事，别人还是对你充满尊重。

2. 历史故事

一封诏书，一种心态

在边疆时，据说蒙古王公、额驸见到年羹尧，必须要行跪拜之礼，这可是皇帝才能享有的待遇。1724年，年羹尧奉命进京，途中，他又命令直隶总督李维钧、陕西巡抚范时捷跪道相迎。进京后，面对前来迎接的王公大臣，他连正眼都不看一下。这一年的十一月，年羹尧接到了一封诏书，大意是："自古以来的大臣，建功立业很容易，善始善终却很难……如果依仗着功劳，做些过分的错事，必然会把皇帝的恩宠变为仇恨。"从这封诏书中，已经明显可以感到雍正皇帝对年羹尧有了不满之心，但出于对其能力的肯定，还是以规劝的语气说出口的。然而可惜的是，年羹尧并没有领会雍正的意思。

3. 实现方法

①在下属面前建立威信；②处事要面面俱到，刚柔并重；③以真诚尊重管理下属。

4. 日省吾身

①现在有没有人对你的权利表示不服？②你会如何建立自己的威信，使别人接受你的指令呢？③你处理事物问题的方法是什么？④你觉得自己有没有足够的柔性管理手法？⑤对于能更有效地管理下属，你觉得自己有什么是需要立即学习的？⑥你会如何协调自己的人际交往技巧，才不会太过强硬或太过柔软？⑦有没有以真诚的心态处理下属的错误呢？⑧如果有同事做错了事，你会如何对他说明？⑨指出同事的错误时，你会顾及他的感受吗？⑩你觉得一个受人尊重的上司对员工应有什么态度？

● 阶段六

1. 阶段特征

在事业上得到突破，有时可能需要运气的协助。然而最重要的是个人的言行举止，其实这主宰着你的一切。你的命运可以由自己掌握。

2. 历史故事

身败名裂，自杀身亡

1725年，年羹尧的亲信胡期恒参奏陕西驿道金南瑛，雍正知道这又是年羹尧在以权谋私、联结党羽，于是没有准奏。这也表明雍正与年羹尧的分歧开始公开化。这年三月，年羹尧上书雍正皇帝，但奏表中字迹潦草，还错将"朝乾夕惕"误写为"夕惕朝乾"，已经下定决心处置年羹尧的雍正抓住这个把柄，以大不敬之罪解除了年羹尧的职务，调任杭州，让年羹尧离开了自己的势力范围。之后朝廷官员纷纷上表弹劾年羹尧，罗列出92项大罪。于是雍正将年羹尧下狱，让其在狱中自裁。一代名臣，就这样走完了自己的一生。

3. 实现方法

①持守自己的言行，以行动表达自己；②不要依赖命运，多靠自己的表现；③详细计划，耐心等待机遇。

4. 自省吾身

①现在是不是适合发展的环境？②事业得到突破前要先预备什么？③你能够等待到一个合适的环境出现吗？④在天时出现之前，你会如何预备自己？⑤你会怎样预期未来的发展动向呢？⑥你会如何持守自己的言行举止呢？⑦你对自己的表现有信心吗？⑧有没有以行为代替你的言语表达自己？⑨若环境许可，你会如何发展业务？⑩哪些行为会对不确定的未来带来帮助？

要点总结

①不需要依赖命运，要相信人的行为和态度能主宰一切；②适当运用自己的权力，以柔和的手法处理人事，以刚烈的手段处理事务；③全力发挥自己的潜能，不用刻意隐藏，也不要刻意表露。

第十五章　中　庸

总体特征

处于这一时期的你应注意保持各方势力的平衡及让不同的利益和谐共处，去达至平衡直至中庸的境界。

中庸可令世间事物成功。领导者应继续发展事业，但出发点不能是炫耀自己的才能，而应来自于本性的谦虚。孔子曾说过，坚定不移的人于群众和私人独处时都没有改变，同是一人。

在社交关系中，避免极端。太过聪明和太过无知的人的行为态度通常都比较极端。你现在的焦点应该在身边的人中间建立和谐的平衡及把中庸、谦信和秩序代入社交框架里。要避免激烈的、引人瞩目的论调，凡事中庸。

这是一个令你的亲密关系更加平衡的好时机。要检讨你自己内心的感受，看清你的出发点有没有自私的欲望和极端的期望在内，缓和那些不切实际的标准。

在个人修为方面需要的是谦虚诚恐的态度，不要极端，无论你在做什么，都应追求中庸。你一定要知道中庸不只是要限制过量过度的情况，还包括把你自己带入新的精神境界。通过中庸，你会获得内心的中正及平衡，从而使你与道统一，因而更能够和对你有利的力量相配合。

进阶教程

● 阶段一

1. 阶段特征

这一阶段你尚未得重用，环境也不适合开展你的计划，此时需要固守本分，保持谦逊的态度，待时机一到，便能一展所长。

2. 历史故事

宫廷内斗，冷眼旁观

张居正，字叔大。他幼有神童之名，1547年，23岁的张居正中进士，授庶吉士，入选内阁。

进入内阁的张居正师从当时的首辅徐阶，此时的张居正努力学习治国之道，为将来大展身手打下了坚实的基础。后来夏言、严嵩争夺首辅之位，先是夏言胜出，但很快被严嵩进谗言，进而被杀，严嵩出任内阁首辅。在整个过程中，职位不高的张居正一言不发，冷眼旁观。这次政治斗争让张居正认识到了党派斗争的险恶之处，也让他看到了权力中心的血雨腥风。

3. 实现方法

①建立谦逊的态度；②修炼内功，提升自己的个人修养；③耐心等候表现的时机。

4. 日省吾身

①有没有急于表现呢？②未能得到赏识时，如何提升自己呢？③有什么技巧需要磨炼呢？④就你对自己的了解，你觉得自己为人谦逊吗？⑤你如何看待现阶段的自己呢？⑥要得到重用，你要先做些什么？⑦有同事比自己早获赏识，你的心情如何？⑧你会如何展望未来的发展呢？⑨当机会到来时，你会如何表现自己呢？⑩现在是不是表现自己好的时机？

● 阶段二

1. 阶段特性

同事之间相处不易，身边有志同道合的伙伴，可以解决很多的难处。在社交的过程中，能找到有共鸣的人，将是一个非常理想的开始。

2. 历史故事

辅佐裕王，积攒人脉

1564年，对张居正来说是至关重要的一年。在这一年里，发生了两件事情，对他影响深远。在此之前，张居正一直以徐阶为榜样，"内抱不群，外欲浑迹"，小心隐藏着自己的锋芒，避免被卷入权利斗争的漩涡之中。

之后，张居正迎来了命运的转机。首先，他被任命为国子监司业。这虽然是个不大不小的官职，但对于重文轻武的明朝却是至关重要的位置。明朝以文官为主，国子监就类似于明朝高级文官的摇篮，而张居正所处的位置，正好是国子监的"校长"。于是，他也就掌握了很多人晋升的关键，这些人日后都将成为他的人脉。

这一年，还有一件事情发生，那就是他的老师徐阶推荐他为裕王朱载垕的侍讲。为什么一个王爷的侍讲会对张居正影响如此大呢？原因就是：两年后，这个人将成为明朝的第十二位皇帝——明穆宗。

3. 实现方法

①寻找一个一同谦逊做事的同事；②与同事分工协作互相帮助；③建立团队精神，共同进退。

4. 日省吾身

①职场中有没有志同道合的同事？②你会如何与同事一起工作呢？③若同事遭遇难关，你会如何帮助他？④你所遇到的难题，同事会为你分担吗？⑤你的同伴会支持你的决定吗？⑥你会如何将这种互助精神带到工作中？⑦你会不会用现有的资源来帮助其他人？⑧你如何区分团结与结党？

● 阶段三

1. 阶段特征

当你拥有足够的工作表现和工作态度，便能够受人敬重，他人也都愿意亲近你，这不是处于巴结，而是真心跟你为友。要留意别人对你的评语，从中找到获得人心的方法。

2. 历史故事

注重细节，考察吏治

在徐阶的教导下，张居正以经世济国为己任，平时十分注重了解国家的吏治。万历年间的王思任曾讲过这样一个故事。张居正在担任翰林编纂时，每逢盐吏、关使、屯马使还朝，他都会带着一壶清酒前去拜访，仔细询问他们巡查时的所见所闻。等回到自己的寓所，张居正便会在烛光下记录自己的听闻。长此以往，张居正足不出京，却已经掌握了全国的吏治情况和经济情况。

正是因为他如此细心政务，为他赢得了很高的声誉，大批有同样抱负的文人投到他的门下。于是，当机遇来临之时，张居正便把握住了这个难得的机会，向着他的理想迈出了坚实的一步。

3. 实现方法

①聆听不同人对自己的评价；②工作上有良好的表现和态度；③以真诚

无私的心与人交往。

4. 日省吾身

①你对自己在工作上的表现满意吗？②你是以什么态度对待你自己的工作？③你会如何营造一个良好的工作状态呢？④什么样的工作表现会令你另眼相看？⑤你会从何得知你在同事之间的评价？⑥怎么维持一个真诚的关系呢？⑦有什么方法，可以让人得知你的工作表现呢？⑧谁的评价对你的影响力最大？⑨有没有能够给予你重要提醒的同事？⑩当你建立关系时候，你的信念是什么？

● 阶段四

1. 阶段特征

时机已经来临，你因为一直以来谦虚的表现和行为，受到同事和上司的赏识，也已经看到受重视的迹象。只要能继续顺从上司，团结下属，则英雄用武之时已到。

2. 历史故事

出任首辅，大胆改革

1572年，万历皇帝登基，张居正取代高拱成为内阁首辅。此时的明神宗年幼，一切军政大权都掌握在了张居正手中，张居正知道，自己大展拳脚的机会到来了。在李太后的支持下，张居正开始了自己的政治改革。

1573年，张居正上书实行"考成法"，改革吏治。几年后又更进一步，进行税赋、财政等方面的改革。在一系列的改革措施中，明王朝出现了中兴迹象。张居正经世济国的理想终于全面展开了。

3. 实现方法

①维持现在的表现；②发挥及表现自己的所长；③维持及加强与个人的关系。

4. 日省吾身

①你对自己现在的人际关系有什么困惑？②如果有同事嫉妒你的表现，你会如何处理？③有什么地方更适合你表现自己？④如果上司提高工作的要求，你会有什么样的感受？⑤你怎样维持现有的工作表现？⑥有什么事情会

影响你的工作表现呢？⑦有什么方法制止你的表现滑落吗？⑧你会如何协调人与人之间的关系？⑨晋升过程中，你会变得骄傲吗？⑩被上司和同事赞赏，你会如何令自己避免骄傲？

● 阶段五

1. 阶段特征

旁人因你的言行而拥护你，此时的你已得到足够的信任和支持，因你已拥有支持的力量，成功已在不远处，只要尽心为别人，大公无私，最终会得到益处。

2. 历史故事

提拔贤能，公正无私

张居正执政期间，对于选拔什么样的人才，有自己的判断准则。比如海瑞是著名的清官，很多人都向张居正推荐海瑞，但张居正就是不起用他，张居正说道："海瑞是一个好人，道德上十分自律。但好人不一定是好官，政绩才是造福一方百姓的根本。"

张居正偏向于任用那些能干事的人才，比如戚继光、李成梁等人，尤其是戚继光，被张居正破格提拔，经略蓟辽，使得蒙古不敢进犯。

张居正选拔人才的标准虽然不是最完美的，但却是公正的，至少大部分是如此。比如他让自己的亲家王之诰担任刑部尚书一职，虽然是亲人，但因为政绩卓著，也没有人说三道四。

3. 实现方法

①持守中庸之道，改善环境；②善用支持的力量；③学习少为自己、多为别人的心态。

4. 日省吾身

①有没有发现谁需要你的帮助？②你能运用你的所有为别人做什么呢？③有人请求你的协助，你会如何处理？④遇见有不平的事情，你会以什么样的心态处理？⑤你会如何运用自己的资源？⑥现在你拥有多少支持你的力量呢？⑦环境需要改革，你应该如何运用你的能力呢？⑧有什么事是你现在不应该做的呢？⑨有没有一些心态会令你的判断出差呢？⑩需要舍己为人时，

你会怎么处理？

● 阶段六

1. 阶段特征

当环境已经出现很大的问题，无法再容忍的时候，需要联合志同道合的人，以谦逊为宗旨，一同对抗一些不合理的现象。

2. 历史故事

利益纠葛，功亏一篑

在张居正执掌朝政的后期，环境已经发生了翻天覆地的变化。一方面，万历皇帝逐渐长大，想要收回权力，而张居正却不愿意放权。另一方面，张居正的改革触动了太多人的利益，这些人做梦都想让张居正倒台。

在这种情况下，岌岌可危的张居正又苦苦维持了数年，新政也一直持续到1582年。这一年6月20日，张居正病逝。在改革过程中利益受损的旧贵族马上展开反击，张居正病故仅仅四天，他亲自提拔的接班人潘晟就被弹劾下台，张居正的新政也就此结束。

3. 实现方法

①勇于站出来表达自己的不满；②了解个人的需要，加以整合；③联合同事，增强力量。

4. 日省吾身

①面对不合理的现象，你会不会表达不满？②站出来反抗前是否考虑过后果？③这件事有没有人支持你的看法？④自己是否有足够的勇气？⑤面对不同的人的不满，你会如何联结他们一起对抗恶势力？⑥有没有不利的因素？⑦是不是一个适合提出反对意见的时间？⑧你会用什么方法了解个人的需要呢？⑨最需要对抗的目标是哪一个呢？⑩有没有一些办法可以帮你赢得对抗呢？

要点总结

①学习谦逊，不卑不亢；②以中庸之道处理万事，学习令事情变得协调；③勇敢表达自己的见解，遇到问题就要发声。

第十六章　和　谐

总体特征

自然规律总是趋向于"和谐"。河流汇入大海时会顺着地势流过最易通过的地方，潮汐的起伏会跟随月亮引力的节奏，而月亮因为地心引力在轨道上运行，地球又被太阳限定在地轴上，因而有固定循环的四季变化。万物的运作都与这些规律模式相"和谐"，人类的世俗事务亦是如此。

在一个社会里面，当你想领导、影响、管理或激励其他人时，首先要让自己的价值观和社会的价值观相和谐，你才能得到其他人的注意、信任和合作。任何跟大众生活方式和意见相反的约束都会引发不满，扰乱公众精神和破坏和谐带来的是不受欢迎的战争。

这时候你要努力分析时局。如果你能够把握规律的发展方向，便可以顺势去建立重要的成就。要深入社会的主流观念，预计会有什么需求和支持，然后挑选一些有能力、对你的主意热心的人寻求帮助。

这就好像是创作音乐一样。那纯数学的、但又极具说服力的和声可以触动所有人的心弦。在万物和谐的时刻，人会被宇宙的完美和真理所启发，这完美的和谐是何等的强而有力。

社交环境也是需要和谐的。只要气氛和谐，你是完全可以与人沟通自己的意见和兴趣的，你在人际关系中也会显得格外有魅力。

你现在可以有充足的时间去探查自己的真实本性，精进个人修为。注意你的身体的节奏，观察你的个人特性，聆听你的内心声音。这样的心态会使你变得更加健康。让你的心灵与宇宙的韵律调和，激发出你对生命的热忱。

进阶教程

● 阶段一

1. 阶段特征

处在这一阶段的人沉迷享乐，将时间放在玩乐之中，不思进取，没有一个明确的方向，所以工作停滞不前。虽然享乐是必需的生活调剂，但过度享乐对人毫无益处。

2. 历史故事

郡县小吏，默默无名

说起李斯，可能所有人多多少少都听说过。他辅佐秦王统一六国，秦朝建国后又担任丞相要职，统一货币、文字、度量衡制度，对中国后世起到深远的影响。

但这样一个人物，他的早期生活却不为人知，只是司马迁从故老口中得知他成为郡县中的一个小吏，具体是什么郡县，官职如何，甚至出生时间都无从得知。

然而，这样一个籍籍无名的小人物，是如何成为大秦帝国的丞相的呢？

3. 实现方法

①戒除过分享乐，专心工作；②向着一个可行的方向努力；③学习时间管理的方法。

4. 日省吾身

①你对自己的时间管理能力有没有信心？②你每天花在娱乐上的时间是多少？③娱乐是否会降低你对工作的热忱？④有什么方法可以令你更有效地协调娱乐和工作呢？⑤提升时间管理的能力需要学习什么？⑥你会如何戒除沉迷享乐的毛病呢？⑦你需要多长时间才能熟练地管理时间呢？⑧你会以什么标准去制订一个目标？⑨有没有榜样供你参考和学习？⑩不懂得时间管理会导致什么问题？

● 阶段二

1. 阶段特征

处在这一阶段的人能够意识到自己的问题，决定不过享乐的日子，努力控制自我，找到自己的目标并清晰地执行，不再浪费时间，成功的日子便离你不远了。

2. 历史故事

见鼠有感，不甘无名

李斯发愤图强的起因还要从一次如厕的经历说起。当李斯还是小吏时，有一次上厕所，看到厕所中的老鼠吃着人们的粪便，见到有人如厕便连忙逃走，东躲西藏。之后李斯又来到米仓，看到那里的老鼠一个个又肥又胖，也不会担心人或狗的威胁。于是，李斯发出这样的感叹："一个人有没有出息，就如同这些老鼠，都是由于自己所处的环境决定的。"这一事件促使李斯醒悟过来，他辞去小吏的工作，拜荀卿为师，学习如何治国理政，希望自己有一天可以飞黄腾达、跃居高位。

3. 实现方法

①定下具体的时间表；②以坚忍的毅力，保持对工作的专注；③坚定不移地向着目标努力。

4. 日省吾身

①你现在有没有一个清晰的时间表？②如何可以有效地削减娱乐时间？③你会以什么心态提升自己在工作中的专注力？④过程中若受到诱惑，你会如何面对？⑤你会如何安排自己的时间表？⑥就你对自己的了解，你对自己的"决心"有何评价？⑦有什么事令你最难集中精神？⑧你会怎样避开减低你专注力的诱惑呢？⑨有没有一个目标可以令你专心工作？⑩若你缺乏决心，会怎样去学习弥补？

● 阶段三

1. 阶段特征

在某一阶段，有人会依靠搬弄是非，借以恃势，是典型的小人得志。然而这种地位并不会长久，恶行终有一天会被揭穿，那时候才悔之晚矣。

2. 历史故事

秦国客卿，驳斥逐客

学成归来的李斯来到正在快速发展的秦国，很快获得丞相吕不韦的器重。当时的秦国大有吞并六国之势，毗邻的韩国是首当其冲的目标。韩国为了自保，消耗秦国国力，派遣水工郑国到秦国，说服秦王修建水渠，也就是后来著名的郑国渠。后来郑国的目的暴露，秦王下令彻查，又发现六国在秦国安插了很多间谍。

在这种情况下，很多秦国老臣建议秦王驱逐六国客卿，重用秦人，秦王于是下了"逐客令"。李斯是上蔡人，也是被逐的客卿之一。面对这种形势，李斯写了著名的《谏逐客令》，言辞恳切地规劝秦王，直言逐客之害，留客之利。秦王权衡再三，终于收回了逐客令，也从此对李斯另眼相看。

3. 实现方法

①提升自己的实力，不靠搬弄是非而得势；②为自己的未来制订目标，不贪一时之利；③以正途、实力来表现自己。

4. 日省吾身

①你有没有做过不应该做的事情呢？②你的所得与你的付出相称吗？③如何凭借实力赢得相应的地位呢？④你对自己的未来有没有清晰的计划呢？⑤现在你所得到的，是不是靠走捷径获得的呢？⑥你会如何加强自己的竞争力呢？⑦现在你最应该留意的是什么呢？⑧你有没有在背后说人坏话？⑨你可能会面对的危机是什么呢？⑩有什么事是你应该立即停止做的呢？

● 阶段四

1. 阶段特征

因为你得到信任，人们都喜欢与你在一起，也因为你善于协调人际关系，从而成为人际交往的中心人物。动用你现有的资源，为大家争取福利。

2. 历史故事

身居相位，改革旧制

秦始皇统一六国后，任命李斯为丞相，总管文武百官。处于权力中心的李斯也迎来了大展身手的良机。他建议秦始皇舍弃夏商周的分封制，改为郡县制，由中央直接统治地方，加强中央集权。同时为了更好地管理全国，统一货币、文字、度量衡制度。在全国修筑驰道，类似于现在的铁路，辐射全国。

从今天的眼光看来，李斯的这些举措都是有益于大一统的国家长治久安的整治措施，也足见李斯目光的长远。然而，李斯的举措并非都是好的，自商鞅以来，大秦便崇奉严刑峻法，过于苛刻的法律也让百姓生活在水深火热之中，李斯治下的大兴土木更是加剧了这种不满，秦朝的根基也在这种不满中开始动摇。

3. 实现方法

①协调你与他人的关系；②以虚己之心待人接物；③对自己有信心，去做自己认为是对的事。

4. 日省吾身

①你对自己有信心吗？②当看到别人有需要时，你会给予帮助吗？③怎样在你的岗位上发挥协调的作用呢？④一个良好的协调者应该具有什么特质？⑤当你得到其他人的支持时，怎样保持一颗谦虚的心？⑥面对一个个挑战，你会如何运用自己的优势去应对？⑦最令你不能虚己的原因是什么？⑧有什么事对你的"自信"影响最大？⑨怎样做一个精明的决定？⑩如何运用现在所有，改善身处的环境？

● 阶段五

1. 阶段特征

面对不同的问题，或公或私，因为得不到人、事的支持，所以会承受很大的心理压力。正因为如此，要以中庸之道处理问题，才不至于让心灵受损。

2. 历史故事

始皇驾崩，偏离正道

秦始皇有两个儿子，长子扶苏常年带兵在外，深受众人爱戴，也有志向建立一番事业；次子胡亥留在秦始皇身边，为人荒淫，不务正业。

公元前210年，秦始皇在出巡途中病重，行至沙丘宫便驾崩。近臣赵高向来与扶苏不睦，扶苏更是说过有朝一日要杀掉赵高的话，赵高肯定不愿意扶苏继承大统。于是赵高游说李斯，说扶苏即位后，丞相一职肯定会由其亲信蒙恬担任，李斯相位难保。醉心功名的李斯与赵高合谋，拥立胡亥为秦二世，矫诏赐死扶苏，这就是广为后人熟知的"沙丘之变"。

3. 实现方法

①以开放宽容的心态，解决心理的压力；②多向别人分享自己的难处，让身心协调；③多聆听意见，集大成而解决问题。

4. 日省吾身

①自己的压力是不是过大？②面对四面八方的压力，你会如何释放自己？③你是否有好的倾诉对象？④你觉得自己的心灵健康指数是多少？⑤你会不会将心里的问题与人分享？为什么？⑥你会如何协调自己的情绪？⑦有没有一些意见是对你十分有帮助的？⑧有什么原因令你不能释放自己的压力？⑨你会如何解决自己面对的压力？

● 阶段六

1. 阶段特征

身居要职，却沉迷于享乐，必然无法长久。当失去地位，失去一切，再也无法享乐时，即使后悔也无济于事。因此，切记享乐不要过度。

2. 历史故事

贪恋权势，终至败亡

胡亥登基后，赵高成为皇帝眼前的红人，出任郎中令，独揽大权，失去权势的李斯无能为力。公元前208年，赵高设计陷害李斯，将李斯下狱，并且严刑拷打，逼迫李斯承认谋反一事，将李斯于咸阳市中腰斩。

据说，李斯在受刑前，看着儿子说道："如今我还想和你在上蔡东门牵黄狗逐狡兔，又如何办得到呢？"

贪恋权势的李斯，由于一朝受小人蛊惑，最终落得一个身败名裂的下场。

3. 实现方法

①先知先觉，见微知著；②花些时间让自己停下来反思；③自省，改变自己，养成新习惯。

4. 日省吾身

①你是否意识到自己将过多的时间和精力花费在娱乐中？②如果过度享乐，会有什么后果？③有没有停下来反思的时间？④有什么解决办法可以改善现状？⑤你需要如何努力来戒除坏习惯？⑥有什么令你留恋以往的日子？

⑦有什么事情对你戒除享乐有帮助呢？⑧你会提醒自己不能触犯什么事情？⑨你认为自己的什么习惯会阻碍你戒除享乐的毛病？⑩你对自己的"自省"能力有什么评价？

要点总结

①减少享乐，奋发图强；②为自己订下目标，并向着目标努力奋斗；③戒懒散，求上进，不贪图享乐；④切记要时刻提醒自己，不要疏懒身体。

第十七章　适　应

总体特征

当秋天来到的时候，所有生物都会去适应新的季节。动物的毛开始加厚以迎接冬天，植物散播种子到四周等待春天的来临，树皮加厚御寒，昆虫钻入地下冬眠。只有"适应"自然，生物才能为以后做好准备。

"适应"即是知道什么时候行动，什么时候休息，什么时候说话，什么时候沉默。就好像秋天时所有的活动都减少，开始休息，主动去适应外界的环境，就不会感受到压力，反而会带来心境的平和和包容。你应注意在这种情况下怎样做到最好，让其他人去控制大局。就算你觉得自己有能力改变局势，也要保持低调。此时真正的力量来自于服务他人，这样的行为会带来进步和成功。

在世俗事务里，只有让自己的目标适应社会，才会有追随者。如果目标太过远离现实，便无法适应所需。

在社交和人际关系中，你要学会富有弹性，必要时可以顺从其他人。在这一时期，适应现时的情况不仅是正确的做法，也是唯一可以进步的方法。不要浪费你的精力去和现时的潮流相抗衡，主动去适应现在的状况，才能令你获得最大的收获。

如果你的目标和原则跟社会不一致的话，一定要调整自己，你的进步依赖于你所处的现实环境。在家里你可以随意使用自己的那一套理念，但在外面，就要学会适应。适应你的现时环境，找到心境的平和，走向成功。

进阶教程

● 阶段一

1. 阶段特征

有时事业发展得不如意，你由原本高高在上的位置，调到一个较低的岗位。这看似不如意的遭遇，其实也蕴含着机遇。你可以尝试多与人交流，从中不单能体察他人之感受，也可以借此提升自己的能力，丰富人生的阅历，这对你未来的发展大有裨益。

2. 历史故事

三姓家臣，不见史册

豫让，春秋末期晋国人。他的早期生平不见史册，仅从一些史料中知道先后做过范氏和中行氏的家臣。熟悉晋国历史的人都知道，晋文公掌权后进行了军事改革，将全国军队分为中、上、下三军，每军各设将、佐一名，这也是六卿的雏形。之后的各个君主虽然对军队数量有所增减，但统军将领权力越来越大成为不争的事实。到了晋平公时期，赵氏、韩氏、魏氏、智氏、范氏、中行氏六家把持了六卿之位。而豫让就分别在范氏和中行氏家中做过家臣，但并没有受到重用。公元前458年，智氏联合韩赵魏三家吞并了范氏和中行氏的土地，豫让也成了智氏的家臣。

3. 实现方法

①接受际遇，从中学习和锻炼；②真切体会群众的生存状况；③不贪恋回到从前，活在当下。

4. 日省吾身

①有没有新的知识可以学习？②对新的环境有什么体会？③新岗位中的同事有什么需求呢？④如何协助新的同事呢？⑤来到一个新的环境，心态上要如何适应？⑥要接受转变，有什么需要做的呢？⑦如何与新的同事相处呢？⑧有没有新的风气文化要融入进去呢？⑨如何让自己全身心投入工作呢？⑩有什么事会令你与同事之间的关系更进一步呢？

● 阶段二

1. 阶段特征

当你需要做一个跟随者，最头疼的问题莫过于选择一个合心意的上司。因为不清楚哪一个更好，只能在两难的路口徘徊着。建议你可以选择一个被人拥护的上司，这对你日后的发展更有好处。

2. 历史故事

智伯为人，覆家预言

然而，豫让找的新上司并不是一个理想的封臣。智伯，本名智瑶，也就是古书中的智襄子。当年智宣子选立接班人时，同族的智果提议让智宵接班，但智宣子认为智瑶仪表不凡，武艺高强，是理想的接班人。智果却不以为然，说智瑶虽然有种种优点，但为人残酷不仁，这是灭族覆家的祸根。智宣子没有听从智果的建议，选立智瑶成为接班人。

智瑶接班后，先是联合其他三卿吞并了范氏、中行氏，自己独占了大片领地，继而取代赵氏执掌晋国政事，成为四卿中实力最强者。但以赵氏为首的三卿心里并不服气，四卿的战事一触即发。

3. 实现方法

①以认真、负责的心态选择上司；②为你的上司全力投入；③不宜因短期利益而随便选择一个上司。

4. 日省吾身

①你是不是选择了一个开出更优渥条件的上司？②有没有因为利益而选择不合适的上司？③你以什么条件选择对自己有益的上司？④你会如何全力协助新的上司？⑤一个好上司应该有什么样的表现？⑥你会因个人情感而选择一个不合适的上司吗？⑦当很多人都追随其中一个上司时，你会因此而加入吗？⑧当你难以选择上司时，会向谁求助？⑨选择一个不合适的上司会有什么后果？

● 阶段三

1. 阶段特征

因为希望得到更好的机遇，选择了一个有能力的上司，这对你未来的发展更有帮助。但要记住，一个有能力的上司对其下属也有要求，因此要锻炼自我，增强竞争力。

2. 历史故事

择木而栖，了无建树

豫让跟随智伯后，获得了智伯的宠信，据史书记载是获得重用，君臣之间关系和睦。然而令人遗憾的是，此时的豫让并没有为智伯谋划出更好的计策，只知道智伯率军灭了仇由国——一个附属于中山国的小国，即使是这样的小胜利，史书中也没有关于豫让的记载。由此，我们至少可以推断出豫让并没有管仲、百里奚之才，甚至没有辅佐晋文公称霸的前辈狐偃、先轸、赵衰之智。然而，后来发生的一件事情却让这个才能不见史书的人，最终名留青史。

3. 实现方法

①尽全力帮助上司；②锻炼自己，提升自己的素质；③加强与团队的合作精神。

4. 日省吾身

①你能为自己的上司贡献什么？②面对新的团队，你会如何融入其中？③当上司向你提出新的要求，你会怎样面对？④在你的新团队中，有什么地方是你能提供帮助的？⑤为了提升团队内的合作，你有什么提议？⑥你如何与新同事相处？⑦阻碍你融入团队的是什么问题？⑧你会如何提升自己以符合新团队的要求呢？⑨有什么课程可以帮助你提升实力？⑩你觉得新队友接受你吗？

● 阶段四

1. 阶段特征

一个好的上司，可以使身边的人都获益匪浅。谨记要坚守正道，才不会惹人嫉妒，你的行为只会令人心悦诚服。

2. 历史故事

贪得无厌，围攻赵氏

智果当年说智伯残酷不仁，其实智伯最大的问题就在一个字：贪。智伯太贪恋权位，当时他已经是四卿中势力、地盘最强大的一家，但仍然贪心不足，在剿灭仇由国后，他又向赵襄子、韩康子、魏桓子索求万户之邑。赵襄子严词拒绝，怒不可遏的智伯威逼韩康子、魏桓子一同出兵，意图吞并赵氏。公元前455年，交战正式开始，赵襄子不敌三家联军，被迫退守晋阳。智伯指挥围城，这一围就是三年。

公元前453年，智伯久攻晋阳不克，引汾水灌城，眼看就能获胜。智伯得意扬扬地对韩康子和魏桓子说："我原先不知道水也可以灭亡他人的国土，现在已经知道了。"韩康子、魏桓子面面相觑，原来两家的都城附近都有大河，谁知道贪得无厌的智伯下一个会攻击谁呢。

于是，韩赵魏三家达成密约，韩、魏两家阵前反水，加上赵氏的兵力，共同剿灭了智氏，平分了智氏的土地。强大的智氏就这样覆灭了。

3. 实现方法

①行为正直，不自吹自擂；②以多元化的方式处理问题；③不宜随意夸耀自己，惹人嫉妒。

4. 日省吾身

①你是否因为自己的才能而骄傲呢？②你是否会将自己获得的成绩归功于上司？③如果上司向你反映你的态度有问题，你会如何处理？④面对同事的称赞，你会有什么对策？⑤你能控制自己不被荣耀冲昏头脑吗？⑥如果有同事或上司嫉妒你的成就，你会怎样面对？⑦最令你不能控制自己的情况是什么呢？⑧你会如何处理与同事之间的问题？⑨有什么方法可以令同事不觉得你骄傲呢？⑩如果你不满足于现状，该如何制订更高的目标呢？

● 阶段五

1. 阶段特征

处于这一阶段的人会缺乏人、事的支持，在需要别人辅助之时却鲜有人提供帮助。此时，你必须建立自己的诚信，只有这样，身边的人才会信任你，那些能帮忙的人才愿意追随你。

2. 历史故事

知遇之恩，立志复仇

赵襄子擒杀智伯后，余怒未消，将智伯的头颅漆成酒杯，用来饮酒。同时搜捕智氏宗族，全部夷灭。

豫让作为智伯的心腹，孤身逃离了战场，躲过了搜捕。但看到智伯落得如此下场，就连死后还要被侮辱，不禁悔恨自己无法报答他的知遇之恩，于是立志复仇。但昔日智伯的门客此时已经纷纷投奔新的主人，已经没有帮手帮助自己复仇了。思来想去，豫让决定刺杀赵襄子，一命换一命，以此来对智伯有个交代。

3. 实现方法

①细心观察，寻找能帮忙的人；②建立自己的诚信，让人愿意追随你；③赏罚分明，让人对你有信心。

4. 日省吾身

①现在有没有一些能帮上忙的员工？②如果没有足够的人手，可以向谁求助？③现在最需要的是什么支援？④如果有人愿意追随你，你会如何使用他？⑤有没有一个完善的赏罚制度？⑥以你对自己的了解，你觉得自己足够"诚信"吗？⑦你会寻找哪一个领域的人才来帮助自己？⑧你会如何取得他人的信服呢？⑨若已经拥有足够的人手，你会如何解决问题？⑩当问题解决后，你会如何对待曾帮助过你的人呢？

● 阶段六

1. 阶段特征

当顺从的性格发展到极致，即使遇到不公平的对待、不合理的要求、不顾人情的遭遇，都会因为性格顺从而坦然面对了。

2. 历史故事

慷慨被俘，击衣赴死

自古以来，亡国之臣大有人在。有的人归顺新主，有的人隐姓埋名，还有人慷慨赴死。这些选择并没有对错之分，只是一种选择而已，用老子的话说，柔顺的东西可以长久存活下去，刚强的只会折断。事物如此，人亦如是。

豫让是那种刚毅性格的人，既然要行刺赵襄子，便开始了自己的谋划。他先是更名改姓，伪装成犯人，躲在赵襄子宫中的厕所里，准备伺机行刺，结果被人抓住。赵襄子问他行刺的原因，豫让如实回答。赵襄子感叹道："真是一位贤士啊。"于是就放了他。

豫让并没有就此打消行刺的念头。他又用漆涂身，让皮肤溃烂，吞下炭火，让嗓音变得嘶哑，直到面貌再无人认得后，便躲藏在赵襄子必经的桥下准备行刺。赵襄子骑马来到桥前，马匹突然受惊，赵襄子赶紧让人搜查，又抓到了豫让。

赵襄子问道："听说以前你是范氏和中行氏的家臣，智伯灭了他们，你为何不替他们复仇，而偏偏要为智伯复仇？"豫让说道："范氏和中行氏用普通人的礼仪待我，我就以普通人的行为对待他们。智伯以国士待我，我就要以国士的行为对待他。"赵襄子知道豫让不会死心，就下令杀了他。

据说，豫让临死前，请赵襄子脱下衣袍，连砍三剑，然后自刎而死。

3. 实现方法

①顺从别人的合理要求；②学会适当地提出你的意见；③自强、果断地做决定，不要一味地顺从。

4. 日省吾身

①有什么事情，其实不应该由你来处理？②如果一味地顺从，会有什么后果呢？③令你不能抗拒别人要求的原因是什么？④有什么事是你应该拒绝的？⑤如果你的工作量已经很繁重，而别人又对你提出要求，你会如何应对？⑥你有没有能力分辨和去做合理的事。⑦为了改善你的性格，你会学习什么呢？⑧现在的你有什么是不能做的？⑨想拒绝别人时，你会说什么话？⑩怎样拒绝才是适宜的？

要点总结

①谨慎选择一个上司，做一个有支持力的追随者；②不要为身份而苦恼，先要适应，才能改变现状；③以不变应万变，学习以适应的态度面对不合理的待遇。

第十八章　修　补

总体特征

有时你会疏于观察，没有注意到那些最细微的地方。又或是工作本身就很困难。总之，事情会渐渐向失控的方向发展。所以，在那些你格外看重的地方，决不能忽视最细微的细节。千里之堤毁于蚁穴，所有事物都有其本身的弱点，从那些弱点中，事物开始腐败，直至最后崩溃。世俗事务尤其明显。

处于这一时期的你，要停下来好好想一想。你可能觉得面对源源来袭的问题无法招架，难以应付，但通过工作你可以有机会消除因为你以前的疏忽而产生的麻烦。努力工作吧！你可以清晰地看到问题所在。这是"修补"的好时机，不要害怕付诸行动。你是唯一有能力"修补"这问题的人。

行动之前，要好好研究问题产生的来龙去脉。中国人有句老话，叫"三思而后行"，行动前仔细思考，你会知道何时行动才是正确的时机。现在的一切行为都是具有建设性的，可以为你的事业在今后的成长打下基础。但这不是大刀阔斧进行改革的时候，而是要去寻找那些你可以补救的漏洞，进行有建设性的行动，令事情向着正确的方向发展。当你找到行动的方向后，就要立即行动起来，不要因为任务的艰巨而裹足不前，不采取行动。当问题消除后，你就会获得新的动力和启示。也要记着当你做出改变后，要继续保持这个方向，不要走回头路，重蹈覆辙，不要再沉迷于享乐，否则你很容易再次陷入困境。

进阶教程

● 阶段一

1. 阶段特征

面对掌权者的不当行为，为了整个公司的利益着想，要纠正他的错误。谨记只要出发点是为了公司的利益，最终都会取得好的结果。

2. 历史故事

以理服人，质子救国

公元前267年，秦国攻打赵国，赵国向齐国求援。齐王同意出兵相助，但有一个要求，就是让赵国的长安君入齐国为人质。然而，长安君是赵国太后的幼子，太后十分爱惜，说什么也不同意让爱子委质于人，无论大臣们怎么劝谏，太后都不答应。

有一天，触龙求见太后，说道："我的小儿子舒祺很没出息，不过我还是最喜欢他。"太后说道："男人也爱小儿子吗？"触龙说道："是的，比妇人更甚。"太后说道："我也最爱小儿子呀。"触龙见机会来到，说道："我认为您更喜欢女儿。"太后连忙否认，说更爱小儿子。触龙说："您让女儿嫁给燕王，期盼有一天她的孩子可以统治燕国，不是吗？您细想，今从三代以前算起，国君的后人还有继位为侯的吗？没有，因为位尊无功，禄厚无劳，早就遭遇灾祸了。如今您让幼子封高官厚土，却不让他为赵国做贡献，所以我说您爱女儿更甚于爱幼子。"太后深有所悟，最终同意让幼子委质于齐国。

3. 实现方法

①提出适当的意见；②有信心解决问题；③从公司的利益出发。

4. 日省吾身

①你考虑问题是不是从公司的利益出发？②有没有搜集到足够的资料？③现在是不是提出意见的好时机？④面对指责时你该如何去做？⑤你准备好为自己提出的意见承担后果了吗？⑥对于改革，要用多少时间才能完成？⑦解决问题，需要哪些信念？⑧如果过程中遇到阻挠，应该如何处理？⑨收集什么资料，可以让你的提议令人信服？⑩要怎样提升自信心去提出意见？

● 阶段二

1. 阶段特征

遇到一些比较柔性的上司时，要纠正他的错误往往要花费很大的心力，因为过于严正说明会惹起不满，不够刚强又听不入耳。可留意他的反应，再灵活应对，则事半功倍。

2. 历史故事

与人比美，巧讽齐王

邹忌，是战国时期的齐相。邹忌身长貌美，有一天照镜子，问妻子："我和城北的徐公相比，谁更美？"妻子说："您美。"他又问小妾："我与城北的徐公相比，谁更美？"小妾说："当然是您。"后来有客人来访，邹忌又问他同样的问题，得到了同样的回答。但是有一天，邹忌亲眼见到徐公，才知道自己根本比不上徐公，于是若有所悟：妻子是爱我，小妾是怕我，客人是有求于我，所以他们都说出了违心的话。随后邹忌面见齐威王，给他讲了这个故事，说道："如今宫中嫔妃、近臣都爱您，朝中大臣都怕您，全国百姓都有求于您，所以您一定很难听到真话。"齐威王深以为然，于是下令："全国的官吏百姓，能当面指摘我的错误的人，得上等奖；能书面劝讽我的人，得中等奖；能在公开场合批评我的过失的人，得下等级。"一年以后，再也没有人能讲出国君的错误。

3. 实现方法

①要懂得柔性的处事手法；②要有灵活开放的态度；③学习说话的技巧。

4. 日省吾身

①怎样说话才不会得罪人？②应该用什么方式解决问题？③有没有一个更适合的方式与上司交涉？④上司对于这种态度会有什么反应？⑤是否需要听取别人的意见？⑥有什么人会对这件事有帮助？⑦找上司谈话时，有什么需要注意的呢？⑧上司会不会介意你说的这个问题？你应该用哪一种方式跟他说话？⑨有没有什么问题是你不得不用严肃的方式与他交谈的？⑩想要掌握柔性处事，你还需要学习什么？

● 阶段三

1. 阶段特征

有时说明了问题的所在，却惹怒别人，因为别人不能接受后辈的冒犯而招致祸端。不过，假以时日，终会有人明白，所以千万不要放弃。可以用平和的手法去谈判，以温和的语气去说明事情原委。

2. 历史故事

劝谏君王，终得认可

娄敬，汉初著名智囊。当年在刘邦面前力陈建都关中之利，最终使刘邦定都长安。于是被赐姓刘，改名刘敬。

汉高祖七年，刘敬出使匈奴，见到匈奴以羸弱之兵示人，知道必定心怀叵测，回国后劝阻刘邦出兵匈奴。刘邦震怒，命人将刘敬羁押，准备凯旋后再处理他。结果刘邦冒险轻进，被匈奴兵围困在白登山，七日七夜才解围。回来后，刘邦知道刘敬真有先见之明，连忙将他释放，当面认错。

3. 实现方法

①忍受别人的责难，以诚劝之；②不要放弃，学会等待；③学会柔性处事。

4. 日省吾身

①面对一些难以接受的责难，你会如何坚持下去，是继续劝导？②应该用什么方法令对方接受你的劝导？③你有没有想过劝导的过程需要花费多少时间？④过程中应该如何应对不同的回应？⑤最令你难以忍受的说话方式是什么？⑥有什么会令你不想再继续下去？⑦劝导过程中最应留意的是什么？⑧有没有一些人能够支持你？⑨你觉得自己需要什么支援？

● 阶段四

1. 阶段特征

当看到掌权者存在弊端，做事手法出现问题，却不立即出手纠正，而是不闻不问，任由其胡作非为，会给公司的利益带来极大的伤害。这不是可取的处事方式。建议你要勇于提出意见，把对公司的伤害降到最低。

2. 历史故事

直言进谏，君臣和睦

魏征，字玄成，唐朝著名的政治家、文学家、史学家。魏征以直言进谏闻名后世，他前后上谏两百多事，唐太宗李世民全盘接纳，并且极力嘉奖魏征，君臣关系十分和睦。

有一次，李世民为女儿长乐公主准备嫁妆，对群臣说道："我最爱这个女儿，所以我认为她的嫁妆应该是永嘉长公主的两倍。"群臣纷纷赞同，只有魏征进言道："永嘉长公主是长乐公主的姑姑，如果长乐公主的嫁妆是永嘉长公主的两倍，就逾越了礼制，不可取。"李世民将这件事情告诉给长孙皇后，皇后十分赞同，嘉奖魏征道："我早就听说你很正直，今天总算见识到了，希望你能一直保持。"

3. 实现方法

①学会及时表态，切勿不闻不问；②懂得权衡利害，以公司的利益为先；③训练勇气，该出手时就出手。

4. 日省吾身

①如果发现问题，你会不会勇于指出？②有什么事情使你不敢于道出问题？③如果问题是关乎企业管理层的，你是否会指出？④发现问题后，你会对自己说什么？⑤如果要求你负责改正问题，你愿意承担吗？⑥有没有准备详细的建议？⑦有没有征集各方的意见？⑧如果你收到反驳，你会是什么心情？⑨你会怎样做到勇敢地指出问题呢？⑩你预计到问题带来的影响了吗？

● 阶段五

1. 阶段特征

处于这一阶段的你继承了掌权的职位，希望把"前朝"的问题解决，公平正直地施行新政，不单要杜绝曾经的问题，更要防患于未然，将问题彻底解决。

2. 历史故事

敢于谏言，兴利除弊

陆贾，汉初著名政治家。他以善辩著称，曾说服赵佗臣服于汉朝。此外，陆贾还极力提倡儒学，这与十分反感儒生的刘邦显得格格不入。

刘邦统一天下，建立汉朝后，陆贾经常在刘邦面前引用《诗经》《尚书》等儒家经典，让刘邦十分反感，他骂道："我在马上得天下，要诗书何用？"陆贾毫不退让，反驳道："能在马上得天下，也能在马上治理天下吗？"然后陆贾援引前代兴亡的例子，向刘邦说明了礼仪治国的重要性。

刘邦听后面露惭色，让陆贾著书论述秦亡汉兴的原因，成书后赐名"新语"。

3. 实现方法

①细心观察，寻找能够帮忙的人；②建立自己的诚信，让其他人愿意追随；③赏罚分明，令人对你有信心。

4. 日省吾身

①现在有足够的资源杜绝问题的发生吗？②公司有没有新的发展方向可行？③问题的根源出现在什么地方？④有没有人要优先处理？⑤应该如何订立新的政策？⑥如果有势力阻挠，应该如何处理？⑦改革最大的阻力是什么？⑧新政策有没有漏洞呢？⑨如果再有同类事情发生，应该如何处理呢？⑩如何令人对公司增加信心？

● 阶段六

1. 阶段特征

最难处理的问题，是来自于公司领导者的不当行为，这将动摇整个公司的根基，是无法依靠一己之力来解决的。如此，若要自处，一是追随，二是离开。

2. 历史故事

避身远祸，诛灭诸吕

陆贾是一个聪明人，知道进退的时机。刘邦死后，吕后掌权，重用诸吕，把持朝政。眼见身处的环境已经变得十分险恶，陆贾知道自己在这里也无能为力，于是称病辞官。

陆贾在家里时却没有丝毫忘却朝廷的安危，他仔细观察动静，伺机寻找同盟。有一次，陆贾来到丞相陈平家中，见到陈平正在为诸吕用事感到担忧，于是提醒他道："人们都说，国家安定的时候要留意丞相，国家动荡的时候要留意将军。"陈平听完，果然开始结交周勃。陈平又给了陆贾很多钱，陆贾用这些钱游说公卿，最终成功诛灭吕氏一族。

3. 实现方法

①不同流合污；②提醒掌权者要秉公执政；③若不能改善，宁可离开。

4. 日省吾身

①有没有尝试提醒上司？②如果要求你一同作恶，你会如何处理？③你的行为会令什么人受到牵连？④面对无法改变的事实，你会有什么感受？⑤什么事情令你不能再留下来？⑥你会带着什么心态离开公司？⑦有什么事是你最不能容忍的？⑧如果上司没有理会你的提议，你会有什么感受？⑨你会做什么来表明自己不会同流合污呢？⑩为了帮助公司，你会有什么计划呢？

要点总结

①面对不公之事，要敢于提醒；②以仁义指导行动，不受奸邪诱惑；③若不能改变时局，也不可同流合污，要保持自己的正直本性。

第十九章　晋　升

总体特征

这一时期是晋升的时期。就好像冬末初春的时候，新的植物发芽，第一次发挥它的创造力，你也可以进行自己的第一步棋，向目标进发。

如果你所探讨的是有关政治或权力的问题，这一时期是最有利的时刻，你的能力和才华的提升会把你变成众人的焦点，你会发现自己处于权力的位置，可以巧妙地影响和支持其他人。聪明的做法是去关心你身边的人的需求，你的社会地位会变得更加巩固。这极度有利的时刻不会无休止地延续下去，所以你必须尽量利用它。

在商业事务中，如果你一直在等待时机去提出新意见或晋级的话，这是一个好时机。当权者对你的接受是非比从前的，你的事业极有可能获得重大的进展，亦可控制经济上的事务。要利用这优势增加利益及为将来做好准备。

在社交中，你已经来到高位，你的魅力也变得非同寻常，你可以去影响和教导其他人改善自己。你要利用地位的"晋升"去提升自己所处的整个环境，从而为将来可能出现的变化建立好稳固的基础。

你的人际关系也会有所发展，你可能会发现自己正扮演主导者角色，你可以影响社交的气氛。这一时刻尤其对感情有利，因为事情才刚刚开始，容忍和关怀可以让你建立一个架构，令你可以抵御感情上无可避免的情绪波动和纷争。

在个人修为中，你会更清楚自己的身份和从更宏大的范畴里找到自己的位置。当你感觉到自我认知进入新境界时，你的身体及精神力量都会有所提升。把你现时所体验的自信建立成固定的信念，让你可以度过日后可能会出现的混乱和衰落。

进阶教程

● 阶段一

1. 阶段特征

一个安分守己、做好本分的人，上司是会看到他的努力的。只要对自己严格要求，并一直坚守，得到上司的信任、飞黄腾达的日子就会来临。

2. 历史故事

捐官出仕，造福一方

黄霸，字次公。也许很多人没有听说过这位西汉时期的大臣，但他历经武帝、昭帝、宣帝三朝，从一介平民步步高升至丞相，极具传奇经历。

汉武帝时期，由于常年战争，国库紧张，所以很多官位都是待价而沽，黄霸就是其中一个买官的人。不过，黄霸买官的目的并不是鱼肉百姓、结党营私，而是真真正正想要做一位好官，造福一方百姓。汉武帝末年，黄霸捐献谷物，获得左冯翊的官位，管理沈黎郡，在任期间，执法公正无私，廉洁奉公，获得百姓和朝廷的认可。

3. 实现方法

①坚守自己的本分；②不需要特意争取表现；③为自己制订一个目标，努力提升自己。

4. 日省吾身

①有没有在工作岗位上坚守自己的本分呢？②知道上司需要什么吗？③有什么工作可以让你发挥到最好呢？④有没有因为未得到赏识而郁郁不得志呢？⑤看到同事晋升会影响你的工作情绪吗？⑥是否为自己定下一个五年计划？⑦有什么需要学习的呢？⑧有没有可以向其学习的对象？⑨有没有耐心等待上司的欣赏呢？⑩面对晋升的机会，你认为自己有足够的实力吗？

● 阶段二

1. 阶段特征

以负责任、有担当的态度做事，自然会受人赏识，因为职位比较高，得到的信任也较大，容易发挥表现。只要好好表现，必会得到更多的赏识。

2. 历史故事

宽和爱民，步步高升

公元前97年，由于在任期间表现优异，黄霸被提拔为河南太守丞。到了新岗位上的黄霸依然保持着自己廉洁奉公的作风。当时正是权臣霍光执政时期，刑法严苛，黄霸却反其道而行之，宽和爱民，为一方百姓所称道。

公元前74年，汉宣帝征召黄霸入京，升任廷尉正一职，主管刑罚，任内多有建树，广受朝廷上下好评，不久就升为丞相长史。

3. 实现方法

①发挥自己的潜力，展现自己的能力；②以创新为驱动计划未来；③以负责任、有担当为做事的原则。

4. 日省吾身

①你对未来有什么期望？②你会如何计划未来的发展方向呢？③有没有一些新颖的建议？④你知道上司对你的期望是什么吗？你会如何满足他的期望？⑤在讨论如何有所表现前，有哪些信念是你需要坚持的？⑥若遇到困难，你会如何处理？⑦有什么阻碍会使你难以发挥才能？⑧当事业需要发展的时候，你最需要的是什么支援？⑨在过程当中，有没有一些原则需要坚守呢？⑩你会怎样发挥现有的潜力？

● 阶段三

1. 阶段特征

身在其位，却不能做出成果，只喜欢对上司拍马逢迎，很易失去上司和团队成员的支持。只有踏实做事，不再依靠口舌之便，才会迎来真正的机会。

2. 历史故事

仗义执言，不媚权贵

黄霸为人不媚权贵，不惧权势，这在夏侯胜一事上就表现得尤为明显。

公元前72年，夏侯胜时任长信少府。当时汉宣帝召集群臣，研究给汉武帝另立庙乐一事，群臣纷纷赞同，只有夏侯胜直言不合礼制，于是遭到群臣弹劾。黄霸为人正直，知道夏侯胜所言为是，拒绝在弹劾奏章上签字，结果被认为是夏侯胜同党，一同被免官下狱。不过汉宣帝也知道夏侯胜和黄霸是好官，所以在公元前70年就先后授予两人官职，黄霸出任扬州刺史。

3. 实现方法

①抛弃以往的做事法则，凭借实力做事；②通过学习锻炼，提升自己的实力；③学会以真诚的态度与人相处，不再流于泛泛之交。

4. 日省吾身

①媚上瞒下的结果是什么？②令你继续媚上瞒下的原因是什么？③你有没有用真心与同事相交？④作为公司的领导层，你会如何提升自己的实力？⑤有什么方法能令你做出改变？⑥你会如何令自己的"职""能"相符？⑦过程中最需要学习的是什么？⑧有什么方法，可以确保你改善自己的工作态度？⑨有没有人可以激励你有所改变呢？⑩你会如何保持与上司和下属之间的关系？

● 阶段四

1. 阶段特征

虽然晋升至高处，仍不忘体察民情，了解他们的需求。这样，在上位的你便能够得到众人的爱戴和支持，这对你的事业大有益处。

2. 历史故事

体察民情，治理扬州

黄霸到扬州上任后，多次微服私访，体察民情，且为民做主，将很多积压的大案、冤案处理完毕，备受扬州百姓的爱戴。公元前67年，又到了地方官接受中央考核的时间，黄霸由于政绩卓著，被汉宣帝点名表扬，转任颍川太守，俸禄两千石。公元前55年，更是升任丞相。

3. 实现方法

①以体贴的心，探察员工的需求；②积极地处理每个人的需求；③加强自己的观察力。

4. 日省吾身

①有没有员工需要你的帮助？②你是否会留意员工的需求？③当有员工向你求助时，你会有什么反应？④你对自己的观察力有什么评价？⑤你能够积极地处理每个人的需求吗？⑥你认为员工支持你吗？⑦你发现公司的制度上有什么不足吗？⑧你认为自己在处理员工的需求时够"体贴"吗？⑨你有没有制定制度去征集员工的需求呢？⑩你是通过什么渠道了解员工的需求的？

● 阶段五

1. 阶段特征

作为企业的老板，能够凭借过人的睿智知人善任，是成功的重要因素。拥有用人之能，虽然没有事必躬亲，但仍然能够运筹帷幄之中，决胜千里之外。

2. 历史故事

升任丞相，了无建树

一个好的领导人，应该做到知人善任，把最合适的人放在最合适的位置上。

汉宣帝启用黄霸为丞相，就是一个典型的反面教材。黄霸熟悉律法，为官一方，可以明断是非，且爱民如子，往往深受辖区百姓的爱戴。但是丞相要总统百官，日理万机，更多的职责是如何督促百官，协调人际关系，处理国家政事，这完全就是在黄霸的能力之外。因此，黄霸以年近八旬的高龄出任丞相后，再也没有什么政绩了。

3. 实现方法

①用人唯才，以有才干的人分工处理事务；②多为未来计划，准备迎接新的挑战；③改革体制，让制度更适合员工一展所长。

4. 日省吾身

①公司里是否储备了人才？②公司怎样安排现有的人手呢？③公司有没有完善的分工系统呢？④有什么事务需要让人处理？⑤公司未来五年的计划是什么？⑥有什么地方需要调配资源呢？⑦现在可以着手准备开始什么项目呢？⑧有没有什么事情会阻碍公司的发展呢？⑨是否需要与员工商讨公司的发展方向呢？⑩应该怎样安排现有的工作完成次序呢？

● 阶段六

1. 阶段特征

在至高的位置上，仍不失谦虚的心态。心系业务，为企业着想，愿意去聆听各人的需求。因为有着如此谦厚、无私、柔和的性格，其他人会十分愿意追随你。

2. 历史故事

教化百姓，心系朝廷

如果要说黄霸的为官之道，那么肯定要算是教化百姓、心系朝廷了。当时朝廷颁布法律条文或新的政策，地方官员往往只是自己领会，根本不会费心下达百姓。黄霸却认为只有百姓理解和接受了这些新的政策与法律，才能更容易地施政。于是，无论黄霸为河南丞时，还是在扬州、颍川等地，都力图将法律条文和新的朝廷政策告知百姓，向他们讲解明白，这样其所在地方的政策就更容易获得推广。从这一点上看，黄霸是一个做事仔细的人，但格局不大，这也是为何他能做个好的地方官，却无法做一个有为的丞相的原因了。

3. 实现方法

①学习聆听心声，懂得分辨需求；②学习放下权力，亲近员工；③建立品德，让人愿意亲近。

4. 日省吾身

①如何才能倾听员工的心声呢？②有人向你提建议时，你会如何判断建议的好坏？③如果员工真的有需求，你会如何处理？④有什么令你难于亲自聆听员工的意见呢？⑤有什么意见会让你难于向上反映？⑥如果有人想利用你来获利，你会如何得知？⑦有什么意见你是无能为力的？⑧有什么人的意见是应该听取的？⑨要怎样才能让员工愿意与你分享交流呢？⑩什么样的诉求才有助于公司的利益呢？

要点总结

①多聆听下属的声音，为他人服务；②完善制度，让人各尽其职；③多制订可行的计划，尽量将工作交给下属；④提升自己的实力，随时做好准备。

第二十章 思忖

总体特征

秋去冬来，四季的交替是有固定的顺序的，这些固定的模式存在于自然万物之中，无论是星系的运动，还是候鸟的迁徙，宇宙中的所有事物都遵循着一整套固有的定律，生活于宇宙中的个人亦不能例外。所以，去"思忖"宇宙的规律及它对你生命的影响，会让你洞悉事情的发展规律。这种观察是十分有用的，甚至可以影响自己的生命和所处的环境。

人的生命亦由不同的季节组成：春天是启发，夏天是工作，秋天是收获，冬天是休息和"思忖"。世俗事务也有它的季节，当你尝试去探寻事情的意义和趋势时，记着从季节的可预测性的角度去审视，去思忖事物间的规律，便有可能预测出将会出现的状况。一个人如果客观地用这种方法"思忖"的话，他便可以明了宇宙的韵律的一部分，直觉地、适当地做出反应。他身边的人会因为他的存在，而被他的力量所吸引。这种人是真正的领导者，因为他不是用权力去领导人，而是按照规律给人以启示。

用"思忖"的方法探究社会的每一个角落。体验新的构思，然后提出意见，其他人会很有兴致地听取你的意见。在商业事务中，你的意见会产生巨大的影响，利用这机会去发掘、思忖和改善任何不合适的规章制度。你的诚实会将你树立为一个榜样，在同僚间建立信任。

你的人际关系会有顺畅的发展，因为你能发现同伴的需求而恰当地做出反应。通过团结和合作，你可以把这些关系扩展到新的境界，不论是个人或者是社会层面。

当你触及规律的本质时，你的位置会变得和你的影响力一样重要和耀眼。你在越高的位置去"思忖"规律，越会令人瞩目。

进阶教程

● 阶段一

1. 阶段特征

以单纯的心看待世界，如同孩童一般，不需要理会世间的条条框框，这其实是很超脱的眼光。但谨记，若是一家之主、一企之领导，则不应以随性的心观看世界，这样做对事业无益。

2. 历史故事

谨小慎微，乱世名臣

贾诩，字文和，三国末期著名谋士。贾诩的一生，历经了从汉末到曹魏时期的动荡年代，见证了宦官用事、董卓作乱、李傕郭汜之乱，以及曹操、曹丕两代君主的统治时期，见过了太多的血雨腥风。他明白乱世中人不如狗的道理。即便后期贾诩身居高位，也仍然谨小慎微，从不结交朋党，儿女婚嫁也不攀结权贵，真正做到了全身保名。

3. 实现方法

①不狭视，以宏观的眼光观察时局；②将自己的眼光带到公司事务中；③虚心、谦卑地学习。

4. 日省吾身

①这个决定会不会影响到其他事项呢？②时间上能配合到其他部门吗？③你可以为公司付出多少呢？④实现现在的计划需要什么资源呢？⑤有没有需要准备跟进的项目呢？⑥有什么资源是需要提早预备的呢？⑦完成一个项目预计要花费多少时间呢？⑧有没有充分的时间资源和能力呢？⑨未来公司的发展方向是怎样的？⑩五年内应该有什么计划呢？

● 阶段二

1. 阶段特征

以狭隘的观点去评论身边的事物，只看见事物的一面就急于下定论。如果没有足够的根据，实在难以处理复杂的事物。

2. 历史故事

危机之中，献策李傕

贾诩的仕途并不顺利，作为武威的凉州人，他先是在牛辅军中做事，牛辅是董卓的女婿，后来董卓败亡，司徒王允四处搜捕董卓党羽，贾诩也是其中之一。当时董卓的心腹李傕、郭汜等人见形势危急，想要亡匿，贾诩仔细分析了局势，知道这样做只会被敌人各个击破，连忙献策说道："我听说长安城中正在搜捕董卓余党，想要将西凉人等全部诛杀。你们二位掌握重兵，如果弃军逃亡，一介小小亭长就能将你们逮捕，所以还不如进军长安，控制皇帝，反倒可以保命全身。"李傕听从了贾诩的劝导，反攻长安，成功控制住了皇帝，也终于暂时保住了性命。

后来李傕、郭汜掌控朝政，想要封贾诩为侯，贾诩知道李傕、郭汜等人的势力无法长久，所以推辞道："我之前出的计谋，都是为了保住性命，哪有什么功劳。"后来李傕等人又想让贾诩做尚书仆射，贾诩又推辞："这个官位是百官的表率，我没什么名望，恐怕难以服众。"无论是什么情况下，贾诩都能准确地分析利弊，实在难能可贵。

3. 实现方法

①依靠理论、数据进行判断；②从多方面衡量事情，不武断下决定；③多询问前辈的意见，以弥补经验上的不足。

4. 日省吾身

①你的决定有没有足够的数据支持呢？②如果事情这样发展下去，会不会影响到其他部门？③有没有适当的人选可供咨询呢？④有没有更多的理由支持你的定论？⑤你会以什么来判断一件事？⑥你是否会理性地做决定？⑦有什么事会令你失去理性，不能客观地做决定？⑧你会尊重有道理的意见吗？⑨有没有人的意见是你不会听的？为什么？⑩有人对你提出建议，你会以什么标准判断听与不听？

● 阶段三

1. 阶段特征

留意自己的人生，知晓自己的优缺点，这种自我审视会开阔你的眼界，带你进入另一个境界。

2. 历史故事

明察己身，洞悉世情

将军段煨是贾诩的同乡，屯兵华阴，贾诩前去投奔他。段煨向来知道贾诩的能力，自从贾诩投奔他以来，表面上对其优待，但暗地里十分担心贾诩会抢夺他的军权。当时贾诩与南阳张绣有往来，一番示意后便辞别段煨，前往投靠张绣。有人对他说："段将军这么优待你，你却离他而去，为什么？"贾诩说道："段煨生性多疑，又知道我的能力，时间久了一定会有害我之心。我今天离开他，他不但不会生气，反而还会高兴，会送礼物给我，从而结交张绣。而张绣身边缺少谋事，也一定会重用我，这是两全其美的办法啊。"

后来段煨果然如贾诩所言，厚赠贾诩，还善待他的家人，贾诩可谓知人知己，料事如神。

3. 实现方法

①专注于自己的生命，了解自己的强弱项；②多聆听他人的意见，从而对自己了解得更加全面；③给自己时间反思，多花时间自我审视。

4. 日省吾身

①有没有一个安静的时间可以让你自我反思呢？②工作是否允许你有时间？你会如何调节？③你认为对自己的了解够透彻吗？④你有什么优点可以有利于你的事业呢？⑤你有没有缺点需要留意的呢？⑥你会如何提升自己的能力，减少自己的缺点呢？⑦你觉得自己最需要学习的是什么？⑧有没有人会对你提出建议呢？为什么？⑨你会如何聆听对方的意见？⑩有没有人的意见对你来说最有意义？为什么？

● 阶段四

1. 阶段特征

当你已经足够了解自己，是时候观察其他事物了。此时你已经拥有了较强的观察力，很容易就能察看出别人的优劣。对于辅助上司，这是一种必备的能力。

2. 历史故事

知人之短，识己所长

张绣归顺曹操后，贾诩就成为曹操身边的一名谋士，深得曹操赏识。当时北方势力最大的当属袁绍，曹操与袁绍战于官渡，曹军粮尽，曹操问贾诩是战是退。贾诩说道："您与袁绍相持于这里已有半年，因为小心谨慎，顾虑周全，所以一直没有大的动作。袁绍虽然兵强马壮，谋臣将领众多，可惜生性多疑，优柔寡断，而您在精明、勇敢、用人与决断四个方面都要胜过他，只要抓住机会，给出致命一击，一定能战胜袁绍。"

听到贾诩的分析，曹操也坚定了击败袁绍的信心，终于抓住机会，烧毁袁绍囤积在乌巢的粮草，一举战胜袁绍，基本稳定了北方的政局。

3. 实现方法

①多到不同的岗位进行了解、学习；②以询问的形式获取更多资讯；③谦虚好学。

4. 日省吾身

①对你来说，什么岗位是最值得你参观的？②有什么相关产业对你的公司有帮助？③最令你不想过问的是什么事？④对于向一些职位低的人求教，你会有什么感受？⑤你觉得自己"询问"的态度如何？⑥你知道自己的上司需要什么吗？⑦你觉得自己可以如何协助你的上司？⑧你可以用自己的经验协助上司吗？⑨你可以为上司作何贡献？⑩你有没有在公司中发现人才或良好的环境？

● 阶段五

1. 阶段特征

借着自我反省，你已经对自身有了很透彻的了解，但仍要继续观察，要透过感悟己身而丰富、完备自己的生命，不断进步。在如今这个社会，正需要这样的人。

2. 历史故事

洞悉人性，离间马韩

公元211年，曹操与马超、韩遂率领的西凉军对峙，曹操采用坚守不战的策略，让急于求战的马超无所适从，相持数月后，马超主动求和。曹操问贾诩应该如何应对，贾诩说道："不如假意同意他的要求，麻痹对方，然后暗中准备歼灭他。"曹操又问破敌之道，贾诩想了想，说："离间。"

原来马超与韩遂各自统帅自己的军队，当面对曹操时能够暂时合军一处，形势缓和后便开始暗生猜忌。曹操充分利用了二人的弱点，用各种手段离间两人关系，最终马超与韩遂展开内斗，韩遂投降曹操，马超兵败逃亡蜀地。

3. 实现方法

①提高观察自身的能力；②从周围的环境中汲取智慧，丰富自己，快速成长；③抱有不断成长的决心。

4. 日省吾身

①能否发现自己有待改善的地方？②有没有一些课程能够助你成长？③现在你需要学习什么？④环境可以成为你的助力吗？⑤公司里是否有足够的发挥空间？⑥你会如何面对"不断成长"的要求？⑦对你来说，"成长"有什么难度？⑧有没有一个能助你成长的环境？⑨你如何预期自己在未来两年的发展？⑩有没有什么环境会阻碍你成长？

● 阶段六

1. 阶段特征

观察到了这个阶段，已经成为一种本能。你所观察的已经不是人而是整个环境，你对于人生的体会已经跃升至一个更高的层次。能够有这样超然的眼界，才是真正的"君子"。

2. 历史故事

兴亡之道，了然于心

曹操在选立接班人时一直犹豫不决，他的人选有两位，一个是五官将曹丕，另一个是临淄侯曹植。曹丕向贾诩询问对策，贾诩说："才思敏捷只是表面功夫，非帝王之术，您只要坚守正道，表现出责任心，做事勤勤恳恳，不违孝道，这就足够了。"曹丕果然按照贾诩所说的行事。

后来曹操又问贾诩立储一事，贾诩沉吟不答。曹操追问，贾诩意味深长地说道："我在想袁绍和刘表啊。"曹操大笑，下定立曹丕为接班人的决心。

原来袁绍、刘表都曾立幼子为接班人，导致内部出现党争，削弱了自己的势力，最终被曹操所灭。自古以来，废长立幼都是取祸之道，贾诩在立储一事上真可谓识得兴亡之道了。

3. 实现方法

①观察整个环境，留意最细微的变化；②注意观察人的完整性；③知道人生的真正价值。

4. 日省吾身

①现在的环境对你有帮助吗？②对你来说，人生的价值是什么？③如何在埋头苦干的日子里找出人生的意义？④你是否会顾及他人的需求？⑤你有没有将"观世"的态度带到与同事的交往中？⑥你认为自己可以怎样帮助同事？⑦看见同事为工作而埋首，你会对他说什么？⑧现在整个公司的气氛是怎样的？⑨你会如何看待同事之间的冲突呢？⑩对于一些不公平的事情，你会如何面对呢？

要点总结

①观察入微，观己更要细致，才能真切地了解自己；②多方面留意四周事物的变化，留为预备，以便将来不时之需；③以观世的角度看世界，则风浪虽大，也处世得宜。

第二十一章 改 革

总体特征

这一时期是积极"改革"的时候。可能是有一个职位在你之下的人跟你对抗，又或者是和你生命背道而驰的一些情况在阻碍你去达成目标。不要寄希望于妥协或问题自己消除，你必须要认清这些障碍，秉公而行，进行改革，才能把它们消除。你不能解释出问题的存在，不能理会它，亦不能避开它，在它对你造成更深远的伤害前，一定要彻底地进行改革。

在处理社交和政治事务时，需要完全符合既定的规章制度。一个没有原则的环境无法给人提供成长的空间。如果你是领导人，便要主动遵循规章制度，通过合理、及时的惩罚去重建秩序；如果你是其中一员的话，现在是时候支持那些可以进行改革的贤人。

此时你应该去检讨自己的性格，模棱两可的、含糊的原则当然会令你的生命失去方向和意义。你要清楚自己想要什么，知道什么能让自己有更好的提升，知道什么会令你和其他人保持和谐的关系，这些都是你为人处世的原则和宗旨。制造你内心的不协调的都是需要克服的障碍。在克服它们时，你要坚定、温和、清晰，不要感情用事，唯有如此，才可以"改革"你的自我和环境。

进阶教程

● 阶段一

1. 阶段特征

犯错是人生的必经阶段，面对错误，人常常给自己绑上枷锁，当自己遇到同类事情，枷锁就会传来疼痛，令自己不敢再犯。虽然只是小小的错误，但有这样的心态，对自己的发展大有益处。

2. 历史故事

知错就改，时时自省

朱元璋，字国瑞。明朝开国皇帝。提起朱元璋的大名，可谓是无人不知无人不晓。很多人都知道朱元璋建立了大明王朝，也知道他治国严厉，屠戮功臣，但其实朱元璋也有自省的一面，其中最广为人知的故事，便是朱元璋错打茹太素了。

刑部侍郎茹太素是个文人，上奏章时往往骈四俪六，洋洋洒洒写出上万字。有一次，朱元璋实在怒不可遏，就在朝堂上杖责了茹太素。后来耐着性子又继续看奏章，发现茹太素所言十分在理，对于治理国家十分有用，于是反躬自省，连忙听取了茹太素的意见。

3. 实现方法

①细心观察自己所做的事；②留心自己可能会出现的问题，时刻提醒自己；③懂得控制心态，不宜杞人忧天。

4. 日省吾身

①你为什么会犯错呢？②这个决定是否会带来问题呢？③若出现问题，你会如何处理？④出现问题时，你会怎样对自己说？⑤会不会过分担心，害怕出错？⑥有什么需要留意的呢？⑦想要不出错，要留意什么细节呢？⑧有没有一个方法可以提醒自己呢？⑨犯错后会不会记录下来？⑩你最容易在什么地方出错？

● 阶段二

1. 阶段特征

面对不法的事，一味以仁慈应对，只会让不法之人更为猖狂。因此要对症下药，依法治人，才能得到显著的效果，根治问题。

2. 历史故事

依法治国，对症下药

朱元璋出身贫苦，战胜残暴的元朝夺去皇位后，他痛定思痛，总结了前朝的经验教训，知道腐败是国家根基动摇的最大恶因。于是，朱元璋下决心整顿吏治。他首先想到的方法就是制定法律，从根本上消灭腐败滋生的土壤。正是在这种思想下，朱元璋亲自指导并制定了《大明律》，用严苛的刑罚来约束官员，这在明初也确实起到一定的作用。

3. 实现方法

①建立一套合理的规整制度往往比依靠人情进行管理更加有效；②不容忍恶事出现，以正义合宜的方式将问题解决；③必要的时候，不能手软，要一次性根治问题。

4. 日省吾身

①你是不是纵容了问题发生呢？②有不法的事出现时，应该怎样处理？③公司里有没有一套健全的制度呢？④执法的人有没有徇私呢？⑤什么事使你不敢指控违规者？⑥有什么困难？⑦公司里有能够主持公道的人吗？⑧假如其中一个违规者是你的朋友，你会怎样做？⑨你有什么提议令公司的规章制度更加完善？

● 阶段三

1. 阶段特征

只要秉公执法，处理及时，就可令受罚之人不会因此心存不满。一套合理的制度，可以使人在工作中发挥更大的积极性。

2. 历史故事

诛杀胡党，撤销丞相

胡惟庸案是明初四大案之一，牵连极广，虽然很多人被无辜牵连，但核心人物胡惟庸却是罪有应得。胡惟庸是明朝的开国功臣，1377年，在李善长的推荐下成为丞相。虽然深得朱元璋的宠爱，但胡惟庸也渐渐骄傲跋扈起来，做下许多不法之事，甚至结党营私，心怀异志。终于，忍无可忍的朱元璋下令彻查胡党，在众多铁一般的证据面前，胡惟庸只能承认罪行。

之后，朱元璋为了避免丞相权力过大威胁皇权，决定改良历史沿袭下来的制度，撤销了丞相一职，将事务交由六部管理，建立起来一套新的统治制度。

3. 实现方法

①不要因为受罚而失去斗志，要努力改正；②不要为合理的受罚而心生怨恨；③多学习，犯错的机会就会减少。

4. 日省吾身

①你有没有愤愤不平呢？②你的心态如何从埋怨过渡到平静呢？③你如何看待处罚呢？④犯错是否可以避免？⑤你在犯错后学到了什么？⑥如果受到应有的惩罚，应该如何面对？⑦有没有在错误中得到启发？⑧你会如何避免再犯同样的错误？⑨是否会提出一些意见？⑩你最想说的一句话是什么？

● 阶段四

1. 阶段特征

当需要执法的时候，因为制度未曾健全，需要时间来修正，因此执法出现阻碍。谨记要留意自己的行为，虽然在困难之中，仍要坚持正义。

2. 历史故事

坚守正道，推广法制

朱元璋是一个很聪明的人，他知道，只有让老百姓都懂得了法律，才会遵守法律。但那个时代的老百姓接受教育的程度普遍偏低，下发法律条文，老百姓根本就看不明白。于是，朱元璋想到了一个好办法。他将法律条文编写成了一个个真实的案例故事，用讲故事的方法让老百姓读懂法律，于是就有了《大诰》一书。这也算是在困难重重之下，朱元璋治理国家、推行法制的一个创新吧。

3. 实现方法

①以身作则，用实际行动弥补规章制度的不足；②端正态度，维持正义；③制定一套可行又有效的制度。

4. 日省吾身

①以身作则有没有难度呢？②以身作则需要什么条件呢？③有什么阻碍你维护正义呢？④为了维护正义，你会做什么？⑤现行的制度中，哪些需要立即改善呢？⑥执法过程中出现过什么问题？⑦有什么阻碍制度的改善呢？⑧你会如何面对阻碍你维护正义而执法的事情？⑨你将会在何时修订规章制

度？⑩什么时候最适合颁布新的制度？

● 阶段五

1. 阶段特征

有时迫于形势，你不得不使用法律对待人。虽然如此，仁的本性没有从你的身上离开，刚柔并济，才是领导者应有的手段。

2. 历史故事

心系百姓，整顿吏治

围绕着朱元璋虽然有许多故事，比如屠戮功臣，又比如用刑过重，但总的来说，他对于自己统治下的百姓还是十分在意的。自从当了皇帝后，朱元璋就知道，只有百姓生活稳定了，他的江山才能稳定。于是，他勤政节俭，每天早饭只有一道蔬菜和一道豆腐，自己睡觉的床铺也和百姓无异，他甚至还命人在宫中开垦了一片荒地，用来种菜。他的所有努力，都是希望自己能起到一个带头作用，让百官知道自己心系百姓，从而用心辅佐他治理国家。

3. 实现方法

①恩威并施，对付不法之事不要手软；②不要因为同情而放手，要依法而行，以儆效尤；③励精图治，大展身手。

4. 日省吾身

①感情会不会影响你做决定？②有时候，为了维护正义，可能会惩罚弱小，你会怎么做呢？③有什么事你是要立即做的？④你身边有没有不法之事发生？⑤面对不法之事，你会选择劝导还是惩罚？⑥你有没有按规章制度办事？⑦你是否会姑息纵容不法之人？⑧有没有一些人是你不敢判决的？⑨当遇到不知如何判断的事情时，你会如何做？⑩你要如何以制度来改善现在的环境？

● 阶段六

1. 阶段特征

以身试法，行不义之事，最后一定会面对严重的惩罚。这不仅是对自身犯错的惩罚，也是提醒别人不要再犯的告示。

2. 历史故事

严惩贪官，动用极刑

朱元璋认为，要治理贪官，必须用重刑，这样才能起到以儆效尤的作用。于是，他不仅鼓励百姓举报贪官，还对贪官使用包括抽筋、挑膝盖、斩手脚等恐怖的刑罚。据说，在很多官衙门口，都会有一个内部填充稻草的人皮，那是曾经在任的贪官，被朱元璋下令剥皮后置于衙门示众，从而威吓后来当官的人，警告他们不要贪赃枉法，否则这就是他们的下场。

3. 实现方法

①提高警惕，不要胡乱行事；②多加观察，学习规章制度，留意自己是否犯错；③以开明、包容的心态聆听其他人对自己的意见，留心有没有做错了的事。

4. 日省吾身

①你是否会留意自己的言行呢？②你最近有没有犯错呢？③有没有做过不合法的事？④有没有人对你说，你的做法有问题？⑤你如何聆听别人的意见？⑥你对现行的制度有多熟悉？⑦如果出现了问题，你会有什么感受？⑧有人说你错了，你会有什么感受？⑨有什么事会令你铤而走险？⑩为了利益而违规，值得吗？

要点总结

①建立规章制度，惩治歪风邪气；②恩威并施，不姑息养奸；③留意自己的行为，以身作则；④多听取别人的意见，加强自身学习，不致犯错。

第二十二章　优　雅

总体特征

这一时期是完美的美学上的平衡。你此刻的境界是"优雅"的，这无处不在的优雅带来的是内心的欢愉、思维的清晰和心灵的平静。在这特别的时刻，从超凡的角度去审视你所处的环境会让你看到完美世界的可能性。但这完美只是现实的理想化，不要试图人为地去影响它，也不要做任何重要的决定。

你的社交世界会伴随着浮华与奢侈，你会更加注重形式而非内容、外表而非内在。现在这优雅平衡的时刻所带给你的启示是无法持久的，且这些启示只适用于装饰现在这一时刻，不应用来决定你的将来。在理想化的美丽和优雅里是蕴藏着潜在的危险的。

在世俗事务中，继续保持你一直以来的原则，你可以利用这一时刻去提升你在商业或权力中的地位。但不要急于做影响深远的决定，只用这"优雅"的时刻去提升自己的公共关系和公众形象等方面即可。

你的人际关系会表现为极端的理想化。你对于爱的唯美的欣赏会影响你对生命其他所有地方的看法。这没有错，但你要明白你现在看到的是最理想化的表象，而日常生活定会带来某些失望，虽然在任何关系里，追求优雅完美的感受都是好的，但这并不是婚姻或感情的基础。

在自我修为和自我表达方面，此时是丰盛的时刻。那些从事艺术或创作的人，会发现他能够从工作中获得极大的满足感。这也是充满灵感的时期，就好像整个世界都静止了，却有无限的意念在流动，这时的创作好像是上天赐予的灵感。要好好享受这一时刻带来的欢愉和好运，但这体验不应用作改变将来的基础。相反，你可以在此时思忖完美，让自己在这罕见的优美的平静中忘记自我。

总体而言，此时是单一、独立的时刻，在你所探讨的问题上，你可能会体察到真正的完美，但这未必与现实相协调。你现在身处理想化的幻想当中，无论你的感觉是多么的真实，都要谨记幻象是不会实现的。上天只是让你看到闪耀的星光，却永远无法触及。

进阶教程

● 阶段一

1. 阶段特征

现在的环境并不适合你的发展，勉强博取关注只会令人反感，此时最佳的做法，就是回到自己的本职工作中，尽力做到完美，建立良好的"形象"，获取他人对你的认同，等待真正可以出击的时刻。

2. 历史故事

言辞滑稽，内藏锦绣

在司马迁所著《史记》中，有一篇《滑稽列传》，其中有一位广为人知的人物，他就是汉武帝的近臣东方朔。东方朔虽然以言辞滑稽可笑著称，但实则是一个胸藏锦绣文章、为人正义多智的人物，不仅在为政举措上多次进谏汉武帝，在文学上亦有《答客难》《非有先生论》等名篇传世，著作颇丰。

3. 实现方法

①需要坚守自己的本职工作；②寻找未来的发展方向，并学习充实自己；③需要保持谦卑的态度。

4. 日省吾身

①你对自己的形象有何评价？②有没有人对你的形象提出意见？③有什么事情是被你忽略的？④有没有可以供你学习的榜样？⑤要得到别人的认同，关键是什么呢？⑥你是否过于追求表现自己？⑦有什么事情是现阶段最不应该做的呢？⑧有什么地方会令你的形象分数大减呢？⑨1—10分，你觉得自己在同事中的形象值多少分？⑩如果有人认为你越权，你会如何处理？

● 阶段二

1. 阶段特征

现阶段是修饰的时期，要尽力表现自己的好习惯，同时隐藏不良的习惯，如此别人才会对你刮目相看。虽然我们不提倡当面一套背地一套的两面派，但若不懂得适当地"隐"和"扬"，到最后必会招致失败。

2. 历史故事

隐藏自我，逢迎君主

东方朔有一颗建功立业的雄心，又逢汉武盛世，于是极力想要施展一番拳脚。然而，胸怀天下的东方朔却由于没有门路，无法进入汉武帝的统治核心，雄心壮志也无从施展。

于是，东方朔想到了一个方法，他给汉武帝写了一封自荐信，这封信真可谓洋洋洒洒，用了三千片竹简才写完。在信中，东方朔声称自己十三岁开始读书，十五岁学习剑术，十六岁学会《诗》《书》，十九岁学习兵法，如今二十二岁，身高九尺三寸，双目炯炯有神，像明亮的珠子，牙齿洁白整齐得像编排的贝壳，勇敢像孟贲，敏捷像庆忌，廉俭像鲍叔，信义像尾生。东方朔的自荐信很快引起了汉武帝的注意，于是命令他在公车署中等待召见。东方朔向着自己的理想迈出了第一步。

3. 实现方法

①需要加强良好的习惯；②需要减少不良的习惯；③懂得隐藏自己的不足，表现最好的一面。

4. 日省吾身

①有什么习惯是现在不应当展露出来的？②有什么良好的习惯可以帮你树立形象加分？③谁可以给你最合适的评语？④若有人说你过度修饰自己，你会如何应对？⑤有没有为自己的形象订立目标？⑥为了建立良好的形象，有什么事今天就要做的？⑦你如何让别人从你的良好习惯中获益？⑧有人认同你的良好行为吗？⑨既然天性是天生的，你会如何在后天加以改善呢？⑩谁会是你最合适的指导？

● 阶段三

1. 阶段特征

因为修饰的作用，取得了别人的信任及支持，从而获得较大的权力。但谨记"金玉其外败絮其中"的古语，内在的不堪终会被人发现。既然"形象"已经令人接受，现在正是建立"品质"的时刻。

2. 历史故事

讽谏上林，有理有据

汉武帝是一个好大喜功的皇帝，平常很喜欢狩猎，于是想在帝都附近修建上林苑，以供自己消遣。但是修建上林苑一定会侵占百姓的良田，动用大量民力，浪费巨额财富。东方朔于是进言，说如果大动土木并不是富国强民的方法，只供一人娱乐，却苦了天下百姓。之后又列举了殷纣王、楚灵王、秦始皇大兴土木导致天下分崩离析的例子，终于说动汉武帝回心转意，打消了修建上林苑的念头。

3. 实现方法

①明白"满招损，谦受益"的道理；②需要提升个人的品格及内涵；③需要时刻检视己身，寻找可以改进的地方。

4. 日省吾身

①如何建立内在的品格呢？②有没有需要建立的个人品格？③你对自己的品格有何评价？④有没有人可以为你提出中肯的意见？⑤当要真正做出品格上的改变时，你认为会遇到什么困难？⑥你会如何解决这些困难呢？⑦过程中最要谨慎小心的是什么？⑧对自己内在品性的建立，你有什么目标？⑨有什么话，可以在你困惑的时候，给予你最大的支持呢？⑩与同事相处时有什么是你忽略了的呢？

● 阶段四

1. 阶段特征

现在已经是适合发展的时候了，要尽力把握，尽展所长，实现理想目标的日子已经不远了。

2. 历史故事

戏谑巧言，成为近侍

东方朔知道想要在政治上大展拳脚，首先要留在汉武帝身边，于是他将风趣作为外衣，将自己包裹起来，成功赢得了汉武帝的欢心。比如当初待招公车署的时候，一直没有接到皇帝的召见，于是他心生一计，告诉皇帝宠爱的侏儒，说皇帝要杀死他们，侏儒赶紧跑到汉武帝面前哭诉求情，汉武帝问明原委，叫来东方朔，问他为何欺骗侏儒。

东方朔说道："我身高九尺，这些侏儒只有三尺，可我和他们的俸禄却一样多，您总不能撑死他们，而饿死我吧？如果您不想重用我，不如让我回家种地，也能吃饱饭呀。"汉武帝听后哈哈大笑，便把东方朔留在了身边。东方朔用自己的机智，让自己成功成为汉武帝的近臣。

3. 实现方法

①需要认准时机，主动出击；②懂得返璞归真，明白内心的清明，比外在的表达更重要；③谨记以往所学到的事情，并加以运用。

4. 日省吾身

①现在的行动计划是什么？②现在是不是一个最好的时机？③令你坚持前进的信念是什么？④遇有进展，你会对自己说什么？⑤你应如何运用以往所学到的知识？⑥你目前的愿景是什么？⑦有什么事情会令你停滞不前呢？⑧有什么事情会加速你前进呢？⑨在过程中，有什么事是你不可忘记的呢？⑩如何才能保持内心的平静，不被外界影响呢？

● 阶段五

1. 阶段特征

通过持续的品格操练，个人的修养内涵变得丰富，为人处世变得返璞归真。虽然有时会因直率的表达被人误解，但因为拥有良好的品格，仍不致损害个人。

2. 历史故事

汉武帝有一个姐姐隆虑公主，临死前曾经让汉武帝答应她，如果她的儿子犯死罪，可以用黄金千金、钱一千万来抵消死罪，汉武帝答应了她。后来公主的儿子果真犯了死罪，汉武帝让官员依法判处其死刑，但又因为自己对过世的姐姐食言而闷闷不乐。

东方朔看到汉武帝不开心，便举着酒杯向汉武帝祝贺。汉武帝正在气头上，看到东方朔的举止，就更加生气，转头离开了。到了傍晚，汉武帝稍微消了消气，叫来东方朔问道："你今天为何要祝贺我？"东方朔说："按照五行的说法，悲伤的情绪会对身体造成不好的影响，甚至影响寿命。而酒是消愁之物，所以我用酒来为您祝寿，同时祝贺您刚正不阿，将法律置于亲情之上，这才是君王应有的行为。"

东方朔的一番话终于解开了汉武帝的心结，让他知道在这件事情上，他的处理方法是正确的。汉武帝命东方朔担任中郎之职，并赏赐了许多物品给他。

3.　实现方法

①留意自己待人处事的方式；②待人需有合宜的表现；③接受他人对自己善意的批评。

4.　日省吾身

①有没有人对你的行为做出评价？②你好心帮忙却被人误会时，你会如何面对？③你认为自己是"海纳百川，有容乃大"的人吗？④如何改善才是最好的方法？⑤你还有什么品格或行为需要学习？⑥如何分辨善意或恶意的批评？⑦自己在品格上还有没有发展的方向？⑧距离优雅的境界还差什么？⑨谁可令你有新的启发呢？⑩要如何做出直率与合宜的做法？

● 阶段六

1.　阶段特征

发展到现在的阶段，品格修养已达到极致，"形象"对你已经不再重要，也无须再做修饰，事情的好坏已无法影响你的心情。此时你的心情与自然浑然天成，再也分不开。

2.　历史故事

一反常态，临死善言

东方朔以言辞戏谑、机敏多智赢得汉武帝的欢心，很多事情上都对他言听计从。这一天，东方朔突然一改自己的往日形象，对汉武帝说道："《诗经》里曾经这样说过，'飞来飞去的苍蝇落在篱笆上，慈祥善良的君子不要听信谗言。谗言不停止，四方便不会安宁。'我希望您能够谨记这些话，远离谗言。"

汉武帝说道："为何你今天说话如此正经？这不是你往日的风格啊？"

东方朔说道："鸟到死的时候叫声特别悲哀，人到死的时候言辞非常善良。说的就是这个道理。"

不久，东方朔就去世了。他一生中用戏谑的言辞接近汉武帝，一有机会便直言进谏，在修筑上林苑一事上体恤百姓，在昭平君一事上称颂汉武帝公正执法，为汉武盛世尽了自己的一份力量。

3. 实现方法

①留意自己的行为和态度；②以"品格"重新塑造"形象"；③以真诚的心待人。

4. 日省吾身

①有哪些因素是你不能控制的？②你可以从哪些方面营造"形象"？③你还有什么需要注意的地方？④你要立刻停止和戒除的是什么？⑤怎样才能知道还有哪些方面有待改善呢？⑥你有什么地方最容易令人反感呢？⑦一个优雅的人应该如何待人呢？你现在符合条件吗？⑧你最要提醒自己不能触犯的是什么事情？⑨最大的阻碍是什么？⑩如何让对方感受到你的真诚？

要点总结

①学习建立"形象"及"品格"；②不要过度表现自己，需要谦卑处事；③懂得返璞归真，明白内心的清明，比外在表达更重要；④有一颗真诚待人的心。

第二十三章　衰　落

总体特征

在这一时期，差不多所有的情况都在恶化。小人完全控制了局面，有操守的人无法施展所长，只能眼看着"衰落"的情况慢慢恶化，直到它自动消失，迎来转机。

在政治和权力事务中，这是衰落或被推翻的时期，因为有太多无实力的小人把持着权力的位置。在中国漫长的历史中，新陈交替、盛极而衰的剧情反复上演。《周易》说："君子尚消息盈虚，天行也。"此时，你不要逆水前行，最好的策略是等待黑暗时期过去，宽宏地向周围的人提供帮助，借以保护自己。

在经济和商业事务中要小心谨慎、三思而后行。可能的话，不要做任何努力去争取你的利益，你只会将自己带入困难甚至是灾难的险境之中。现在的时局被没有远见的人操纵着，你只能等待，直到情况有所转变。在这一时期，你应明哲保身，保护自己现有的位置和利益。用善心待人，巩固你和下属的关系。当你在等待时，这会为你建立起稳固的根基。

在人际关系中，这是困难的时期，难以进行有意义的沟通。在与人交往时，低调的态度会助你避免误会。如果你与某人的关系出现分歧，这时候也不易进行修补。现在要保持冷静与平和，如果可以，要慷慨地支持你亲近的人。当情况好转时，你便会发现你很好地保持和巩固了你和他人的关系。

因为环境不如意，你的健康状况和个人修为也不太好。外在的努力无法令这一"衰落"的自然循环完结，只有时间可以。明智地保养你的身体和精神，去接受此时此刻，找寻当中的智慧。

当情况不在你的控制范围之内，你的利益亦不在被考虑的范畴之中时，以善心待人才可坚守和保持你的位置。如果说这种情况下还有出路的话，便在于你顺从的态度。

进阶教程

● 阶段一

1. 阶段特征

侵蚀往往是难以被发觉的，通常是从不起眼的地方开始，但星星之火可以燎原，若不及早消除，纵容它们增长，一旦爆发出来，会带来强大的"破坏"，等到那时才面对就已经太迟了。

2. 历史故事

盛极而衰，祸患滋生

郭子仪，唐代著名军事家、政治家。郭子仪最为人称道的功绩，可能就要数平定安史之乱了，不过这个导致盛唐衰败的军事叛乱，其深层次的原因却是唐王朝日积月累的腐败。

事情还要从唐玄宗李隆基所谓的开元盛世说起。虽然开元盛世被称为继李世民贞观之治后，唐朝最著名的盛世，但在其华丽的外表下，却已经出现了隐患。沉迷于盛世的李隆基享受着万人的称颂，逐渐变得贪图享乐，将政事交与李林甫和杨国忠，导致了吏治的腐败。而李隆基好大喜功、穷兵黩武，更是让唐朝国库空虚、边镇将领坐拥重兵，这就为后来的安史之乱埋下了祸根。

3. 实现方法

①留意周边的人和事，学会细心分析及了解；②及早清除潜在的危机；③不要放松警惕，沉醉于当下的境况。

4. 日省吾身

①有什么危险是难以被察觉的？②现在的隐忧是什么？③现在可以阻止的是什么？④制度中存在什么漏洞呢？⑤应该怎样制订制度，才可免却后患？⑥有没有事情是过于乐观的？⑦有没有一个危机管理系统？⑧当危机来临时，有没有后备计划可以做出紧急处理？⑨如何有效预防危机发生？⑩预期可承受的破坏程度是多少？

● 阶段二

1. 阶段特征

"破坏"的出现，往往与享乐有千丝万缕的关系。因为自己不加防备，小人或危机就会悄悄逼近。现在要做的，就是留意身边的人和事，不要让自己变得麻木。

2. 历史故事

小人用事，名将兵败

安史之乱爆发后，唐玄宗启用郭子仪平定叛军，郭子仪先是在今山西境内连破叛军，之后转战河北，击破叛军首领史思明部，河北各郡县也斩杀叛军守将，响应郭子仪，平叛形势一片大好。

然而，就在这样的形势下，郭子仪的后方却出现了问题。原来在郭子仪于山西、河北大破史思明的时候，唐朝另一名将哥舒翰在潼关坚守，采用坚守不战的策略，与安禄山的叛军对峙。谁知唐玄宗听信杨国忠的谗言，催促哥舒翰出战，哥舒翰无奈进军，终于兵败被俘，潼关失守。这次战斗的结果，就是唐玄宗逃往蜀地，太子在灵武即位，是为唐肃宗。

3. 实现方法

①客观分析现在的人和事；②懂得在舒适的环境中抽身思考；③寻找一个新的目标，并为之努力。

4. 日省吾身

①有没有经常的检查制度呢？②你会注意到环境的变化吗？③有没有察觉到小人出没的迹象？④如何避免堕入自大的心态呢？⑤怎样做到谦虚务实的态度？⑥有没有过于追求享乐呢？⑦现在有什么工作是不可拖延的呢？⑧你认为自己现在是否尽忠职守？如何才能做到呢？⑨你认为自己对工作有多积极进取呢？⑩有没有制订行动计划？

● 阶段三

1. 阶段特征

此时应该保持个人头脑的清醒及坚守个人的原则，要明白在黑暗时期明哲保身并不是问题，只要做事问心无愧，合乎良心及制度所限即可。

2. 历史故事

奸臣进谗，兵权被夺

唐肃宗即位后，继续任命郭子仪平定叛乱，郭子仪也连战连捷，先后收复了长安和洛阳，甚至俘虏了敌军主帅安庆绪的弟弟安庆和。然而，天有不测风云，在邺县的一次交战中，突然狂风大起，天昏地暗，大树都连根拔起，双方军队纷纷溃散，郭子仪只能收拾部队，返回河阳暂驻。

此时，一向与郭子仪不睦的太监鱼朝恩趁机发难，将这次兵败的原因都推给了郭子仪，并反复在肃宗面前进献谗言。鱼朝恩是肃宗的心腹，因此肃宗听信了鱼朝恩的谗言，招郭子仪回京，剥夺了他的兵权。

回到京城的郭子仪闭门不出，虽然他知道是小人在背后使坏，但出于大局考虑，仍然不露怨言，忠心于朝廷。

3. 实现方法

①做事合乎制度，不偏私；②不应结党，排斥异己；③时刻保持清醒和警觉。

4. 日省吾身

①如何保持端正的态度？②有哪些事情，是要小心处理的？为什么？③有哪些人特别容易惹上是非，为什么？④有什么事是难以分辨是非的？⑤你会如何避免自己陷入两难之中？⑥你有没有做过令自己后悔的事？⑦有什么行动是最容易陷入灰色地带的？⑧有没有一件事会令你冲动犯错？⑨面对权力腐败，如何明哲保身？⑩怎样做才可以避免过分享乐？

● 阶段四

1. 阶段特征

危机已经直逼眼前，对自身有着直接伤害，此时千万不要逞强对抗，而是应该暂避锋芒，延缓并减少其造成的伤害，等待时机扭转局势。

2. 历史故事

屡遭谗言，小心应对

郭子仪交出兵权后，叛军气势复盛。肃宗迫不得已，于762年再度启用郭子仪。不久肃宗病死，代宗即位，宦官程元振又离间郭子仪与代宗的君臣关系，郭子仪第二次失去兵权。郭子仪回京后，将肃宗所赐诏书一千余件呈送给代宗，以此表明自己一片忠心，代宗看完十分惭愧，对郭子仪说道："从今往后，我绝不会再怀疑你了。"

之后虽然鱼朝恩和程元振仍然不时有谗言，但郭子仪的地位已经逐渐稳固，这些谗言对他的伤害也变得越来越小。

3. 实现方法

①事先筹备将会面对的挑战；②在现有的状况中保持坚忍的心态；③隐藏任何企图反击的雄心壮志，等待时机。

4. 日省吾身

①现在所面对的困难是什么？②当危及己身的时候，你会怎么做？③有哪些事情是现在必不可做的？④现在采取什么行动是最合适的？⑤当要放弃的时候，你会如何选择？⑥什么时机最适合行动呢？⑦有没有危机管理系统？⑧有什么人是需要小心应对的呢？⑨你最需要留意的是什么事情？⑩应于何时拟定未来的行动计划？

● 阶段五

1. 阶段特征

此时的环境中，"破坏"已经开始瓦解，"生机"正逐渐显露，即使危机仍在，威力也已经大不如前，过往的等待换来现在有足够的能力驾驭时局，此时正是准备出击的好时机。

2. 历史故事

乘胜追击，再复长安

吐蕃趁着安史之乱，唐朝无暇他顾之时，出兵进犯，直抵长安。代宗命郭子仪前去抵挡。免去后顾之忧的郭子仪再次率兵出击，他先是只身前往回纥营地，责以大义，瓦解了吐蕃的援兵。之后与回纥连兵一处，共同出击。吐蕃军队见势不妙，主动退出长安，郭子仪就这样再次收复了唐朝的首都长安城。

3. 实现方法

①拟定计划方针；②找出可行的方案；③经常锻炼己身。

4. 日省吾身

①现在的目标是什么？②如何制订方针计划？③计划中应包含什么事项？④现有的资源是什么？⑤怎样行动会比较合适？⑥有什么危机是今天就应该解决的？⑦怎样判断开始实行计划的时间？⑧什么时间是最合适的？⑨有什么资源是必需的？⑩如何做才会在过程中偏离目标？

● 阶段六

1. 阶段特征

当"天时"与"地利"都合适，"人和"就是现在所欠缺的重要因素。能将自己所得的奖赏及功劳与别人分享，以获取别人的支持，这样必可完全瓦解"衰落"的势力。

2. 历史故事

大肚能容，化解敌意

史书上说，郭子仪功高盖主，却能做到君主不疑；穷奢极欲，却能做到善始善终。那么，郭子仪为何能做到这些呢？其中的关键就在于郭子仪能做到"人和"。郭子仪十分能忍，甚至面对小人的极端挑衅，他也能为了大局着想，做到息事宁人。

在郭子仪抵御吐蕃军队时，恨透了他的鱼朝恩命人刨了其父亲的坟地。后来郭子仪得胜归来，皇帝亲自接见，但心里也忐忑不安，怕手握重兵的郭子仪为了父亲坟地的事情与朝廷为敌。谁知郭子仪却对皇帝说："我身为主帅，也无法约束手下士兵盗墓，如今自家祖坟被挖，也是报应啊，我又能有什么怨言呢？"就连鱼朝恩也暗暗佩服郭子仪的度量。正是如此，郭子仪才躲过了政治上的腥风血雨，最终得了个善终。

3. 实现方法

①不贪功急进，学会分享；②时刻检视目标是否正确；③适当使用权力，谨记责任。

4. 日省吾身

①此时有什么事是需要立即处理的？②如何保证目标正确？③一个长期及有效的目标是什么？④如何运用已有的资源？⑤什么人能够为你提供帮助？⑥有什么事情是需要按部就班进行的？⑦当下你最需要的支持是什么？⑧有没有将目标放在当眼处？⑨如何提醒自己，不至于目空一切？⑩有没有尽力与他人建立良好的关系呢？

要点总结

①留意周围的环境，谨记沉迷享乐往往是危机的根源；②加强自身的洞察力；③懂得在危机中忍耐，伺机出击；④工作与享乐皆重要，要懂得掌握平衡。

第二十四章　回　复

总体特征

在此之前，你已经经历过一段漫长与沮丧的时期，你的整个人生好像都在停滞不前。而现在，你开始"回复"到另外一个循环的起点，一段重新成长的路径逐渐展现在你的面前。虽然此时的你急切地想要将自己的计划付诸实践，但切记现在只是事情的开始，不要急进，要配合着事情发展的节奏前进和改善。事情总会有好转的时候，就仿佛寒冷的冬天即使再漫长，也会迎来初春一样，这是自然的规律。你无法催促四季交替快些进行，因此也不能催促生命的循环加快节奏。与此相反，此时你应该做的是保留好自己的精力，因为你需要它们去应付新的循环展开后即将到来的改变和无可避免的复杂情况。在这一时期，你要让自己配合着事情发展的节奏，不断调整自己，让自己在新的环境里找到一个舒适的位置。

在这段时期，你可以聚集起有共同思想的人，建立共同的目标。可能在之前很长一段时期内，你的社交生活都是停滞不前的，但此时情况已经开始好转。但此时你要格外小心，不要采取过于激进的行动，不要因为看到情况好转的迹象便立刻行动，试图成为社交生活的中心人物。谨记，在新的循环开始时，你需要足够的休息来巩固你的力量。

此时，你可能对自己的某个人际关系有了新的观点和维护方法，从而使它得以更新。但如果这段关系没有牢固的基础，你处理时就要小心了，警惕随时可能会出现的意外，很可能这段关系之所以不巩固，正是与你的个性有关。如果你对此还不太肯定，那就要好好地思考一下了。新的开始，亦代表旧的完结。回首前段已经完结的历程，曾经那些不能接受、令你迷茫的事情的原因，现在看来很可能就会变得格外清晰了。这段回首来路的过程，其实也正是你反观自己内心的过程，你可以在这一过程中增加自己的智慧。

进阶教程

● 阶段一

1. 阶段特征

每个人都会犯错误，无人可以避免。对待错误的最佳方法，就是明晰错误发生的缘由，尽早改正。真正"完满"的人生，就在于懂得迷途知返。

2. 历史故事

迷途知返，苏秦刺股

苏秦，字季子，战国时期著名的纵横家、外交家，河南洛阳人。早年的苏秦与张仪一同在鬼谷子门下学习纵横之术，学成后游历诸国，但都没有取得什么成绩，反而花光了积蓄，贫困潦倒。回到家后，家人都看不起他，妻子不给他缝补衣服，嫂子不给他做饭，甚至父母都不把他当儿子看待。

苏秦感叹道："这都是我的过错啊。"于是发奋读书，每当困意来袭时，便用锥子刺自己的大腿，血流至足，终于揣摩出了合纵连横之术，准备凭此游说各国君主。

3. 实现方法

①制订检讨的计划；②有信任的同伴随时提醒自己；③拥有迷途知返的决心。

4. 日省吾身

①你是否经常会为自己制订检讨计划？②有没有定期检讨自己的团队？③有什么地方是必须改正的？④你会如何制订改善方案？⑤有没有同伴与你一同合作？⑥有哪些地方需要继续加强？⑦如何加强这些地方？⑧如何从错误中汲取经验，助己成长？⑨如何按部就班进行改善？⑩以什么心态接受错误？

● 阶段二

1. 阶段特征

当需要变革的时候，就要勇往直前。停留在以往的境地看似安全，却非长久之计。真正感到安全的人，是那些勇于改变的人。

2. 历史故事

勇于改变，调整目标

学成后的苏秦，第一个游说的目标是周显王。但由于苏秦本就是洛阳人，因而周显王身边的大臣素知苏秦只能逞口舌之能，所以都看不起他，并在周王面前不断地诋毁苏秦，因而未能赢得周王的信任。

之后苏秦又来到秦国，试图游说秦惠王。但当时秦国虽然强大，但刚刚诛杀变法的商鞅，政局刚刚稳定下来，并不想再次变革，所以苏秦的游说也没有取得成功。

连续失败两次的苏秦总结了经验教训，知道天下苦秦，能够让自己大展身手的地方，应该是山东六国，那里才是自己的用武之地。

3. 实现方法

①切勿安于现状；②对改变抱持开放的态度；③具有分析如何改变的能力。

4. 日省吾身

①你对所处的环境是否感到舒适？②有没有需要改善的事情？③有什么地方是需要马上改善的？④以什么心态接受改善呢？⑤如果做出改变，需要付出什么代价？⑥对于改变所付出的努力，你做好心理准备了吗？⑦是否制订了一个可行的计划？⑧面对即将到来的种种变化，你能够经受得住吗？⑨有什么事情最容易令你沉沦？⑩一个有效的计划应如何执行？

● 阶段三

1. 阶段特征

人总能从错误中吸取教训。无论遇到什么问题，充满信心地面对，以积极的心态处之，一定能从中学到些什么。

2. 历史故事

不言放弃，游说六国

重新订立目标后的苏秦首先来到赵国，之后又到了燕国，在这里终于见到了燕文公，献上联合赵国、对抗秦国的策略，被燕文公采纳，并被资助出使赵国。苏秦到了赵国，帮助赵肃侯分析了天下局势，提出韩赵魏联合对抗秦国的计策，深得赵肃侯的赞同。

之后，苏秦又分别前往韩国、魏国、齐国、楚国，在周游了六国后，终于实现了自己合纵联盟的志向，身佩六国相印，被六国君王命为从约长。

3. 实现方法

①面对失败不要沮丧，切记"失败乃成功之母"；②积极面对困难，寻找可行的改善方案；③永不言弃，充满信心。

4. 日省吾身

①如何接受失败？②是否还有其他可行的改善方案？③你是否目空一切、不知悔改？④有没有人指出你所犯的错误？⑤怎样增加自己的信心？⑥如何制订一个有效的计划？⑦你最容易忽略什么事情？⑧你会如何保证自己不再犯类似的错误？⑨你如何能够意识到自己缺乏信心？⑩你能承受的最大的挑战是什么？

● 阶段四

1. 阶段特征

不要轻易放弃自己的初心，也不要因旁人的讥讽或不理解而丧失信心。不要怀疑自己，不去理会旁人的恶言恶语，只要有足够的信心和毅力，你就会发现自己正走在通往成功的道路上。

2. 历史故事

衣锦还乡，威震秦国

合纵成功后，苏秦从楚国朱上回到赵国，途中经过家乡洛阳，当时苏秦带着六国君主送的财物、人众，车马行李颇多，堪比君王出游，十分气派，引得路人纷纷前来观看。周显王得到消息，连忙派人到郊外迎接他，那些曾经看不起他的亲戚也都前来迎接，匍匐在地，不敢仰视。苏秦不禁感叹道："同样的一个人，富贵时被亲戚敬畏，贫贱时为亲戚蔑视，这就是世态啊。"

之后，苏秦将六国的合纵书送交到秦国，秦国大恐，从此十五年不敢出兵函谷关。崤山以东的六国也迎来了暂时的安定。

3. 实现方法

①学会自我激励；②坚信自己的方向；③懂得平衡意见及己见。

4. 日省吾身

①怎样分辨对方的意见是否真诚呢？②面对旁人的嘲讽，你会如何自我激励？③你最不能接受的是什么？④自我激励的最有效的方法是什么？⑤改变不是一朝一夕的事情，你会如何使自己坚持下去？⑥在改变的过程中，什么是你最不能放弃的？⑦在你最困难的时候，什么人的支持对你最重要？⑧对于自己的持久力，你有何评价？⑨现在的行动是按计划而行的吗？⑩你有没有为改变定下时限？

● 阶段五

1. 阶段特征

天时地利人和，必须相协调才能达成目的，勉强发展是不合时宜的。现在你需要修改自己的目标，重点不是能够获取多少成就，而是如何才能符合现在的形势，做出适当的选择。

2. 历史故事

联盟破裂，暂居燕国

虽然六国迎来短暂的稳定期，但毕竟是六个国家，人心不齐，联盟的裂痕也逐渐加深。齐国与魏国一起攻打赵国，赵王因此责备苏秦，苏秦被迫离开赵国，前往燕国，六国联盟就此瓦解。

之后齐国又趁着燕国国丧，攻打燕国，夺取了很多城池。苏秦受燕易王之命出使齐国，见到齐王，先行祝贺之礼，后行哀悼之礼。齐王不解，苏秦说道："我听说人饿的时候也不会去吃有毒的食物，因为吃得越多，死得越快。如今合纵已经瓦解，燕国新君的妻子是秦王的公主，您今天攻打燕国，明天燕国与秦国的联军就将攻打齐国，所以我向您哀悼。"齐王听完后大惊，马上将攻占的燕国土地还给了燕易王，苏秦也就此在燕国站稳了脚跟。

3. 实现方法

①分析形势，做出适当的选择；②切记锋芒毕露，急于求成；③调整心态，勇于寻找新出路。

4. 日省吾身

①你是否好好积累了个人的资源呢？②一个好的选择应该包含什么因素？③怎样才能保持不急不躁的心态呢？④你现在最需要的支持是什么？⑤如何找到更好的时机？⑥现在是否是最合适的时机？⑦是否还有更好的发展方向？⑧有什么事情是应该马上停止的？⑨有什么事情是必不可少的？⑩现在最需要的是什么？

● 阶段六

1. 阶段特征

当事情的走向越来越不明朗的时候，个人需要更加敏捷及清晰的思维，才能不被时局所迷惑。人很容易被眼前的事物所蒙蔽，所以要多听取别人的谏言，从中获得启发，消除阻碍进步的盲点，达成更加高远的目标。

2. 历史故事

惑于名利，身死齐国

苏秦为燕易王要回被齐国侵占的土地后，深得燕王的信任。但奈何不断有人在燕王耳边说苏秦反复无常，是个奸险之徒，燕王便收回了苏秦的所有官职。此时的苏秦已经是名利双收，完全可以无忧无虑地度过自己的后半生，但惑于名利，苏秦不甘心就此离开政坛，再次游说燕王，再次赢得燕王的信任，恢复了官职。

然而，苏秦并未就此收手，反而与燕王的母亲私通。后来燕王知道这件事，非但没有怪罪他，反而待他更加优渥。苏秦怕被杀害，劝说燕王让他出使齐国，燕王同意，苏秦就这样来到人生的最后一站。当时齐国众大夫怕苏秦游说齐王，最终派人刺杀了苏秦。一代谋略家就这样走完了自己的一生。

3. 实现方法

①客观分析现在的处境；②多多听取别人的意见；③时刻准备接受挑战。

4. 日省吾身

①怎样做才可以时刻保持清醒？②有没有灰色地带需要厘清？③有什么事情是不可信的？④你有没有客观分析现在的状况？⑤现在的环境有什么不明朗的地方？⑥有什么事情是必须要注意的？为什么？⑦有没有什么人可以

请教？⑧什么事情是你难以控制的？⑨阻碍自己的事情是什么？⑩如何才能走出现在的困境？

要点总结

①凡事都要抱有开放的心态，勇于接受改变；②失败乃成功之母，是成功必不可少的磨炼；③不要急于求成，耐心等待时机。

第二十五章　无知，纯真

总体特征

在这一时期，你需要与大自然保持和谐。在进行下一步行动之前，必须先调整好自己，否则很容易犯错。很可能你以为自己精心安排的行动是正确的，完全符合情理的，但结果却是陷入困境与混乱。此时，想要与自然相和谐，就必须使自己保持"无知，纯真"的状态。你应检讨自己的动机，这是问题的根源所在。你此时的行动不应该有强烈的企图心和功利性，而应该是完全正直的。不要期待自己的行为会获得回报，亦不要将利益巧妙地划归自己。用"无知，纯真"的心态做事，对事情做出自发的反应。

想要达到目标，你必须依靠自己的处事原则和内心的诚信，而不是聪明的策略。这种"无知"和即兴的行为非但不会让你失败，反而会给你的生命带来创意，让人觉得你充满灵感和才华，从而增加你的影响力。如果你是教师、领导的角色，那么就利用这一时刻所赐予你的灵感和启示，去启发那些依赖于你的人吧。记住，不要抱着要求回报或提高自己地位的想法，而是和着大自然的规律，自然而然地行动。当你抱着"无知，纯真"的心态时，你就会体验到奇妙的事情在发生！做好心理准备吧，因为事情的发展一定会出乎你的预料。

在你的人际关系中，这种"无知，纯真"的境界可以成为一段令你精神一振的插曲。自发和即兴的处理方式，可以为你带来很多欢愉时刻，而诡计只会带来困惑和灾难。有时，"无知，纯真"甚至会为你的人际关系发掘出新的共同兴趣。

如果你对某个问题还是充满疑惑的，那么即兴的、自发的处理方式会为你带来富有创意、全新的解决方法。

在这一时期，所有发生的事情都不会在你的预料之内，保持一种宽容的态度吧，你会安然度过这一时期的。

进阶教程

● 阶段一

1. 阶段特征

在任何环境中，都要秉公行事，按照规章制度处事。在出现矛盾对立的情况下，正需要有志之士能够站出来，以德服人，化干戈为玉帛。

2. 历史故事

平定宋国，会盟诸侯

齐桓公，春秋五霸之首，而他成为霸主的第一步，便是著名的北杏会盟。

公元前682年，宋国大臣南宫长万杀死宋闵公，宋国大乱。先是南宫长万立公子游为君，宋国几位公子都逃到萧邑。后来萧叔大心借曹国之兵反杀公子游，公子御说即位，是为宋桓公。

宋桓公继位后，臣强君弱，地位很不稳固。公元前681年，齐桓公用管仲之谋，召集宋、鲁、陈、蔡、邾各国国君在北杏会盟，以盟主的身份主持会议，平定宋乱。这是历史上第一次以诸侯身份主持天下会盟，齐桓公公正的做法也为自己赢得了广泛的声誉，迈出了成为霸主的第一步。

3. 实现方法

①持守正道，不任意妄为；②处理事情以公平为原则；③有鉴别力，能够在两难的处境中判断对错。

4. 日省吾身

①怎样提高自己的判断力？②如何才能坚持公平的原则？③有没有人或事能够给你提供指引或参考？④有什么规则和原则是必须遵守的？⑤面对无法分辨是非好坏的情况，你该如何处理？⑥有没有提升个人判断力的方法？⑦你的德行是否能够使人信服？⑧一个合格的仲裁者应该具有什么特质？⑨如何预防坏事发生？

● 阶段二

1. 阶段特征

凡事只着眼于利益，希望所做的每件事都能够有所获益，并不是正确的心态。不必凡事都有目标，尝试释放自己，或许会为自己寻找到另一片天地。

2. 历史故事

一言九鼎，返还鲁地

公元前681年，齐国攻打鲁国，鲁庄公割地求和，于是两国在柯地会盟。原本是一次强弱分明的会盟，却因为一个人改变了形势。在会盟中，鲁国大臣曹沫手持宝剑劫持了齐桓公，要求齐桓公退还侵占的鲁国领土，齐桓公被迫答应。

会盟结束后，齐桓公反悔，想要杀掉曹沫。管仲及时阻止了齐桓公，对他说："杀掉曹沫，吞并鲁国土地，只能逞一时之快，却永远地失信于诸侯。"齐桓公认为很有道理，便依约归还了鲁国的土地。其他诸国看到齐国不因强大而反悔，纷纷依附齐国。齐桓公离自己的霸业梦想更近了。

3. 实现方法

①尝试参与公益事务；②订立与物质无关的目标；③接受物质所带来的限制。

4. 日省吾身

①如果有一件事，做对了只会对别人有益，你会做吗？②对你来说，"牺牲"代表了什么？③你在意精神上的满足吗？④你试过感受物质无法满足的欢愉感吗？⑤你在意所获得的物质利益吗？⑥有什么事情是不需要目标的？⑦当决定做一件事时，你有什么想法？⑧不为名利做事，你会有什么感觉？⑨你距离"无欲无求"的境界还有多远？⑩你对现在的生活还有什么渴求的吗？

● 阶段三

1. 阶段特征

对于很多不好的事情的发生，要学会接受，明晰这并非是你的原因，而是自然规律使然。万事万物之间相互联系、牵引，有的事情是人所无法掌控的，你能够做的，就是以无为之心面对，尽力补救。

2. 历史故事

救燕伐戎，割地予燕

公元前663年，山戎攻打燕国，燕国向齐国求救，齐桓公出兵相助，一直打到孤竹才班师。燕庄公为了感谢齐桓公，一直相送到齐国国境内，这是一个政治错误，因为在周朝，诸侯相送是不能越出国境的。齐桓公发现了这个错误，赶紧补救，说道："我们不能做出违礼的事情，既然规定诸侯相送不能出境，那么我将燕君到过的地方都送给燕君，就不算是违规了。"于是齐桓公将这些土地赠送给燕庄公，并叮嘱他要勤于政事，辅佐周王。诸侯听到消息，都拥护齐国。

3. 实现方法

①坦然面对那些自己无法控制的事情；②接受万物之间相互影响的事实，无须指控到底是谁之过；③学会做出及时应对。

4. 日省吾身

①现在必须要做的事情是什么？②如何避免责怪自己和别人呢？③有什么事情是现在必须马上停止的？④在最近一次的教训中学到了什么？⑤犯错时，你最介意的是什么？⑥你如何才能坦然接受事实？⑦你还有什么是可以学习的？⑧如何积极面对失败？⑨如何预防再发生类似问题？⑩检讨上一次的失败，你今天有进步吗？

● 阶段四

1. 阶段特征

无论你是正处于事业起步的萌芽期，还是已经扶摇直上、到达高位的成熟期，都必须坚持正直的处事态度。这会让你在任何情况下都无往而不利。

2. 历史故事

存卫社稷，称霸诸侯

公元前659年，狄人攻打卫国，卫国国君为卫懿公，他平生喜欢鹤，甚至让鹤乘轩。国人十分气愤，后来狄人来犯，老百姓纷纷说："国君怎么不让鹤去打仗呢。"后来狄人杀死了卫懿公，即位的戴公也是一年而薨。

公元658年，齐桓公击退来犯的狄人，考虑到卫国领土接近狄人，便在楚丘建立新城，立戴公的弟弟毁即位，是为卫文公。

齐桓公不乘人之危兼并卫国土地，反而帮助卫国重立社稷，为自己赢得了很高荣誉，也让其成了诸侯名副其实的霸主。

3. 实现方法

①刚柔并济，不失正义；②秉持自己的信念，不被外界影响；③时刻留意自己的评价。

4. 日省吾身

①怎样才能刚柔并济呢？②有什么信念是不可动摇的？③你要坚守的是什么？④今天你应该做的事情是什么？⑤怎样才能做到不失正义呢？⑥现在的你有什么需要注意的？⑦面对新挑战时，你会如何调整自己？⑧"跟随世俗"与"坚守信念"，两者是否抵触？⑨怎样才能消除矛盾呢？⑩你是否获得支持呢？

● 阶段五

1. 阶段特征

事情的发展未必像你所预料的一样糟糕，现阶段需要你具有审慎的眼光，客观分析事情的因果关系。切忌做出过分的补救行动，这样只会令情况更加恶化。

2. 历史故事

不纳忠言，朝政日败

成为霸主后的齐桓公虽然仍有许多为人称道的建树，但随着年龄的增大，也渐渐变得刚愎自用起来。

管仲病重后，齐桓公问他："易牙能够接替你的位置吗？"管仲说："易牙杀掉自己的孩子来讨好君主，不合人情，不可以接替我。"齐桓公又问："开方呢？"管仲回答："开方背叛自己的亲人来讨好君主，不合人情，也不可以。"齐桓公又问："竖刁呢？"管仲回答："竖刁阉割自己来讨好君主，不合人情，也不行。"

可惜齐桓公并没有听从管仲客观分析后的结论，在管仲死后重用三人，最终导致国政腐败，齐国势力由盛转衰。

3. 实现方法

①掌握客观审慎的角度；②为自己设定一套应对态度；③尝试以不变应万变的心态面对当前状况。

4. 日省吾身

①你有没有需要学习的地方？②怎样做才能获得最优的效果？③有什么事情是现在不应该做的？④有什么事情会破坏当下的平衡吗？⑤你是否有一套危机处理守则？⑥有没有可以改善的方向？⑦改变的速度是否太快呢？⑧怎样才可以用最少的改变获得最大的效果？⑨你是否会反应过度？⑩你目前面临的问题到底有多严重，影响范围有多大？

● 阶段六

1. 阶段特征

你现在所要做的，就是仔细分析当下的环境，了解未来发展的可行性，并且静候良机出现。

2. 历史故事

宠溺五子，国家衰败

老年的齐桓公逐渐变得昏聩，已经无法正确、客观地分析局势，虽然大臣一再建议他确立接班人，但他宠爱五个儿子，久久无法决定到底立谁为嗣。后来五子各树党羽，互相攻打，争夺国君之位，可怜一代春秋霸主，竟然被易牙、开方、竖刁囚禁起来，最后活活饿死，尸体放在床上67天无人照管，甚至尸虫都从窗户里爬出来了。

最后公子无亏夺得齐国君主之位，才将齐桓公的尸体收葬。但无亏只在位三个月，公子昭就在宋襄公的帮助下打败无亏的齐军，无亏也被国人绞死。

3. 实现方法

①用充足的时间准备可行的计划；②学会"以守为攻"的处事方式；③能

够有大格局。

4. 日省吾身

①什么时候才是最合适的时机？②为何现在并不是最好的时机？③有哪些改变需要暂时停止下来？④是否有一个行动的进度表？⑤你拟定目标的根据是什么？⑥现在的计划是否有需要修改的地方？⑦你了解现在所处的大环境吗？⑧你是如何看待未来可发展的时机和环境的？⑨你对自己的忍耐力有何评价？

要点总结

①坚持正义的处事原则；②能够在艰难的情况下坚守原则；③以开明的态度，接受万物之间的联系；④明白"等待"不是"妥协"，而是"反击"前的准备。

第二十六章　潜在力量

总体特征

在这一时期，你已经拥有了储备许久的"潜在力量"，可以进行目标远大的计划。此时，把握时机就显得异常重要，你还要有能力去控制、引导、储备这种潜在力量，为自己带来利益。另外，在实行计划的过程中，你还要不断重新评估自己计划的可行性和价值。

在政治方面，你应该以公众利益为出发点，而非是为了个人的晋升。努力造福于众人，个人的成功也就水到渠成了。

在商业事务方面，也要更倾向于公共利益方面，尤其是那些可以直接令他人受惠的产品和服务，都会为你带来巨大的成功。此时，你已积累下足够的知识和资源，好好运用，创立企业，开展项目，都可以获得成功。但是，要首先确定你的目标和计划是有价值的。这一时期的机遇十分珍贵，不要浪费在一些小项目上。

在社交关系中，你要容忍那些困难的关系，尝试耕耘那些有用的关系。此时，你的影响力能够达到意想不到的领域。你可以用自己的社交技巧，将其他人组织成对大家都有利的社交网络。

你所拥有的精神力量也是庞大的，可以将之使用在与人的正面交流中，建立融洽的关系。只要保持传统、正确的价值观，便可以获得成功。要时时回顾过去的种种，探查自己的感受，为未来的行为指明方向。

这种"潜在力量"也会让你的个人修为精进不少，让你能够清晰地观照自己，获得重要的醒悟，从而改变你的人生。但是，此时的你也要非常小心地释放那些潜在的压力，找一个有经验的，或者曾经拥有成功历史的人给你指引，并将之付诸行动。

进阶教程

● 阶段一

1. 阶段特征

处在萌芽阶段的事物，能够迸发出无穷的生命力。但在这一阶段一定要注意，若要获得更加丰硕的成果，就必须学会暂时"停止"，善于等待时机和隐藏自己，待面前的危机过去，再以一飞冲天之势达成目标。

2. 历史故事

少有异操，爱好山林

陶弘景，字通明，虽然现在他的知名度并不是很高，但在南朝时期，他却是赫赫有名，受梁武帝礼遇，号称"山中宰相"。

陶弘景自幼聪颖，四五岁时就喜欢读书，九岁开始学习《礼记》《尚书》《周易》《诗经》等儒家经典，十岁读葛洪《神仙传》，"昼夜研寻"，开始对隐逸生活有了向往之情。

但是，南朝时期门阀士族的势力仍然很盛，陶弘景没有什么背景，这也就注定了他无法向士族那样一步登天，因此到了17岁，他才以"才学闻名"。

3. 实现方法

①收敛自己，学会自控；②明白"快"并非最佳的发展方式；③以平静的心态面对现状。

4. 日省吾身

①如何妥善地运用现在的形势？②怎样控制自己才是最合时宜的？③要持续获得增长，需要注意什么？④有什么事情是必须要做的？⑤现阶段可能会遇到什么风险？⑥所处环境的发展趋势是什么样的？⑦怎样才能成功地"隐藏"自己？⑧未来可预期的危机将会在什么时候出现？⑨有什么事情是你无法控制的？⑩如何才能避免这些不可控的事情？

● 阶段二

1. 阶段特征

暂时的停止甚至倒退，并不意味着衰败。凡事不应只懂得向前，配合时势，进退得宜，才是现今社会必须要掌握的技能。

2. 历史故事

仕途不顺，心生退意

萧道成称帝后，陶弘景因才闻名，先后被任命为巴陵王、安成王等人的侍读，但那时候门阀士族基本上把持了朝政，寒门出身的陶弘景根本没有进一步晋升的机会，而且被那些士族排挤，备受官场倾轧。到了36岁时，陶弘景仍然只是一个六品文官，不禁让他感叹"上品无寒门，下品无高位"的社会现实。于是，陶弘景渐渐有了隐退之意。

3. 实现方法

①暂缓进度，看清局势；②不要被骄傲和利益遮蔽了目光；③具有创造力，打开机遇的大门。

4. 日省吾身

①你有多少耐心来暂时"停止"呢？②现在必须坚持的是什么？③怎样按照计划自我发展？④现阶段最容易失控的事情是什么？⑤什么事情最容易令你迷失？⑥你会如何避免失控？⑦你能够发现未来发展的机遇吗？⑧目前你还有哪些发展的方向？⑨未来还有什么新的合作可以实行呢？⑩你能够看清现在局势的运作模式吗？

● 阶段三

1. 阶段特征

现在是需要崭露头角的时候，你需要在不同的领域中学习本领，增强自己的能力。要知道别人是不会停止前进的步伐的，要想在这个飞速发展的社会中站稳脚跟，就必须不断地学习充电。

2. 历史故事

从师高人，精进学问

仕途不顺的陶弘景有了退隐之心后，早年隐逸山林的想法又浮出他的脑海。于是他向当时著名的隐士孙游岳拜师，学习道家之法。孙游岳"甄汰九流，潜神希微"，对当时的诸多流派进行了总结与甄选，并对道家学说进行了深入的学习研讨。陶弘景正是跟随他学习，进一步充实了自己。

3. 实现方法

①寻找可发展的专长；②留意未来可能会需要的专业技能；③通过比较，认清自己的优缺点。

4. 日省吾身

①你在什么领域里还需要学习？②有没有人告诉你有待改进的地方？③未来对什么技能有需求呢？④有没有可供比较的对象？⑤有没有学习课程可供参考？⑥现阶段你最需要学习的是什么？⑦在哪里接受培训是最佳选择？⑧哪些人是社会中缺少但有需求的？⑨有没有足够的资源可供学习所需？⑩现阶段你的发展方向是什么？

● 阶段四

1. 阶段特征

现在万事万物都处于初始阶段，也是最容易进行修正的阶段。此时如果根据教练的指导戒除恶习，防患于未然，日后的进步会更大。

2. 历史故事

退隐茅山，潜心学问

公元492年，陶弘景上表辞官，将自己的朝服挂在神武门，从此退隐山林，隐居在茅山。此时的陶弘景已经看清了社会的现实，知道无论他再怎样努力，这个被士族把持的朝政也不会接纳他。而且，东晋南朝时期朝代更替，北方更是被少数民族建立的政权占据，社会动乱，政治昏暗，即使入朝为官也是朝不保夕。于是陶弘景静下心来，潜心研究学问，即使梁武帝几次请他出山为官，都被他拒绝了。

3. 实现方法

①寻找能够对你进行指导的教练；②及早了解自身的缺点；③尽快戒除恶习，订立行动计划。

4. 日省吾身

①你有什么习惯是需要减少甚至消除的？②这些习惯如何影响到你？③有什么习惯是需要培养的？④有没有人可以为你提供指引？⑤今天需要改进的地方是什么？⑥要改正恶习，难点在哪里？⑦有没有书籍可供参考？⑧如何让自己更加渴望改变？⑨有什么事情是需要预防的呢？

● 阶段五

1. 阶段特征

能够发现自身的缺点并进行改正和消除，将会使你在处事方面更具方向感，拓宽自己的发展空间，消除之前一直限制你发展的束缚。唯有如此，你才能感受到真正的"自由"。

2. 历史故事

礼佛受戒，看清形势

南北朝时期，佛教与道教盛行，两个流派不仅在民间争夺信众，也纷纷向政治势力伸出触手。当时北魏太武帝信道，在嵩山改革新天师道的寇谦之趁机取得其信任，将道教发扬光大。但可惜后来的北魏皇帝逐渐信奉佛教，高澄控制朝政后，也取消了寇谦之创建的道坛，新天师道一世而亡。

与之相比，陶弘景则很好地看清了当时的社会形势，知道想要保存茅山的道教流派，就不得不和政府合作，取得其信任与支持。于是，陶弘景以上清派宗师的身份，前往阿育王塔受戒礼佛，佛道兼修。此时，面对逆境，陶弘景已经摆脱了外在形式的束缚，开始了对于宇宙规律"道"的追寻。

3. 实现方法

①寻找能够为你提供合适意见的人；②针对自己的缺点制订戒除计划；③坦然面对挫折。

4. 日省吾身

①怎样改变才是最直接有效的？②现阶段最容易改正的是什么？③面对

个人恶习，有什么人事物能够帮你进行改正吗？④有没有制订一个完善的计划？⑤有没有人负责监督？⑥有没有改正恶习的迫切愿望？⑦改正恶习经常会遭遇挫折，你会如何面对？⑧如何自我激励，提高动力？⑨有没有足够的资源可供使用？⑩未来半年的行动计划是什么？

● 阶段六

1. 阶段特征

现在你已用足够的时间进行"蓄势"，个人能力已足够完备，不论顺境逆境，都可以尽情施展才能，任何事情都是"机会"的垫脚石。人们对你此刻的实力十分敬重，但你对此已不再在意，你已具有了超凡入世的心态。

2. 历史故事

超凡脱世，著书立说

为上清派争取到政府足够的支持后，陶弘景也开始潜心著述，对历算、地理、医药以及道教经典都有很深入的研究，著有《本草经注》《集金丹黄白方》等作品，弘扬上清经法，撰写了大量道教著作。

3. 实现方法

①寻找展现才华的机会；②"以动制静"，用自己所长开拓无限的空间；③为目标订立时限。

4. 日省吾身

①有没有一个或多个发展方向？②如何运用现有的能力？③现阶段是否有可行的计划？④有什么机会是可以把握的？⑤你希望达成的目标是什么？⑥你现在的可发展空间有多大？⑦既然有足够的能力，是否想过进入一个新的领域呢？⑧现阶段可供你调配的资源有多少？⑨寻找机会的主动性有多高？⑩如何提升达成个人目标的动力？

要点总结

①凡事不必急于求成；②遇到困难，正是蓄势养兵的好时机；③学会"配合"，配合自己，配合时势，永远要领先他人；④寻找自身缺点的根源所在。

第二十七章　滋　养

总体特征

这一时期的重点在于正确地"滋养"你自己和其他人。若你要处理的事是有关"滋养"他人的话，就要确保这些人值得你去"滋养"。只要你找准目标群体，他们再借着你的"滋养"转而去"滋养"更多的人，你的影响力也会变得越来越大。通过这种相互的支持，你的目标也会顺理成章地实现了。

判断其他人或情况时，也可以将"滋养"当作分析工具，观察对方的滋养模式。如果一个人有着坏习惯和错误思想，他就会用低劣的方法滋养自己，同时他也没有什么可以向你提供的滋养。反之，如果是一个值得滋养的人，那么他选择吸收的滋养模式一定是良性的，这种人也一定会对你投桃报李。

在人际关系中，你要留意自己的行为，反省自己的品质和出发点。你是在鼓励对方还是批评对方？你的焦点是放在错误上还是如何改进上？滋养那些值得你付出的人，这对你的精神健康非常重要，因为这滋养的循环对你的生命有着间接却深远的影响，你的付出最终会回到你自己身上，正如植物、动物、土壤之间的循环滋养一样。

在个人修为上，你要不断检讨自己的思维模式，只有那些良性的观念和态度才能正确滋养你的性格。因此，在参加集体活动时，不要太兴奋、太主观或太情绪化，要用温和、恰当的方法表达自己，避免过分放纵。

谨记，你的身体、思维吸收什么，你便是怎样的产品。如果你对自己此时的状况满意，那就继续吸收吧；如果你不满意现状，那就要认真地考虑换一换自己的思维模式了。

进阶教程

● 阶段一

1. 阶段特征

执着于与人比较，往往会滋生嫉妒心理，给一贯平静的生活带来不满。

强求与人相同，不是明智之举。要知道每个人都有长短优劣，放下成见及不适当的比较，你会发现面前展现出另一片广阔的天地。

2. 历史故事

桓温比美，自取其辱

刘琨，字越石，晋朝政治家、军事家、文学家。刘琨不但文武双全，样貌也十分出众，深受当时士人赞赏。据说，大司马桓温掌权后，自认为雄姿英发，与刘琨不相上下。他北伐回京后，带回一个老婢女，曾是刘琨的家伎。老婢女一见桓温，就说："你和刘司空十分相似。"桓温大喜，问道："哪里相似？"老婢女说道："面貌相似，只是薄了一些；眼睛很像，只是小了一些；胡须很像，只是红了一些；身高很像，只是矮了一些；声音很像，只是有点像女人。"桓温这才知道自己与刘琨相比，只能是自取其辱。

3. 实现方法

①放下执念，撇开比较，享受属于自己的生活；②切忌贪恋别人拥有的财物；③用正确的心态处事。

4. 日省吾身

①如何分辨良性比较和恶性比较？②与人比较后你会有何感受？③如何避免恶性比较？④面对自己不如人的地方，你会作何感受？⑤扪心自问，你觉得自己有哪些优点和缺点？⑥有没有人能够为你指出不足之处？⑦如何才能让自己接近"完美"？⑧若不与别人比较，你觉得自己发展方向是什么？⑨既然难以达到完美，什么才是合理的目标？

● 阶段二

1. 阶段特征

放弃发展的机会，终日沉迷享乐，是违背现行社会标准的表现。现阶段最重要的就是认清目标，以勤奋实干的心态向目标前进。

2. 历史故事

出身名门，二十四友

刘琨出身名门，本是中山靖王刘胜之后，也算是汉室宗亲。刘琨自幼便十分聪颖，工于诗赋，精通音律。当时正是西晋初期，贾谧掌权，身边聚集了一批贵戚出身的文人，互相唱和，号称"二十四友"，而刘琨正是其中之一。

年少的才名让刘琨无法正视贾谧的为人，更看不清政治的瞬息万变。很快，八王之乱开始，贾谧倒台，众多贾党也纷纷被杀。之后诸王轮流掌权，刘琨才看清自己正深陷政治漩涡之中，于是选择了离开，出镇并州。

3. 实现方法
①制订计划，并立即执行；②勤于锻炼己身；③停止享乐，向目标奋斗。

4. 日省吾身
①现在你有多少个可实行的项目呢？②有什么目标需要达成？③应该如何放弃享乐？④现阶段你应该有什么生活原则？⑤有什么事情是需要立即戒除的？⑥有什么是需要锻炼的？⑦有可以指导你的教练吗？⑧如何才能在短期内取得重大改变？⑨需要马上改进的是什么？⑩在改进的过程中产生不快的感觉，你会如何面对？

● 阶段三

1. 阶段特征
现在是发展的时期，如果缺少了良好的工作技能或健康的身体，即使态度端正，也无用武之地。因此，现在是你需要学习"平衡"的时候，必须兼顾各方面，发展完备的能力，才能实现精彩的人生。

2. 历史故事

闻鸡起舞，文武双全

相传刘琨与祖逖一起担任司州主簿时，两人十分交好，甚至同床而卧，同被而眠。两人都有建功立业的雄心，一天半夜，祖逖听到鸡叫，就叫醒刘琨，说道："这是老天在激励我们上进的声音啊。"于是两人起床，到屋外舞剑练舞，最终练就了文武双全的本领。

3. 实现方法
①不要只看重信念，要多方面学习；②评估现状，计划未来；③不要眼

高手低，要脚踏实地向前迈进。

4. 日省吾身

①你有哪些方面是需要加强锻炼的？②你对自己的行动力有什么评价？③当目标与现状相差太远，你会如何处理？④你需要进行什么训练，才能适应现在的工作环境？⑤应该如何增强自己的竞争力？⑥有什么要求是你需要达到的？⑦有没有可以指导你的人？⑧有什么事是你最不能适应的？⑨有没有可以向你提出意见的人？⑩怎样兼顾各方面，才可以在职场大放异彩？

● 阶段四

1. 阶段特征

得到上司赏识，正是你发展的良机。切忌急于表露欲望，这样会招来上司的猜忌。偶尔扮演一下胸无大志的角色，减低别人的戒心，更易达成目标。

2. 历史故事

结拜猗卢，力抗前赵

公元306年，刘琨出镇并州，此时的晋阳连年遭受战乱，已经成为一座残破不堪的空城。刘琨到任后收纳流民，稳定生产，发展经济，仅用一年时间，就基本恢复了晋阳的防御能力。同时，刘琨将自己的儿子刘遵送往鲜卑拓跋氏的族长拓跋猗卢处为人质，同时与拓跋猗卢结拜为兄弟，共同抵御前赵匈奴人的进攻。此时的刘琨，联合众多有志于抵抗匈奴的人士，势力日趋壮大。

3. 实现方法

①潜心苦读，增强自身能力；②懂得隐藏欲望；③善于运用现有资源。

4. 日省吾身

①你最近是否锋芒太露呢？②应该如何避免这种情况？③有没有需要隐藏的心志呢？为什么？④有人对你感到不满吗？⑤对你来说，扮演胸无大志的角色有何难处？⑥就你的观察而言，旁人对你的态度如何？⑦怎样才能避免成为众矢之的呢？⑧如何避免成为出头鸟呢？⑨怎样调整自己的处事心态？⑩什么时候才是发展的良机？

● 阶段五

1. 阶段特征

这一阶段是危机四伏的时期，这种环境不适合向外发展，你要做的就是暂停行动，观察身处的环境和局势，在等待中积蓄能力，以待来日发展。

2. 历史故事

危机四伏，兵败而逃

好景不长，公元315年，拓跋猗卢被儿子六修杀死，刘遵逃回晋阳，刘琨与拓跋氏的联盟终结。而此时刘琨势力的内部也出现问题。刘琨酷爱音乐，因此十分宠爱同样通晓音律的徐润，奋威将军令狐盛进言要除去徐润，结果自己反被刘琨杀死，其子令狐泥等人反叛，刘琨因此失去了很多部队。

公元316年，前赵大将石勒出兵攻打并州，刘琨不听姬澹的劝阻，全军出击，结果中伏，全军覆没，刘琨被迫逃亡幽州，投靠幽州刺史段匹磾。同年，前赵刘曜攻破长安城，俘虏晋国皇帝，西晋灭亡。

3. 实现方法

①磨炼忍耐力；②制订休养生息的具体方案；③寻求自我发展的可能性。

4. 日省吾身

①暂时的停止会为你带来什么正面和负面的影响？②为何要停止呢？③对于现在的状况，你是否有一个周详的应对方案？④现在你是否有需要加强的地方？⑤为了未来更好的发展，现在需要积累什么资源？⑥有没有员工需要暂时休息一下？⑦遇到发展瓶颈时，"等待"和"进取"，哪个是更重要的方法？⑧你对环境的认知有多少？⑨你对自己的洞察力有何评价？

● 阶段六

1. 阶段特征

正所谓"国家有难，匹夫有责"。虽然不是位居权臣，但面对现在的危机，你也要坚决面对。此时，虽然上司仍会感到你的威胁，但却无法抹杀你的功绩，旁人对你的拥戴就是最好的证明。

2. 历史故事

受人猜忌，身死囹圄

刘琨依附段匹磾后，正值段氏内部争权斗争，段匹磾的堂弟段末杯先是俘虏了刘琨的儿子刘群，命他写信劝刘琨杀死段匹磾。但刘群的信被段匹磾截获，段匹磾开始对刘琨有了猜忌之心，将刘琨逮捕下狱。

公元318年，东晋权臣王敦派遣使者来见段匹磾，原来王敦有谋反之心，害怕刘琨的名望，于是想假借段匹磾之手杀死刘琨。最终，刘琨与子侄四人同时遇害，死时仅仅48岁。

3. 实现方法

①坚持正确的行事方向；②坚定信念，不计名利，勇于向个人目标迈进；③注意"功高盖主"状况的发生。

4. 日省吾身

①你认为自己是个坚持原则的人吗？②若现在遇到重大危机，你会如何应对？③你要如何做到既帮助众人，又不"功高盖主"呢？④有什么心态，是现在要不得的？⑤有没有做过违背本性的事情？⑥如何避免成为上司的威胁呢？⑦有没有急流勇退的决心？⑧如果要你让出功劳，是否有难处？⑨你能做到"淡泊名利"吗？

要点总结

①坚守个人信念，学习更多技能；②以自我为本，以真诚打动人心；③善于隐藏，不锋芒毕露，避免惹人嫉妒。

第二十八章　质　变

总体特征

在这一时期，很多需要考虑的事情一起向你涌来，大量被拖延的决定和需要定夺的主意充斥着你的头脑，各种可能性又衍生出更多的可能性，而所有的这些情况都是重要的、有意义的，也都在同一时期出现。

此时，很快会聚集起很多对你有重大影响的状况，从而消耗掉你大量的时间、空间和精力。由于很多事情是一起发生的，情况已经变得过度，很快便要到达"质变"的临界点，而这些事务也需要你付出更多的注意力，让你焦头烂额。此时，你要小心评估可以影响到你的所有事情，预备为下一步行动做好准备。你需要足够的才智，才能让自己成功地度过这一时期。

在社交或商业事务中，你要很快地评估自己的情况，留意关照自己的资产——无论是内在的还是外在的，预备好进入一个急速的过渡期，转入一个全新的生活态势。

当在人际关系或个人修为中经历"质变"时，你要预见到这可能会是一个危机。当大势已不可逆转，你应集结自己的力量，深入探讨现在所发生的事情对你的影响。如果必要的话，回归自己的本体，了解自己所处的位置。当几件影响深远的事情同时发生的时候，你要摆正自己的立场，依靠毅力度过这段时期，并且充满信心地向身边的人展示，你有勇气独自面对这种挑战。这种时刻往往会激发出人真正的潜力，只要为这一时刻做好充分的准备，便可以毫发无伤地安然度过，且因经受了考验而变得更加强大。

重要的是，当"质变"时刻来临时，你必须立刻采取行动。无论是经过深思熟虑后选择逃走，还是勇敢地正面迎战，你都要表现出足够的勇气和坚定的毅力，只有这样才能助你成功。

进阶教程

● 阶段一

1. 阶段特征

与人相处，不应贵于"礼"，而应在于"诚"。细节处的真诚举动，有时比贵重的礼物，更能建立长久真挚的情谊。在任何环境中，都要保持这样的心态，真诚地对待身边的所有人。

2. 历史故事

爱人贵士，连立战功

廉颇，战国时期赵国名将。提起廉颇，人们都会想到将相和、长平之战等重大历史事件。其实，早在这些发生之前，廉颇就已经成为赵国乃至整个战国时期的著名将领。

公元前284年，大将乐毅（没错，就是诸葛亮自比管仲、乐毅的那个乐毅）率领燕、赵、秦、韩、魏五国之兵进攻齐国，大败齐军，而当时担任赵国军队统帅的便是廉颇。廉颇率领赵军，长驱直入齐国境内，威震诸侯。

廉颇对待士卒十分亲切，犹如父子，因此也深得军队士兵的信任，这也是支持他屡战屡胜的原因之一。

3. 实现方法

①用实际行动关心身边的人；②要有感恩的心；③认识到人际关系对个人发展的重要性。

4. 日省吾身

①你对身边人的付出有多么真诚？②你与同事的关系如何？③你有什么具体行为，能够展现对同事的关怀？④当别的同事受褒奖时，你的心态如何？⑤为什么要对别人好？⑥你一直以来与人相处时抱持了什么样的价值观？⑦有没有人告诉你待人接物的态度应该是什么样的？⑧如果有人不理解你的真诚，你会如何应对？⑨怎样做才不会让人认为你虚伪呢？⑩与别人建立关系的底线是什么？

● 阶段二

1. 阶段特征

不要与同事互争长短，相互配合才是最好的做法，通过合作取长补短，各展所长，可以带来超乎想象的结果。

2. 历史故事

勇于认错，负荆请罪

班师回朝的廉颇被赵王拜为上卿，攒足了政治资本的廉颇也将下一个目标锁定在宰相这一职位上。然而，宦官缪贤的门客蔺相如却突然半路杀出，在完成出使秦国和渑池会盟的任务后，因为功劳很大，被赵王封为上卿，位在廉颇之上。

廉颇对此十分愤恨，认为自己身先士卒，职位反而低于蔺相如，总想找机会羞辱蔺相如一番。蔺相如知道后便有意躲开廉颇。有一次，蔺相如的门客对他说道："您地位比廉颇高，这样处处躲着他，让我们这些人也很没有面子啊。"蔺相如说道："廉颇再厉害，还能有秦王厉害？我连秦王都不怕，又怎么会害怕廉颇。只不过我担心我二人不睦，将相失和，会让虎视眈眈的秦国、齐国有乘虚而入的机会，以大局为重，才处处躲着他。"

廉颇得知后，才认识到自己不识大体，连忙赤裸上身，到蔺相如府上负荆请罪，从此与蔺相如成了要好的朋友，共同辅佐赵王。

3. 实现方法

①忌强分高下，宜互相合作；②抱持开放的心态，接受旁人；③同事间相互学习，增强本领。

4. 日省吾身

①你与什么人合作最为理想？②怎样配合才能有更大的发挥空间？③怎样避免自己不落入攀比的泥沼之中？④有什么人是你不能接受的？⑤同事之间有什么技能是需要互相学习的？⑥怎样才能令工作完成得更加完美？⑦你现在所欠缺的技能，别人拥有吗？⑧如何在现有的环境中发挥每个人的长处？⑨将自己的经验与长处与人分享，你会做何感想？⑩为了整个团队的利益着

想，有什么思想是要不得的？

● 阶段三

1. 阶段特征
这一阶段的环境是凶险的，要留意执行者的素质，如果其并非领导之才，就要及时更换，以免招来更大的危机。

2. 历史故事

秦国离间，长平惨败

公元前266年，赵惠文王去世，孝成王即位。四年后，秦国攻打韩国上党，上党太守冯亭眼见无法坚守，便将上党献给赵国，请求赵国派兵救援。此时赵国名将赵奢已经去世，蔺相如又病重，孝成王便派廉颇领军，在长平阻击秦军。

廉颇抵达长平后，客观分析了敌我形势，决定采取坚守不出的策略，试图让秦军粮草不济，自动退兵。就这样，秦军与赵军在长平相持了三年，仍然无法获胜。

秦王见无法战胜廉颇，便使用了反间计，说廉颇怯战，如果让名将赵奢的儿子赵括领军，赵军早就击败秦军了。赵王原本就担心廉颇拥兵自重，果然中计，用赵括代替廉颇为将。赵括一改廉颇的战法，全军出击，最终中伏身死，秦军大获全胜，在长平坑杀赵兵四十余万，又乘胜追击，差一点灭了赵国。

3. 实现方法
①寻求合适的执行者；②平衡自己的心态，客观评价各人的能力；③接受自己未必是最合适人选的可能性。

4. 日省吾身
①有没有更合适的人选呢？②客观来说，谁更具有领导资格呢？③一个好的领袖应该具备什么素质？④你会以什么标准判断领导是否合格呢？⑤若自己不适合做领导，你愿意退位让贤吗？⑥现在的环境有什么需要你留意的地方吗？⑦有没有给自己的选择定个时限？⑧有什么人是你绝对不会接受其领导的？⑨怎样在选择领导者的时候保持公平公正呢？

● 阶段四

1. 阶段特征

即使情况发展到恶劣的地步，也不要轻言放弃，尝试转换一下思路，将手里的资源重新整合。当这些资源来到最合适的位置重新运作时，可以发挥出最大的功效，力挽狂澜于既倒，一举扭转局势。

2. 历史故事

乘人之危，燕国战败

公元前251年，燕国丞相栗腹劝说燕王趁赵国元气未复之时攻打赵国，赵王迫不得已命廉颇领军出征，抵御燕军。廉颇认为燕军远来疲劳，又轻视赵军，而赵军则同仇敌忾，完全有能力击败燕国军队。于是率领人数较少的赵军对燕军实施迎头痛击，燕军大败，栗腹战死，大将卿秦、乐闲被俘。

之后廉颇乘胜追击，率军包围了燕国的首都，燕王被迫割让五座城池求和，廉颇才退兵而去。

3. 实现方法

①认识到重新分配岗位和资源的重要性；②洞悉转机出现在哪里；③抱有不放弃的决心。

4. 日省吾身

①有没有新的方法可以尝试？②如何行动，才能以最少的变动实现最大的效果？③应该如何重新分配资源？④有什么地方可以改善？⑤你会怎样运用现有的资源？⑥有没有人和事正处在不合适的位置上？⑦有没有检视过曾经的资源分配和人事调配呢？⑧各人对改革持什么意见？⑨若有人向你举荐，你会以什么标准判断其是否合适？⑩有没有制订行动计划？计划中的目标是否合理？

● 阶段五

1. 阶段特征

人生中的错误之一，便是注重眼前的利益，而错过更好的机会。注意不要因小失大，不可有急功近利的心态，一个错误的决定很可能会影响深远。

2. 历史故事

因小失大，亡命他国

公元前245年，赵孝成王去世，悼襄王即位。悼襄王很快解除了廉颇的军权，让大将乐乘代替他领兵在外。乐乘与乐毅同族，曾是燕国将领，后来投降赵国，追随廉颇一起包围燕国首都。

廉颇见这个职位比自己低的他国人都能取代自己的位置，气愤不过，便私自发兵攻打乐乘，乐乘逃跑。廉颇因为一时意气用事，见自己已经无法在赵国立足，便离开赵国，逃亡至魏国。

3. 实现方法

①凡事三思而行，将焦点放在未来；②以整体利益为出发点做决定；③拥有把握机会的洞察力和决心。

4. 日省吾身

①行事前是否考虑清楚？②有没有考虑过决定对正反两方面的影响？③有没有考虑过短期影响和长期影响？④你的决定对团体和个人有何影响？⑤现在是否是最合适的机会？⑥所获得的利益值得你付诸行动吗？⑦应以什么样的标准做决定？⑧你能够承担出错的后果吗？⑨有什么事情影响你做决定的准确性呢？⑩有没有什么意见可以特别影响你？

● 阶段六

1. 阶段特征

面对艰难的局势，即使鞠躬尽瘁，有时也难以挽回败局。然后放弃又有些言之过早，要为正义而努力，即使失败也终生无憾。

2. 历史故事

烈士暮年，壮心不已

在魏国的廉颇并没有受到魏王的重用，于是又投靠了楚国。虽然身在他国，但廉颇依然对赵国念念不忘，希望能够回到赵国。

当时赵国被秦国攻击，赵王也希望再次启用廉颇，便命使臣郭开带着盔甲和战马前去迎接廉颇，看看他是否还能担任将领。廉颇当着使者的面，一顿饭吃了一斗米，十斤肉，然后披甲上马，表示自己还能再战。可郭开接受了秦国的贿赂，告诉赵王："廉颇虽然饭量还可以，但不多时就拉了三次屎。"赵王觉得廉颇已经年老，便放弃了启用廉颇的念头。不久，廉颇在楚国寿春郁郁而终。

3.　实现方法

①坚守信念，勿忘目标；②懂得得失成败的意义；③拥有孤军奋战的决心和勇气。

4.　日省吾身

①你现阶段抱持的信念是什么？②你最不能放弃的信念是什么？③你会如何贯彻自己的信念？④现在的局势有多么凶险？⑤有什么是你无论如何都要坚持下去的原因吗？⑥如果付出所有努力仍然无法成功，你会如何调整自己的心态？⑦成与败，在你的价值观里是什么样的存在？⑧明知会以失败结局，你还会为了信念继续奋斗吗？⑨"明知不可为而为之"，是你的个人信念吗？⑩就你而言，失败会令你损失什么？

要点总结

①在艰难的时局中坚守信念；②创新是恶劣环境下反败为胜的先机；③与其恶意比较，不如互相配合，互相学习，这样才会有进步；④真正的得失成败并不在于你所获得的利益，而是在最后一刻你仍然能够坚守自己的信念。

第二十九章　危　险

总体特征

此时你所面对的真正"险境"是你四周的环境，是需要技巧才可以应付的困难。但如果你处理妥当的话，这一时刻的挑战可以让你发挥出自己最大的潜能。不要逃避，要敢于面对任何困难或威胁，你现在一定要以正确的方式解决它们，坚信你所认为是正确的事情，保持毅力，坚守你的道德标准和原则，不要有一刻妥协。正义和信心是你战胜"险境"的关键。

在商业或政治事务中，追随已确定的政策，当做出判断时，不要背离你的原则，亦不要尝试逃避问题，这样的行为只会令之前建立的成果都变得毫无意义。

在社交活动中，保持真我本质，有必要的话，说服其他人你的想法的正确性，用行动证明你的想法的效果。如果他们不支持你的话，便代表你不需要他们。继续向前行进，不要在"险境"中犹豫不决。

在人际关系中，不要让激情把你引入危险之中，如果你的问题是必须要你牺牲自己的原则才能解决的话，那这段关系便是你的负担，可以放弃。

"险境"对内心的修为反倒是特别有益的时刻。坚守着你已有的道德标准，保持内心的理想，你便可以以切实的观点来关照所有事物。你会知道自己和所处环境的关系，从而有助于达成你的目标。

当你保持着高尚的操守时，你便成了其他人和你的家人的榜样。从你坚定的行为中，其他人会受到启发，从而更好地处理自己的问题，同时也为你创造出抵御"险境"的群众基础，使你受到保护。

"险境"是生命的一部分，除了令你内心更坚强，还会令你对生命的力量和自然的奥妙有了更深远的领悟，这样的领悟能把新的意义、决心带进你的人生。

你的欲望一次又一次将你带进"险境"之中，而你只能不断地陷入从一个险境到另一个险境的循环之中。只有正直的操守，坚毅的性格，才可能让你摆脱这个局面。

进阶教程

● 阶段一

1. 阶段特征

这一阶段正处于极大的凶险之中，稍不留神就会引发巨大的恶果。要仔细留意局势的动态和人事上的运作，从中找出规律，才不至于被现实的洪流所淹没。

2. 历史故事

骊姬之乱，流亡他国

晋文公，姬姓，名重耳，是继齐桓公之后，春秋时期的又一个霸主。然而，重耳的早年时期却是在极其凶险的环境中度过的。

公元前659年，晋献公的宠妃骊姬为了让自己的儿子奚齐继承太子之位，便陷害原太子申生，逼迫申生自杀身亡。然后又将矛头对准了晋献公的另外两个儿子：重耳和夷吾。无奈之下，两人分别离开都城，重耳前往蒲城，夷吾前往屈城。

公元前655年，晋献公认为重耳拥兵在外，有谋反嫌疑，派军队前往讨伐，重耳被迫逃亡母亲的故国翟国，开启了长达十九年的流亡生活。

3. 实现方法

①冷静分析现在的局势；②搜集最新的资讯；③注意现在的人事关系。

4. 日省吾身

①现在的危机是什么？②如何在凶险的环境中保持头脑冷静？③现在的局势有何最新动向？④合适的时机是否来临？⑤有没有什么危机正在逼近？⑥得悉困难到来，你会如何应对？⑦你能够获得什么援助？⑧现在最可靠的是什么？⑨你能付出什么行动？⑩你还有什么资源可以运用？

● 阶段二

1. 阶段特征

当你与周围的环境不协调时，就会遇到困境，此时就需要人事上的支持，帮你分忧解难，度过危机。此时若是贪得无厌，妄想从中得利，必然会招致灭亡。在这个阶段，你应该先求自保，灵活运用现有的资源，待危机完全解除后，再图谋发展。

2. 历史故事

良臣辅佐，逃亡在外

重耳的逃亡之路并不孤单，在危机时刻，也有一帮心腹追随着他，其中最著名的五个人，被合称为"五贤士"。

五贤士中较为著名的，首推狐偃。狐偃是重耳的舅舅，他足智多谋，知道重耳的能力，因此即使在危难之时，也仍然一心辅佐重耳。另一个贤士名叫贾佗，史书记载他是晋国公族，见多识广，恭谦有礼，重耳像对待兄长一样侍奉他。先轸从小就与重耳结交，才能出众，他后来就是城濮之战中全歼秦军的晋军主帅。赵衰、魏犨，也都是重耳的好友，赵衰多智，魏犨有万夫不当之勇，没错，他们就是后来三家分晋的赵国、魏国的先人。

有了这些能力出众的贤臣辅佐，重耳的流亡之路虽然危险万分，当每次都能化险为夷，最终返回晋国，成为国君。

3. 实现方法

①寻找可用的资源来应付当前的状况；②制订危机应对方案；③以自保为首要目标。

4. 日省吾身

①谁能为你提供支持？②你能获得的支持有多大？③你能够应付当前的困境吗？④你是否可以获得直接的帮助？⑤你能预测出度过眼前危机的大概时间吗？⑥当得到的援助过多时，你能控制住自己的贪念吗？⑦解决问题后，是否会想要获取更多？⑧你的底线是什么？⑨现在必须保障的是什么？⑩谁可以与你一同分担危机？

● 阶段三

1. 阶段特征

这一阶段，你正处在进退两难的境地，四下的危机蠢蠢欲动，因此应该暂停所有行动。留待危机度过也好，等待有人援助也好，总之要以冷静的头脑面对眼前的困境。

2. 历史故事

晋国大乱，拒绝返国

公元前651年，晋献公去世，卿大夫里克、邳郑父等人杀死奚齐，托孤大臣荀息又立卓子为君，结果卓子又被里克等人刺杀。没了国君的里克等人派狐偃的哥哥狐毛前往翟国，迎接重耳返回晋国，打算拥立他，但重耳见国内政局不明，不敢轻易回去，拒绝了里克的邀请。

之后里克又派人迎接公子夷吾，公元前650年，夷吾返回晋国，即位为君，是为晋惠公。晋惠公掌权后，担心重耳会来与自己争夺国君之位，命人前往翟国捉拿重耳，重耳被迫再次踏上流亡之路。

3. 实现方法

①暂停下来，思考下一步行动的可行性；②有信心及耐力；③细心观察环境，提高危机意识。

4. 日省吾身

①面对当下的危机，你急需暂停的行动是什么？②你为何会急于行动、不安本分呢？③危机潜伏于什么地方？④何时才是行动的好时机？⑤你认为自己的危机意识强吗？⑥引发危机的关键是什么？⑦现在最重要的事情是什么？⑧你能找到支援吗？⑨你对自己的毅力是否有信心？⑩你是否有信心度过危机？

● 阶段四

1. 阶段特征

面对再大的困难，也要抱有永不言弃的决心。只要你坚持付出，终会感染到身边的人和事，别人也会因为你的毅力而慢慢开始配合你的工作，从而为你开辟出新的路径。待时机一到，便可摆脱现有的状况，乘势前行。

2. 历史故事

辗转多国，备尝艰辛

重耳等人先来到卫国，卫文公见重耳等人落魄，又不想得罪晋惠公，于是对待重耳十分冷落，重耳只能离开卫国，另寻出路。在路上，重耳命人向沿途村民讨些食物，结果村民只给了他一块土，以作羞辱。

之后重耳到了齐国，齐桓公不仅热情款待了他，还将自己家族中的一个少女齐姜嫁给重耳。重耳就此满足于齐国的安逸生活。结果不久，齐国发生内乱，齐桓公去世，齐姜见重耳安于享乐，便与赵衰等人灌醉重耳，连夜带他离开了齐国。

离开齐国后，重耳又逃亡曹国、宋国、郑国，不是受到冷落，就是遭受侮辱，不知什么时候才能结束逃亡的生涯。

3.　实现方法

①要坚信自己能够渡过难关；②以热忱感染身边的人；③主动寻求创新之法。

4.　日省吾身

①你对工作付出了多少热忱？②有没有方法令你坚持下去？③你距离"倾其所有"的状态还差多少？④最打击你积极性的事情是什么？⑤有什么事情是你必须坚持的？⑥你现在有能够提供支持的同伴吗？⑦你还有什么可以进步的空间？⑧对于"付出就有回报"这句话，你相信多少？⑨何时才是最好的发展时机？⑩现在是实行计划的时机吗？

● 阶段五

1.　阶段特征

现在危机已经过去，种种迹象表明重整旗鼓的大好时机已经来临。此刻最重要的是你个人的德行，谨记"水能载舟，亦能覆舟"，处理不当，顺境也会变成翻船的阴沟。

2.　历史故事

得秦相助，返回晋国

公元前637年，重耳逃亡到了秦国，秦穆公十分器重重耳，将同宗的五个女子嫁给他，答应帮他复国。同年，晋惠公去世，晋怀公即位。十二月，秦穆公派兵护送重耳回国，晋怀公派军阻拦，但军队不愿战斗，纷纷倒戈。

第二年，重耳战胜晋怀公，将晋怀公杀死在高梁，支持晋怀公的吕省、邰芮等人也被秦穆公杀死，重耳终于登上了晋国国君的宝座。

3. 实现方法

①良好的德行是成功的基础；②制定目标计划十分重要；③提高自己的洞察力。

4. 日省吾身

①现在是否是重整旗鼓的时机？②你有没有足够的资源？③你需要应付的事情都是什么？④你要达成什么目标？⑤是否还潜伏着危机？⑥现在你需要留意什么品格？⑦有什么事情是现在不应该做的？⑧是否有需要矫正的心态？⑨是否有什么规则需要遵守？⑩有没有自我检讨能力？

● 阶段六

1. 阶段特征

因为失误而酿成恶果，现在是需要有人承担责任的时候了。你要认真反省自己的错误，自我检讨，虽然无可避免会因后悔而痛苦，但痛定思痛，还是可以将这次错误当成新的征途的开始。

2. 历史故事

误杀功臣，痛心不已

当时跟随重耳流亡的众人之中，有一人名叫介子推。当年重耳被晋惠公追杀，食不果腹，介子推割下自己大腿的肉，让重耳充饥。后来重耳复国，想要赏赐追随他逃亡的功臣，介子推却不愿受赏，逃往绵山隐居。

重耳想要逼迫介子推出山，便命人从三面放火烧山，结果非但没有逼出介子推，反而让介子推烧死在山中。

公元前635年，晋文公重耳带领群臣，素服登山祭奠介子推，将绵山命名为介山。人们为了纪念介子推，便在那个月不生火做饭，只吃冷食，后来一个月缩短为一天，也就是后来的寒食节。

3. 实现方法

①后悔但不埋怨；②重新制订人生计划；③检讨并接受失败，重新开始。

4. 日省吾身

①有什么事情是你无法接受的？②若不想再犯错，应该注意什么？③距离"承认错误，重新振作"的状态，你还差多少？④有没有充分地自我反省？⑤为自己制订一个改进的目标及计划，对你有作用吗？⑥下次行动前要预先做什么？⑦这次错误有没有影响你未来的计划？⑧有没有可以倾诉的对象？⑨有没有可以指导你的导师？⑩1–10分，你觉得自己"接受改变"的程度是多少？

要点总结

①有时危机并不需要去主动解决，静待时机反而会更好；②即使陷入危机，也不要丧失信心；③痛定思痛，分析失败的原因，重新开始。

第三十章　互　合

总体特征

"互合"，即是当两种元素碰在一起时可以共同达到的成果是大于分开时所能创造的。此时，你和你所探讨的问题是互相依赖的。一同合作的话，你的影响力能达成重要成果。这些合作关系会给你以想法和灵感，能产生足够的能量令你成长，以及改善你所处的环境。

在世俗事务中，如果领导者在这一时刻能恪守他的原则和正直本性的话，便能为追随他的人带来光明和秩序。领导者和他的操守的"互合"会有利于他人。信赖正义便会心境清明，可以令世界改变，使之变得更加完美。

在人际关系中，你会发现把你的渴望与他人相协调，会达到很好的效果。这时是一个检讨你的人际关系的好时机，看看这段关系是相互抗衡的，还是相互合作的。一起合作不会削减你达成个人目标的机会，反而会对你自己的个人目标大有帮助。

记着人和自然的关系是有规律的。其中一个规律就是"有限性"，有限的能源，有限的资源，甚至就连生命本身都是有限的。在你的限制内达成你的目的的最好方法是依靠自然的规律，与之"互合"。留意这一时刻，然后适当地采取行动。当压力增加时，不要让自己变得暴躁，要保持冷静，专心工作以舒缓压力。当情况十分顺利时，不要让自己过于兴奋，以至于忘乎所以，要利用这时的机会去加速完成你的计划；如果情况不顺利，便用这时间休息和重组你的力量，不要因无谓的挣扎而耗尽自己的精力。建立自己的"互合"会令你更有能力掌控自己的将来。

你要专注于自己生命的各方面，使其都能协调、互合，才可以完全了解和控制这些力量。目标、爱情、健康，它们是否互相影响呢？是否互相关联呢？是否互相促进呢？

进阶教程

● 阶段一

1. 阶段特征

想要成功，你必须依靠身边的人，所以应该对他们多加照顾。切忌过分表露自己的才华，要展现自己善良的一面，寻找和满足他们的需求，这会成为你今后发展的助力。

2. 历史故事

佯装木讷，终成帝位

李忱自幼聪慧，但既然生在帝王家，自然也就有了超出常人的早熟。心思细密的李忱从小读书，对于伴君如伴虎的道理心如明镜，知道看似风平浪静的大唐皇宫内，其实却潜藏着一股股伺机而动的逆流。于是，李忱选择了一种很多人都曾使用过的保身之策——装疯卖傻。当然，作为皇子，李忱没有像孙膑那样，而是选择了较为温和的伪装：木讷。不得不说，李忱的手段十分高明，宫中府中几乎无人识破，甚至宫中的人都认为他"不慧"，用白话文说就是个傻子。唐宪宗之后的敬宗、文宗、武宗诸朝，李忱都少与人结交，与众人在一起时也不多说话，文宗、武宗常在宴会上强迫他说话，以此为乐。

李忱的伪装果然取得了奇效。当时，在宫中有权有势的宦官马元贽等人都认为李忱易于控制，因此对他十分亲近。获得了权臣信任的李忱也很快获得了回报。公元846年，唐武宗病危，马元贽等人很快便矫诏任命李忱为监国。同年，唐武宗驾崩，李忱即位。就这样，假装木讷大半辈子的李忱竟然当上了皇帝。

3. 实现方法

①展现你对身边人的敬意；②暂时隐藏自己的才华；③帮助别人，不求回报。

4. 日省吾身

①你现在缺少的是什么？②谁是你可以依靠的人？③若要依靠这个人，你需要注意什么？④有没有比他更合适的人选？⑤你可以为身边的人提供什

么帮助？⑥你们有没有共同的目标或理想？⑦你有没有过分表现自我？⑧怎样与身边人相处才是最佳方法？⑨与这些人合作，一年后所创造的新环境会是怎样的？

● 阶段二

1. 阶段特征
这一阶段是最佳的发展时间。获得各方面的支持，拥有良好的发展环境，可以尽展所长，实现期望已久的目标。

2. 历史故事

勤于政事，中兴唐朝

李忱最喜欢的一本书就是《贞观政要》，书中记录的是唐太宗在贞观时期政治、经济方面的重大举措。李忱也以先人为榜样，勤于政事，对内大力提拔牛僧孺的追随者，结束了长达半个世纪的牛李党争，抑制宦官权力，加强中央集权，打击不法，整顿吏治，发展经济，对外用兵吐蕃等藩国，收复失地，使得唐朝一度实现中兴。

3. 实现方法
①分析个人能力的优劣，尽展所长；②制订达成目标的方法和时限；③明晰检视计划的重要性。

4. 日省吾身
①是否完善了现在的计划？②如何实现短期、中期和长期目标？③现在的环境能够供你发挥吗？④达成目标的最佳时间是在什么时候？⑤执行计划时，你需要注意什么？⑥在发展中，你需要多做什么事情？⑦有没有预留出自我检视的时间？⑧未来的挑战是什么？⑨是否调配了所有资源？⑩有新开发的资源吗？

● 阶段三

1. 阶段特征
拥有丰厚的财产并不是平安的源头，健康的心境才能让你面对任何处境。任何时候，拥有平稳的心态，都是走向成功的内在因素。

2. 历史故事

求仙问道，祈求长生

李忱与许多唐朝皇帝一样，信奉道教，并且十分重视丹药，希望能够实现长生不老的夙愿。然而，丹药大多使用的都是铅、汞等重金属，长期食用会导致中毒。公元859年，李忱在食用了太医所献的丹药后，出现了严重的重金属中毒的症状，一个多月无法上朝，又过了两个月，李忱驾崩。从即位到驾崩，仅仅13年，唐朝的中兴，也伴随着李忱一己私欲的恶果后就此终结，唐朝走向了无可挽回的衰败之中。

3. 实现方法

①明晰调整心态的重要性；②学习舒缓负面情绪的方法；③保持积极乐观的人生态度。

4. 日省吾身

①你对自己现在的心态有何评价？②即使拥有很多，是否也会担惊受怕？③有没有被负面情绪所控制的时候？④有没有好的聆听者可以听你倾诉？⑤你习惯于如何处理自己的情绪？⑥1–10分，你认为自己有多乐观呢？⑦要令自己拥有更多的正面情绪，你要如何做？⑧你是否坚持运动？⑨最近有没有失眠或过度紧张？⑩有没有时常检视自己的心态？

● 阶段四

1. 阶段特征

现在，你不得不接受这个残酷的现实：你已经失去援助，完全被孤立。此时，你必须找到新的出路，制造出新的转机，才可以免于被环境所吞噬。

2. 历史故事

叛乱相继，国内动荡

其实就在李忱驾崩的头一年，也就是公元858年，唐朝的政局已经动荡不安，由于连年水旱灾不断，再加上各地官员处置不当，各个州郡相继发生叛乱。史书记载，宣州、湖南、广州、江西等地均发生了不同程度的叛乱，李忱分命崔铉、温璋等人监察，费了九牛二虎之力，才勉强平定了叛乱。但唐朝走向衰败已经是不争的事实。

3. 实现方法
①运用自己的创新力；②拥有接受现实的勇气；③拥有重新振作的决心。

4. 日省吾身
①你还有多少资源可供运用？②你还有多少领域可供发展？③积极和被动的计划，哪个更适合现在的你？④需要多少时间，你才能重新振作起来？⑤你能够承受多大的压力？⑥当你被情绪困扰时，是否有人能够与你分担？⑦你如何评价自己的勇气和判断力？⑧面对失败的阴影，你会如何鼓励自己？⑨若有转机，你会如何把握？⑩如果最终获得成功，你会如何庆祝？

● 阶段五

1. 阶段特征
面对四面八方的压力，个人的能力并不足以应付，此时你需要寻求可行的支援。不少人都发现你所面对的困境，纷纷伸出援手。好好利用你所获得的援助，解决当下的困难。

2. 历史故事

恢复佛教，赢得支持

唐武宗时期，由于寺院经济发展过快，大量良田、人力被寺院僧侣纳为己有，致使国家在税收等方面出现了重大问题。于是，唐武宗为了恢复经济，开始关闭国内的各大寺院，史称唐武宗灭佛。

虽然唐武宗的初衷是好的，但连年动乱而破败不堪的唐朝中央政权与拥有强大信众和经济实力的寺院对抗，无疑让唐王朝的统治更加摇摇欲坠。李忱称帝后，为了稳定国内政局，恢复了许多寺院的特权，以牺牲帝国的经济利益为代价，让国内政局稳定了下来。

3. 实现方法
①尝试与他人分享现在面临的状况；②了解现有资源的可运用范围；③适当舒缓个人压力。

4. 日省吾身
①你能找到的支援是什么？②谁可以成为你的外援？③现在最需要的资源是什么？④各项资源会在何时出现？⑤怎样运用手头的资源？⑥什么问题

需要马上解决？⑦有多少问题是你能够处理的？⑧当你需要分忧的时候，有人愿意倾听吗？⑨你有舒缓压力的方法吗？⑩令你充满活力，重新面对困难的方法是什么？

● 阶段六

1. 阶段特征

机智运用策略，灵活调配资源，将面临的问题一一解决。谨记不要姑息养奸，必须彻底解决问题。

2. 历史故事

严明法度，整顿吏治

李忱执政时期，他看到了唐朝官吏制度的腐败，痛心于近臣干政，因此从严整顿吏治。有一次，近臣乐师罗程犯法杀人，李忱将其下狱，有人为其求情，说："罗程有绝技，可以为皇帝助兴，还是赦免了他的死罪吧。"李忱说道："你们怜惜他的才艺，我却怜惜祖宗的法度啊。"于是杀了罗程。

3. 实现方法

①运用所有资源，发挥你的创造力；②拥有面对问题的勇气；③检查现存的所有漏洞。

4. 日省吾身

①你能够发挥多大的创造力？②创新的可行性有多高？③能够彻底解决问题吗？④有什么地方，是你最容易忽略的？⑤有什么事情，是你必须小心处理的？⑥你对自己运用资源的能力有信心吗？⑦要根除问题，最有利的时机是什么时候？⑧现在需要提升的个人能力是什么？⑨你是否留意到现存的漏洞了吗？⑩你是否留意到潜藏的危机了吗？

要点总结

①未有足够的能力时，先依靠他人的协助；②有机会展现自己的时候，不要隐藏；③适当地宣泄个人情绪；④运用各种资源解决问题。

第三十一章 引 力

总体特征

宇宙是由"引力"来主宰和维系的，从太阳系里的各天体有规律的运行，到原子里各种结构的完美平衡，都是由互相的引力创造的。在人生中，无论是与你有关的人，还是你所处的环境，都被"引力"所控制着，你跟这人或事之间有着重要和深远的"引力"。在这种情况里，你刚好是在持有力量的位置上，主动权在你手上。想要获得最好的结果，你一定要顺从自己正直的本性，排除自私和偏见的思想，允许这情况影响和改变你。

在这里，顺便说一下伟大的领袖是怎样影响社会的。领袖所采取的"俯首甘为孺子牛"的态度会鼓励其他人来接近他，求取意见或接受指引，这样领袖便可以把其他人带向更高的成就和秩序。在社交事务里，虽然你可能已经实现自给自足，但因为你愿意接受别人的影响，其他人亦会被你吸引而制造出相互交流的气氛。

如果你正在尝试对某人做出一些决定或判断的话，可以特别注意他所吸引的人或事，这样做你可以对他的特性和命运有更清晰的了解。当你研究了他的想法和观念时，你会开始见到你在这事情中的角色是什么，从而决定你对这件事的吸引是否对你有力。对任何一个决定都可以用同样的方法，深入探讨这情况所吸引的人、问题和可能性，你便可以见到这情况会怎样影响你的现在和将来。

进阶教程

● 阶段一

1. 阶段特征

在这个阶段，因为认知能力的不足，虽然已经确立了目标，但对外界的了解还不充分，信心也会因此有所下降，在行动中处于被动的位置。

2. 历史故事

少有大志，口无遮拦

项羽，名籍，字羽。本是楚国名将项燕的后代，秦汉时期著名的军事将领。秦始皇统一中国后，虽然社会迎来了短暂的安定期，但由于秦朝统治者与六国后裔的矛盾依然存在。有一次，秦始皇巡游到会稽，项羽与叔叔项梁混在人群中观看，年少的项羽说道："我可以取而代之。"项梁连忙捂住项羽的嘴，说道："不要胡言乱语，这可是灭族的罪行。"但就此一事，项梁也知道了项羽胸有大志。但此时秦国实力仍然不可撼动，想要复兴楚国，还要等待时机。

3. 实现方法

①制订行动计划和方针；②明晰收集资料的重要性；③明晰提升个人能力的重要性。

4. 日省吾身

①你所订立目标的可行性有多大？②现在的行动方针应指向什么方向？③如何迈出第一步？④要达成目标，需要什么条件？⑤什么资源是现在不可或缺的？⑥要达成目标，你还欠缺哪些能力？⑦想要成功，最重要的是什么？⑧要想反客为主，你必须做什么？⑨你有能够提升个人能力的方法吗？⑩应该如何提升自己的信心？

● 阶段二

1. 阶段特征

在这一阶段，由于急切地想要达成目标，从而显得心情急躁。即使看到机会就在眼前，也要记住，急于求成往往潜藏着危机。此时应当以守为本，顺应各种环境，才能避免危机。

2. 历史故事

读书学剑，有始无终

项羽年少时，叔叔项梁对他实行了严苛的教育。先是教他读书，但项羽对书本没有兴趣，学了一段时间就不学了。项梁看项羽喜欢打斗，又教他学习剑术，可项羽学了几下又不学了，说道："剑术练得再好，也只能与一个人战斗，我要学习和千万人战斗的方法。"于是，项梁开始教项羽学习兵法，项羽非常高兴，但也只是学了一个大概，并没有深入研读。

3. 实现方法
①以守为本；②暂缓目标的进度；③预期未来的风险。

4. 日省吾身
①急于求成的危险有什么？②现在什么事情是必须停止的？③对于即将到来的考验，你会做何准备？④如何建立一个步步为营的计划？⑤达成目标的最好时机是何时？⑥现在是收集资源的合适时间吗？⑦应该如何制订未来的计划？⑧现在的计划是否需要暂缓执行？⑨应该怎样调整自己的心态，使其达到最佳？⑩今年的进度应该如何设定？

● 阶段三

1. 阶段特征
成功需要个人明确的目标和持续不断的努力。如果你正处于急进的状态，希望马上获得回报，这是很不明智的想法。手中的资源过多却不懂得运用，会让人变得迷乱而盲从，所以，此时你应该暂缓前进的速度，客观分析当前的形势。

2. 历史故事

起兵反秦，闻名于世

秦始皇去世后，先是陈胜吴广在大泽乡举起起义大旗，六国后裔很快相继而起，天下大乱。项羽先是追随项梁作战，项梁战死后，他继续统领其兵马，南征北战，连续击败秦国王离、章邯等名将，让自己成为秦末最大的军事集团。

另一只较为强大的军事力量便是刘邦所率领的军队。两支军队在函谷关附近的鸿门相遇，此时的刘邦根本不是项羽的对手，面对咄咄逼人的项羽，刘邦听从谋士的建议，轻车前往拜见项羽，并依仗身边的樊哙等人的帮助，从鸿门宴中全身而退。项羽就这样放走了这个今后会成为他最大敌人的对手，就连他手下的第一谋臣范增都叹息："今后夺取项羽天下的，一定就是这个人。"

3. 实现方法

①分析短期目标和长期目标；②明晰即时性效果的重要性；③调整个人的思维方法和心理状态。

4. 日省吾身

①怎样制止个人的急躁心态呢？②追求即时收益是否值得？③即时收益和长远收益，哪个更具吸引力？④当前情况下，有分析的必要性吗？⑤当前情况下，有检讨的迫切性吗？⑥你是否掌握了过多的资讯？⑦如何才能不被环境所影响？⑧如何才能在复杂的环境中保持清晰的思维呢？⑨有没有专业人士可以为你提供指导？⑩怎样避免盲从他人？

● 阶段四

1. 阶段特征

在这一阶段，你应该设法让自己平静下来，客观分析当前局势，保持平和的心态。对万事万物而言，只要以真诚待之，以恒心守之，最终都会达成自己想要的结果。

2. 历史故事

焚烧宫殿，抢夺财物

公元前206年，项羽进入秦朝都城咸阳，但他并没有打算在此定都，完成自己的统一大业，而是纵兵屠城，大肆抢劫，不仅杀了秦王子婴，还放火烧了咸阳的秦王宫殿。

当时咸阳是秦朝历代经营的都城，经济实力在全国首屈一指，且四周有山河之险，完全可以据此成就一番帝业。可惜项羽并没有客观分析当时的形势，反而被对秦朝的憎恨影响了判断力，将这个繁华的城市付之一炬，其实与咸阳一起烧光的，还有他的霸业。

3. 实现方法

①时刻保持真诚的态度；②寻找自身最真切的愿景；③拥有为目标奋斗的耐心和勇气。

4. 日省吾身

①未来有哪些可供发展的方向？②你预期达成的目标是什么？③要在何时达成自己的目标？④要想在指定时间内达成目标，你应该怎么做？⑤如何坚持执行自己的计划？⑥你对自己的毅力有何评价？⑦你最想达成的目标是什么？⑧你认为自己距离成功还差多少？⑨在达成目标的过程中保持积极性，是否很有难度？⑩怎样才能保持最佳状态迎接挑战？

● 阶段五

1. 阶段特征

对达成目标的主动性不强，是因为你对目前的工作缺乏热情。现在首要的问题就是如何发掘自己的渴求，重新获取达成目标的动力。

2. 历史故事

不听忠言，执意返乡

火烧咸阳后，项羽看到咸阳破败不堪，便动了回江东老家的心思。这时一个谋士韩生劝说他："关中富饶，可以成就霸业。"但项羽却不听劝告，执意返乡。谋士不禁感叹："都说楚人残暴，就像戴着帽子的猴子，果然如此。"项羽听说后，便把那个谋士杀掉了。

3. 实现方法

①分析目标对你的吸引力；②寻找个人动力的来源；③自发地制定发展计划。

4. 日省吾身

①如何提升自己的工作动力？②现在的目标对你的吸引力有多大？③引发你渴望的关键是什么？④怎样才能令你产生渴望？⑤要培养你对目前工作的热情，需要进行什么训练？⑥有没有人或事可以令你感兴趣？⑦一个能够让你动力十足的目标应该具备什么条件？⑧如何制订计划才能提高你的积极性？⑨你自己是否有需要戒除的心态？

● 阶段六

1. 阶段特征

当事情的发展进入关键期，你的一言一行都会影响到事情的成败。如果坚持自私自利的行为，最终只会自酿恶果。

2. 历史故事

分封不均，人心思变

秦国灭亡后，项羽成为当时最大的军事力量，被称为"西楚霸王"。公元前206年，项羽分封诸侯，中国再次陷入割据局面。然而，项羽的这次分封存在很大问题，比如功劳最大的刘邦，并没有被分封在起家的地方，而是被封为汉王。张耳被封为常山王，但与他功劳相等的陈余却只是一个侯爵。其他几个分封也让人大有怨言。据说，在分封时，项羽把玩着手中的众多官印，舍不得赐给有功的人。于是，各个诸侯对项羽的不满慢慢积聚起来，这也为之后项羽的灭亡埋下伏笔。

3. 实现方法

①明白理性与感性的抉择；②明白个人利益与集体利益的分别；③明白个人导师的重要性。

4. 日省吾身

①如何分辨你的决定是理性的还是感性的？②怎样在做决定时保持客观理性的心态？③你个人的目标与众人的目标有没有冲突？④要想使人人获益，是否需要你放弃个人利益？⑤你会如何平衡集体利益和个人利益？⑥你做决定的标准是什么？⑦你是否认为自省很重要？⑧做决定时，什么会影响你的判断？⑨如何才能在做决定时保持大公无私的心态？⑩你认为牺牲个人利益值得吗？

要点总结

①分析当前局势的发展趋势，并做出适当的调整；②提升个人的工作热情，努力为目标奋斗；③时常自省，做出改善。

第三十二章　延　续

总体特征

如果你细看一棵有花的植物，就会发现它好像接收了无形的指令一样：它将新叶舒展开，吸收赋予生命的阳光；它的根茎牢固地抓着泥土，为自己汲取养分；不久，它的花便会神奇地开放，用吸引感官的颜色和香味引来其他生物的互动；然后大自然加入传播花粉的工作之中。在生命与生命之间的互相合作之后，这植物便将它所有的能力集中于果实和种子的生长和成熟。最后，植物进入衰败和休息阶段，甚至是结束自己的生命，但新的种子会脱离植物掉到地上，"延续"着永恒存在的奥秘。正如《易经》所言："观其所恒，而天地万物之情可见矣。"

这一时刻需要的是传统和恒久价值观的延续。要审视自己有哪些性格特质是自我延续的。依靠着你自己本性里的耐力，你便会达成新的目标。

社会习俗会给予你肯定和支持，因为它们都是经受了时间的考验的。延续那些公认的传统会给你和你的社区带来秩序、团结和安全感。这并非是要你盲目地追随所有社会意识，而是追随那些支持生命系统的健康、能使人顺利成长的基础。

在商业和政治事务中，要特别注意支持那些有先例证明的、有用的政策。现在不是为改变而改变的时候，与此相反，这时候应该让这些已有的方法在新的观念里得以延续。现在的成功来自于"延续"由来已久的传统——那些能和有秩序的生命相协调的目的。

在恒久的社会架构里的人际关系，如婚姻和家庭，在合乎传统的模式中会有顺利的发展。要有原则和保持一贯性，没有纪律的行动只会令你远离自己的目标。聆听你内心的声音，寻找恒久的价值。

进阶教程

● 阶段一

1. 阶段特征

世间的规律存在于万事万物之中，不可轻易改变。此时你的士气高涨，但恒心不足，并不了解局势的循环和变化。现在要做的就是按部就班地进行，耐心地等待，直到新的转变出现。如何平稳你急躁的心境，是当下必须要做的事情。

2. 历史故事

杀死义帝，大失人心

分封完诸侯的项羽命诸侯回到自己的领地，并将义帝迁往长沙郴县居住。义帝名叫熊心，是战国时期楚怀王之孙，项梁起兵反秦时，听从了谋士范增的建议，立熊心为楚王，以从民望。之后的许多反秦战斗，都是以义帝的名义发布的。

然而，当项羽完成霸业后，这个名义上的上级就有些让人头疼了。作为西楚霸王，项羽已经将自己视作天下的主人，命令应该由他来发布，而不是那个有名无实的义帝。于是，项羽并没有像后来的很多开国君主那样采取形式上的禅让，而是很不明智地命令英布等人将其杀死。项羽的这一行为也激起了所有人的愤怒，诸侯们已经不再信任这个霸主了。

3. 实现方法

①分清事情的轻重缓急；②留意万事万物中体现的规律；③向前辈征求意见。

4. 日省吾身

①你应该怎样保持恒心呢？②有没有良好的环境来支持你的计划？③你通过什么来了解现在的局势？④当需要放缓计划的进展速度时，你能够接受吗？⑤你怎样看待未来环境的转变？⑥如何区分事情的轻重缓急？⑦你对自己的恒心有何评价？⑧是否对每件事都进行了充分的分析？⑨怎样保持自己的士气？

● 阶段二

1. 阶段特征

在这个阶段，无论做什么事情都要合乎中庸之道，切忌过分贪图利益。永远择善而行，避免偏激，长此下去才是获利之道。

2. 历史故事

人心思变，齐赵叛乱

项羽分封诸侯时并没有按功行赏，而是存在大量私心。比如在分封齐王一事上，就存在很大争议。在反秦斗争中，齐国田氏宗族的后人田荣跟随兄长一起参加战斗，但由于曾经违背了项羽的命令，所以并没有被封为齐王。反而是与项羽关系不错的田都被封为齐王，田安被封为济北王。另外，赵国将领陈余也没有得到应有的奖赏，这两个人都很怨恨项羽。

公元前206年，田荣自立为齐王，公开反叛项羽，陈余也在赵国反叛。项羽连忙分兵拒敌，并亲自带兵前往征讨田荣。刚刚恢复和平的中原大地，再次陷入战火之中。

3. 实现方法

①以实际行动践行中庸之道；②坚信"仁者无敌"；③明晰急功近利的后果。

4. 日省吾身

①你现在所做的事符合中庸之道吗？②如何在现在的环境中坚守信念？③在艰难的环境中，如何减少埋怨？④在顺境中，如何避免自视过高呢？⑤在现在的环境中保持中庸的处世态度有何难处？⑥在有名利可图时，如何抑制自己的贪心呢？⑦你认为自己可以经受住名与利的诱惑吗？⑧有没有什么信念可以帮你对抗私欲？⑨如何贯彻这些信念？⑩你是否预想过急功近利的后果？你会如何预防？

● 阶段三

1. 阶段特征

在这一阶段，个人德行是有所亏欠的。有时候，为了达成个人私欲，不惜抛弃一切道德和操守，虽然看起来获得了一些短期利益，但长此以往你失去的只会更多。所以，无论做什么事情，都要以德为本。

2. 历史故事

杀戮降卒，劫掠百姓

公元前206年，项羽与田荣战于城阳，并且成功击败田荣。田荣败逃至平原，被当地百姓杀死。原本平定田荣叛乱后就可以班师回朝了，但项羽接下来的做法却令人大失所望。他先是将投降的田荣士兵全部坑杀，然后就像在咸阳城所做的一样，命令士兵抢劫齐国都城，强制当地百姓迁往北海郡，然后将这座城市付之一炬。

项羽的做法让所有人愤恨不已，原本已经平定的齐国大地再次举起反抗的大旗，田荣的弟弟田横也趁机反抗。而此时刘邦又平定了汉中，准备和项羽一决雌雄。项羽面临着多线作战的烦恼。

3. 实现方法

①注意德行与利益的平衡；②保持对道德感知的警觉性；③明晰个人修养的重要性。

4. 日省吾身

①你最想得到的是什么？②什么事情令你做出这个决定？③你对某个结果的渴望，是否超越了道德操守？④应该如何让自己保持清醒的头脑？⑤有没有人可以唤醒你对道德的关注？⑥你现在是否有意规避了一些道德准则？⑦如何建立一个好的道德品格？⑧你所做出的重大决定，是否仅仅是出于自己的利益考量？⑨怎样才能有效避免贪念？⑩在必须取舍的时候，你会为了利益而放弃一切吗？

● 阶段四

1. 阶段特征

在这一阶段，你必须十分注重自己的心态。只有保持正直的品性，诚以待人，所做的行动才会换来有效的结果。

2. 历史故事

彭城会战，围困荥阳

刘邦趁着项羽统兵在外的时机，攻占了项羽的老巢彭城，每日大摆筵席，沉浸在胜利的美梦中。项羽却领兵急速回援，早晨从萧县出发，中午就攻打到了彭城，击败刘邦的军队，杀死汉军十余万人。

刘邦仓皇逃亡，最后被楚军围困在荥阳。此时刘邦采用陈平的计策，离间项羽与主要谋士范增的关系，项羽果然中计，怀疑范增与刘邦勾结。范增一气之下告老还乡，并在途中病死。之后刘邦又命令纪信假扮自己，自己则偷偷逃走。项羽知道真相后，将纪信活活烧死。公元前203年，项羽攻克荥阳，处死了守城的周苛等人。但此时彭越、英布等人又起兵反叛，项羽已经无力追击刘邦，刘邦再次从项羽手中逃生。

3. 实现方法

①明晰忠诚的重要性；②必须按照你的诚信本性行事；③尊重集体利益。

4. 日省吾身

①你现在所进行的计划成效如何？②有没有人或事在影响你计划的实施？③现在所进行的计划是否是按照你个人的愿望施行的？④你有没有顾及集体利益？⑤若是为了集体利益，需要你放弃个人利益，你会怎么做？⑥有哪些信念是你不能放弃的？⑦你的真实本性是什么？与现阶段你所表现出来的是否一样？⑧你的行为与你的本性差别很大吗？⑨有人愿意影响你的行动吗？⑩就你对自己的认知，你是一个关注他人高于自己的人吗？

● 阶段五

1. 阶段特征

在这一阶段，不要依赖于外力的支援，要自己做出决定。此时你所做出的决定是必要的，也是对未来和他人做出的承诺。

2. 历史故事

孤立无援，疲于奔命

就在项羽与刘邦对战的时候，彭越击杀了楚将薛公，占领东阿。韩信攻破齐国、赵国，英布也起兵叛楚，而刘邦则反复骚扰成皋等地。众叛亲离的项羽只能带领自己的楚军疲于奔命，四处出击，但往往东边刚刚平定，西边又被敌人攻破，西边平定后，北边又有敌军进犯。无奈之下，项羽只能与刘邦订立盟约，以鸿沟为界，中分天下。

3. 实现方法

①培养自己的决断力；②灵活运用各种资源；②提升个人对事情的热情。

4. 日省吾身

①做出决定时，你面临的抉择是什么？②你对自己的品格有何评价？③你认为现在应该做的是什么？④有什么指导可以帮助你做决定？⑤有什么资讯会影响你的决定？⑥有什么资源可以供你使用？⑦这些资源可以在哪些方面帮助你？⑧你是否有足够的决断力？⑨你对所做的事情是否充满热情？⑩如何提高你对工作的热情？

● 阶段六

1. 阶段特征

在这一阶段，事物处于不规律的变化之中，无法用理性控制的冲动是你此刻的大忌。要重新寻找秩序的所在，顺应局势的发展，感受其中蕴藏的规律。

2. 历史故事

自刎乌江，霸王命终

然而，就在鸿沟议和后不就，刘邦就撕毁了盟约，再次进攻项羽。最终，在多方军队的合击下，项羽在垓下大败，只带领八百骑兵突围而出。项羽一路逃到乌江，乌江亭长劝说项羽可以返回江东，还可以东山再起。但项羽自觉已经无颜再见江东父老，在杀了数百名追兵后，自刎而死，一代霸王就这样意气用事地结束了自己的一生。后人也只能感叹："江东子弟多才俊，卷土重来未可知。"

3. 实现方法

①培养自己审时度势的眼光；②掌握顺应自然的运作模式；③明晰顺从

事态的重要性。

4. 日省吾身

①你认为自己安于本分吗？②你是否预料到即将产生的后果有多严重？③你留意到环境的转变了吗？④若你坚持开展工作，需要做些什么？⑤若事情向坏的一面发展，最糟糕的结果是什么？⑥你现在做出的决定是不是感情用事？⑦你留意到现在所处环境的运行模式了吗？⑧你所做的事情合乎社会秩序吗？⑨你是否具有审时度势的眼光？⑩现在急需你做的是什么事？

要点总结

①坚守自己的道德底线；②建立正确的人生观和价值观；③了解万事万物的自然规律；④切勿利欲熏心，保持头脑冷静。

第三十三章 退 隐

总体特征

跟冬天一样，强大的负面力量是源自于自然规律的一部分。在适当的时机退隐是最佳的应对方法。要好好地选择退隐的时机，如果太早，便不会有足够的时间预备卷土重来；如果太迟，便会被困住而无法脱身。你的退隐应该要有信心和力量的支持，这一行为不是放弃，而是做出聪明的、适时的退守，既有利于你下次的卷土重来，又可以防止不幸事件的发生。

此时，不要与这负面力量抗衡、争斗，管控好自己的情绪，报复心和愤怒只会令你的判断失误，阻碍你这重要的"退隐"时机。此刻你无法打赢这场战争，但你可以阻止敌人进一步伤害你，这需要有坚定的抽离——理性上和情绪上都要抽离，断绝沟通，自给自足。

在商业和政治事务中，敌对的力量开始增大。不要尝试和这些力量对抗，要把精力放在较细微的自我巩固上。这时候的整体情况是没有弹性的，但"退隐"会给将来的前进创造机会。

在人际关系中，你可能需要全面的退守。如果你和你所爱的人有分歧的话，最好将其视为感情的必经阶段，让自己客观、冷静下来。在感情关系里，此刻你的理想不会实现，但你可以"退隐"，在自己的内心中寻求满足。

你现在可能正为内心的斗争而苦恼，因为现实和你的理想相去甚远。如果是这样的话，那此刻便是"退隐"的时刻。不要离弃你的原则，但要脱离那些冲突，继续内心的斗争只会给你添加压力，造成身心上的不健康。此时，你必须要冷静地把自己从这种状态中抽离出来。

进阶教程

● 阶段一

1. 阶段特征

危机的爆发往往让人措手不及，但爆发前仍会有种种预兆给人警示。应小心留意每个警示，时刻做好准备，有时暂缓发展也不失为一个好方法。

2. 历史故事

夫椒兵败，被迫求和

公元前496年，越王勾践大败吴王阖闾，以为得志。谁知两年后，阖闾的儿子夫差便领兵在夫椒击败勾践，勾践带领五千残兵退守会稽，被吴军重重围困。面对危机，范蠡冷静地分析了当时的局势，劝说勾践暂时投降，全身保命。勾践听从了范蠡的建议，用重金贿赂吴王身边重臣，终于让吴王同意了勾践的投降请求。

3. 实现方法

①提高个人的警觉性；②锻炼发现危机的洞察力；③有耐心和勇气暂缓发展的脚步。

4. 日省吾身

①你对自己的警觉性有信心吗？②你是否留意到危机爆发前的警示信号？③如何提高个人的警觉性和洞察力？④你现在需要什么支援？⑤你现在应该做些什么？⑥你应该怎样规避风险？⑦你认为这次退避所需的时间是多少？⑧为了预防即将到来的危机，现在你应该做些什么？⑨还有没有更好的选择？⑩是否必须暂时退避，躲开风头呢？

● 阶段二

1. 阶段特征

当危机出现时，由于个人的志向和操守不允许你躲避，只能抱着"明知不可为而为之"的决心与之对抗，这种精神值得嘉奖。虽然危机四伏，但只要充分发挥个人才智和正确运用资源，仍然有险中求胜的可能。

2. 历史故事

追随越王，入质为奴

越王兵败两年后，按照约定，越王应该前往吴国，给吴王当仆人。勾践本来想让文种随自己前往，范蠡劝说道："安定百姓，处理国政，我不如文种。但当机立断，应对外交，文种不如我。所以，还是让我与大王一同前往吴国吧。"勾践听从了范蠡的建议，与他一起前往吴国。虽然前途凶险，危机四伏，但范蠡明白"置之死地而后生"的道理，知道现在还不是对抗吴国的时机，他们还需要等待。

3. 实现方法

①自强不息，拥有"宁为玉碎不为瓦全"的勇气和决心；②坚守你的道德信念；③锻炼处理危机的敏感度。

4. 日省吾身

①如何做到"泰山崩于前而色不变"呢？②有没有制订一个周详的计划？③如何才能做到自强不息呢？④有什么信念是你所坚持的？⑤有什么事情是你不会做的？⑥如何运用你的个人才智？⑦有没有足够的资源供你使用？⑧有没有建立一个危机处理系统？⑨当只有一个人独自面对危机，你会如何坚守自己的信念？⑩你的决心有多大？

● 阶段三

1. 阶段特征

不要只顾眼前的利益而忽略了潜伏的危机，也不要保持依赖和被动的心态。现在要做的就是当机立断，为未来做好足够的准备，即便危机来临，局势无可逆转，也可以独善其身，不被牵连。

2. 历史故事

婉拒夫差，不为吴臣

范蠡随勾践入吴为质后，吴王夫差对他说："我听说贞洁的妇女不嫁入破败的家庭，贤士不在已经灭亡的国家当官。如今越国已经灭亡，成为天下的笑话，你能不能改过自新，为我吴国出力？"

范蠡答道："我听说亡国的大臣不能说政事，败军的将领不能称自己的勇武。如今越王不自量力与大王争斗，兵败国灭，我们君臣只希望能在大王面前做个仆人，以尽孝心。"夫差听完哈哈大笑，便不再勉强范蠡当吴臣了。

3. 实现方法

①建立危机意识；②不被一时的花言巧语所蒙蔽；③拥有主动性和当机

立断的决心。

4. 日省吾身

①你的计划进展是否顺风顺水？②如何才能扭转局面，反客为主呢？③现在的环境是否让你过于放松？④放松的源头是什么？⑤是否有人让你好好享受现在的好时光？⑥有什么事情令你无法积极向前呢？⑦有什么事情可以激励你的斗志？⑧如何才能做好两手准备？⑨有什么事情是要格外小心的？⑩你会如何迎接未来的挑战？

● 阶段四

1. 阶段特征

懂得在适当的时机隐藏自我。遇到利益诱惑，能够看清真相，知道此非真正的良机。在这一阶段，要求你拥有极大的决断力，能够坚毅隐忍，这对你以后的发展十分有利。

2. 历史故事

劝主隐忍，成功返国

越王勾践当了吴王的奴仆后，范蠡对勾践说道："你要能够隐藏自己，用卑微的行为打消吴王的顾虑和疑心。"勾践照着范蠡所说的做，每次夫差坐车出去，勾践就帮他牵马，用心服侍，这样一待就是两年。两年后，吴王认为勾践已经真心归顺了自己，便不听伍子胥等人的劝告，将勾践放回越国。回到越国后的勾践十年生聚，十年教训，终于在公元前473年灭掉吴国，杀死夫差，成为春秋时期最后一个霸主。

3. 实现方法

①切勿被一时的利益所诱惑；②锻炼自己的鉴别能力；③以平常心看待名利。

4. 日省吾身

①怎样才不会落入名利的陷阱？②若有人以名利诱惑你，你会作何选择？③要想抵御诱惑，你需要培养什么品格？④你的性格是否还有待完善？⑤你对自己抵御名利的能力有多少信心？⑥是否有人为你做出指导？⑦想要在未来顺利发展，有什么事情是必须坚持的？⑧如果有一件事令你容易被诱

惑，会是什么事情？⑨现在获得的利益，从长远来看是好是坏？⑩如何保持平常心？

● 阶段五

1. 阶段特征

在这一阶段，你需要看清"名利"对你今后人生的影响。虽然每个人都渴望"权力"，但在适当的情况下，以事情的良好发展为前提，你应该学会放手，将权力下放，让一个更合适的人来处理问题。

2. 历史故事

功成身退，远离灾祸

越王成为春秋霸主后，范蠡立刻离开越国，来到齐国，并在那里给昔日的同事文仲写了一封信，信中有一句著名的箴言："飞鸟尽，良弓藏；狡兔死，走狗烹。"他劝说文仲道："越王为人阴险，只可共患难，不可同富贵，你为什么还不快些离开呢？"文仲拿到书信后，便称病不上朝，但因舍不得官位，最终没有像范蠡一样选择离开。

3. 实现方法

①保持淡泊名利的心态；②摆正个人动机；③接受各人互有长短的事实，因才录用。

4. 日省吾身

①扪心自问，你今天最想得到的是什么？②你应该如何平衡名、利、权之间的关系？③需要放手的时候，你是否会觉得不舍？④如何才能不阻碍现在的发展趋势？⑤是不是有人比你更适合领导现在的事业？⑥就你个人的能力而言，你认为自己应该处于何种位置上？⑦为什么要留恋现在的位置？⑧如果让其他人来领导，成绩是否会更好？⑨你会如何调整自己的心态？⑩你希望自己的未来是什么样子？

● 阶段六

1. 阶段特征

当个人权力发展到极致，就要避免"亢龙有悔"的结果，懂得"退隐"

之道，明白贪恋权力的恶果。现在正是检验你判断力和抉择力的时刻。

2. 历史故事

两种选择，两个结局

文仲虽然称疾不朝，但也引起了越王的猜忌。当时又有传言，说文仲打算起兵造反。于是越王赐给文仲一把剑，说道："你教给我七个计策讨伐吴国，我只用了三个就灭亡了吴国，现在你还有四个计策，要不要先试试看？"文仲终于知道越王不会放过自己，便自杀而亡。

另一方面，范蠡早已逃离了越王的势力范围，并且弃官从商，凭借着超人的智慧，成了一代商圣，被尊称为"陶朱公"。

3. 实现方法

①要有急流勇退的果敢决断；②切勿贪恋眼前的权力；③坚守价值观的底线。

4. 日省吾身

①现在是离开岗位的好时机吗？②你距离"收放自如"的心态还差多少？③现在要做的抉择是什么？④有没有比离开岗位更好的方法？⑤有没有比现在离开更好的时机？⑥应该如何遵守"进""退"之道？⑦需要急流勇退的时候，你能够接受吗？⑧为了拥有现在的地位，你是否做过不合宜的事情？⑨有没有比你更合适的人选？⑩为集体利益着想，你的留下是好是坏？

要点总结

①随时准备退守，避免凶险；②接受别人有时比自己更合适的事实，懂得退位让贤；③抱持积极的思想；④切勿贪恋名利。

第三十四章　强大的力量

总体特征

当"强大的力量"降临到一个人身上时，便是对这个人品性的真正考验。他的所有行动都会对其他人产生重要的影响。他所说的，别人都会听到；他所想的，别人都能感受到。他的所作所为可以令身处的环境走向秩序和平静，亦可以将之带入混乱和丑恶。他可以趁机大大提升自己的内心世界，亦可完全令自己精疲力尽。因此，拥有"强大的力量"的人最需要关注的就是品性的正直。谨记力量只是达成目的的工具而非结果本身。当你运用这力量时，确保你的时机是正确的，你的行为是恰当的，即是为所有人的利益着想。因为自然的规律，就是正大和力量的结合。坚守纯正的本质和责任极其重要，因为不适当、不正直的行为只会令你自己和其他人陷入纷乱。

毫无疑问，"强大的力量"对于世俗事务是十分有利的。当你幸运地拥有了它，聪明的做法是暂时停一停，审视你的目标是否正确。从过往的经历中汲取教训，不要做任何不符合规律的事，同时亦要有耐性，等待适当的时机进行你的计划。

在社交中，这"强大的力量"的影响力最为明显。你会发现自己成了核心人物。这时候你的影响力是极其强大的，你的存在必受到注目，要利用这力量去改善你的人际关系和实行利好的工作，当你举棋不定时，便紧随已有的社会秩序和习俗，这样就算是力量渐衰后你也能继续获得支持。

你会发现在人际关系中你有不寻常的影响力，这绝对是一份责任。你所爱的人信任你和寻求你的引导。他们感觉到对你的依赖，在你的身上寻找肯定。此时重要的是保持绝对的正直，遵循传统，就算是无心的偏离正轨也会为你带来感情上的灾难。

利用这力量升华自己，将个人修养中遇到的困难成功克服，小心处理自己的短处。不要认为这一时期获得的力量可以任你随意挥霍，亦不要认为你的态度和意见一定是对的，这只是对你的另外一个考验而已。尤其注意的是找准时机，遵从正直的本性，想要为其他人带来觉悟和进步，你必须首先加强自己的个人修为。唯有如此，才可以完全发挥你现在拥有的"强大力量"。

你必须尽全力将自己和自然规律相协调。不论你对传统价值观有什么意见，都要紧随这些理想，这会令你保持"中正"。要给你的"强大的力量"正确的引导，这绝对是必要的！这引导会带领你跳出可能停滞不前的状况。

进阶教程

● 阶段一

1. 阶段特征

事业的发展既需要分工又需要合作，只凭自己的意愿，相信所有事情都可由自己掌握，不顾及其他人，盲目地前进，这样的人是不会成功的。谨记"随时而易，配合有方"，达成目标便指日可待。

2. 历史故事

得罪同僚，被贬推官

徐阶，字子升，明代嘉靖年间的重臣。嘉靖二年，徐阶以探花及第的身份进入翰林院。当时掌握大权的是内阁大学士张孚敬，刚刚进入官场的徐阶并不懂得官场技巧。有一次，张孚敬主张免去孔子的王号，许多人都附和张孚敬的主张，只有徐阶厉声斥责。张孚敬大怒，说道："你想要背叛我吗？"徐阶回答道："我从未依附过你，又何谈背叛？"张孚敬十分生气，将徐阶贬官，到延平府做了一名负责审理案件的推官。

3. 实现方法

①懂得合作的重要性；②突破个人成长的限制，不以自我为中心；③强调"配合有方"。

4. 日省吾身

①现在的行为是否过于激进？②现在需要顾及什么因素？③怎样的行动计划最为合适？④行动前是否先分析状况？⑤需要分析什么？⑥你个人的限制有哪些？⑦怎样才能提高自己的表现？⑧应如何运用各种资源？⑨应该在什么时候开始行动？⑩应该用什么工具或资源处理现在的问题？

● 阶段二

1. 阶段特征

当你的个人能力十分完备，并获得了上司和同事的信任，将各种重要事项委托于你时，此时你要留意自己的态度，要谦和待人，才能无往而不利。

2. 历史故事

谨慎行事，谦和待人

经过贬官一事后，徐阶懂得了隐忍的重要性，知道如果刚而犯上，很容易给自己招惹祸端，于是在后来的行事中就变得越来越谨慎。

徐阶在对待下属和品级较低的官吏时，态度和蔼。每当有外来官吏进京，徐阶总要询问当地民情，且多关怀殷切之语，于是很多地方官吏都愿意与徐阶往来，称其为"谨厚长者"。在朝臣的称赞声中，徐阶很快就升任为礼部尚书。

3. 实现方法

①发挥互助的精神；②保持谦和待人的态度；③切勿过分表现自己。

4. 日省吾身

①可供你发挥的方向有哪些？②有什么事项适合你的发挥？③你的个人能力在什么事情上最能获得发挥？④你在待人接物上有什么需要注意的地方？⑤哪些地方是你一直没有留意的？⑥如果有人告诉你态度出现问题，你会作何感受？⑦你会怎样平衡自己，才能不过分表现自己？⑧在你迷失自我时该如何提醒自己？⑨面对别人不礼貌的对待，你作何感受？⑩你会如何阻止自己不过分表现呢？

● 阶段三

1. 阶段特征

能力越大，责任越大，个人修养越重要。当拥有能力后，如果盛气凌人，必然招致祸患。如何在此刻保持谦虚、柔和、不争的态度，是现在必须学习的。

2. 历史故事

与世无争，柔和处事

严嵩专权后，多次在嘉靖帝面前说徐阶的坏话。为了摆脱不利局面，徐阶的行事风格变得更加圆滑柔和，没有棱角。他事事顺从严嵩，甚至将自己的孙女嫁给严嵩的孙子。严嵩的儿子严世藩为人霸道，可每当他无礼地对待徐阶时，徐阶都能忍气吞声，不露出任何不悦的神色。久而久之，严嵩也就打消了对徐阶的顾忌。

不久，徐阶进入内阁。内阁是明朝处理机要事务的部门，地位高于六部，进入内阁，也就意味着徐阶进入了统治阶级的核心。然而，内阁首辅正是严嵩，徐阶要想进一步晋升，还要迈过严嵩这个关卡。

3. 实现方法

①善用现有的能力，帮助身边的人；②虽超越其他人，仍保持平常心；③加强个人修养。

4. 日省吾身

①对于不能直接展现自己的能力，你是否会感到沮丧？②你身边有没有需要你帮助的人？③怎样才能令自己不骄傲呢？④应该如何加强个人修养？⑤你现在需要学习的事情是什么？⑥你有没有善用自己的职责？⑦你可以做什么事情来回馈自己的团队？⑧如何保持谦逊的做人态度？⑨当有发展良机时，如何避免别人认为你在争名夺利？⑩在团队中，你如何与他人配合，协同发展？

● 阶段四

1. 阶段特征

在这一阶段，天时、地利相协调，正是千载难逢的发展良机。而你正是这机遇中的关键齿轮，要坚持自己的本性，无私付出，确保"人和"，则你将获得丰厚的回报。

2. 历史故事

弹劾严嵩，升任首辅

嘉靖后期，严嵩失宠，徐阶看准时机，暗示邹应龙等人弹劾严嵩父子，嘉靖帝勒令严嵩告老退休，一代权臣就此倒台。

不过徐阶很清楚嘉靖帝的为人，他反复无常，喜怒不定，很可能会重新启用严嵩。果然，没过多久嘉靖帝就后悔了自己的决定，想要再次提拔严嵩。徐阶向嘉靖帝讲明道理，有理有据，最终让嘉靖帝打消了这个念头。公元1562年，徐阶取代严嵩，成为新一任内阁首辅。

升任首辅后，徐阶一改严嵩的弊政，选用贤臣，举荐了高拱、张居正等一批有为之士。同时还为前期许多遭受冤屈的大臣平反，从而广受好评。

3. 实现方法
①坚持付出；②建立团队的共同目标；③制订行动方针。

4. 日省吾身
①你所做出的每一个决定都符合良心吗？②团队是否有共同目标？③如何实行目标？④有没有坚持付出？⑤有没有为自己的等待给予时限？⑥三年内的计划应该如何执行？⑦如何知道现在是最好的发展良机？⑧你是以集体利益为出发点，还是个人利益？⑨你将如何运用现在的天时和地利？⑩如何团结团队中的每一个人？

● 阶段五

1. 阶段特征
大错已经铸成，失败的恶果无法挽回。但现在不是气馁的时候，要反省自己，从中汲取教训。诚如多次失败却最终发明电灯泡的爱迪生所言："我没有失败过，我只是找出了两千多种不可能的方法罢了。"

2. 历史故事

昔日弟子，反目成仇

在徐阶提拔的一系列士人中，高拱是其中的佼佼者。高拱曾是裕王朱载垕，也就是后来的明穆宗的侍讲，因此仕途颇为顺利。公元1566年，经徐阶推荐，出任文渊阁大学士。不就，嘉靖帝驾崩，朱载垕即位，高拱进入内阁，伴随着地位的提升，他与首辅徐阶的关系变得微妙起来。

徐阶看着这个自己一手提拔的后辈，如今竟然敢于违背自己的意愿，十分生气，便指使胡应嘉、欧阳一敬等人弹劾高拱，逼其辞去内阁一职。徐阶不知道的是，自己已经走在了严嵩的老路上。

3. 实现方法

①拥有重新振作的决心；②寻找到提升士气的方法；③明晰反省检讨的重要性。

4. 日省吾身

①你会如何调节失败后的心态？②在这次经历中你学到了什么？③你会如何使自己振作起来？④对于下次行动，有没有新的方法？⑤如何避免再犯同样的错误？⑥你是否好好反省自己了？⑦到底是谁出了问题？⑧下次应如何与团队进行沟通？⑨什么话最能激励现在的你？⑩你有没有一句座右铭？

● 阶段六

1. 阶段特征

现在是需要认知"环境"的时刻了。你要知道自己现在所遇到的挑战是无可避免的，唯有靠着坚强和毅力，尽己所能，才能克服其间的阻碍，获取成功。

2. 历史故事

辞官还乡，晚节不保

明穆宗朱载垕喜好女色，经常服用春药，并且有许多荒诞不经的做法。身为首辅的徐阶常常当面指责穆宗，让穆宗十分厌烦。而且，穆宗很清楚是徐阶排挤掉自己的心腹高拱，对他早有不满。朝臣中反对徐阶的人趁机上书弹劾，徐阶也提交辞呈，穆宗顺水推舟，同意了徐阶的奏章，准许其告老还乡。

徐阶告老还乡后，并不能约束子弟，致使他们横行乡里，为害一方。虽然徐阶生前还有很大的势力，但徐阶一死，徐家人的好日子也就到头了，曾经的老对头高拱甚至流放了他的两个儿子。一代名臣，晚节不保。

3. 实现方法

①拥有迎接挑战的冒险精神；②拥有毅力和忍耐力；③明晰认知环境的重要性。

4. 日省吾身

①面对当前的挑战，你最害怕的是什么？②你了解自己现在的局限性吗？③你现在最想实现的"终极价值"是什么？④有什么可行的方法，可以助你解决当前的困难？⑤如何从现在的环境中找出生机？⑥有什么方法和个人能力适合现在运用呢？⑦有没有可以加强自身实力的外援？⑧有什么阻碍是你现在的能力所不能克服的？⑨你对自己有没有信心？⑩现在的环境是否制约你的发挥呢？

要点总结

①发挥个人力量；②适当地隐藏自己，不让他人感受到威胁；③发挥领导力，集合更多的力量；④了解个人的局限性，从中寻求突破。

第三十五章　进　展

总体特征

这是一个快速发展的时刻。

在这一时期，你应将精力运用于服务他人方面。如果你是一个领导者，正要进行一次改革，你会取得重大成功。此时你正处于高速发展的社交和政治活动中，你现在所得到的影响力会把你推向特别显要的位置。如果你可以保持高尚、正直的态度，以社会的进步为前提，你便会得到群众的支持，亦会成为别人的榜样。如果你的出发点是对某人忠心的话，你的智慧和忠诚会很快地得到认同，你会获得晋升作为回报。此时，你对重要事情所提出的意见亦会有很大的影响力。

在这"进展"的时刻，沟通是极其重要的。聪明的做法是和你的社交世界里各阶层人士都保持接触，观察其他人的需求，支持改革的进展，积极参与社会事务，从而提升你的自我价值。

在个人与家庭的关系里，现在是沟通和建立共识的好机会。家庭生活里最令人感到满足的就是家庭所有成员都支持每一个人的个人目标，而每一个人的成就又给家庭带来荣耀。这里没有嫉妒生存的空间，家庭中的每个人都积极贡献着自己，形成合力，从而令这关系更具力量。

当你坚持无私的动机时，你会令自己光芒毕露而具有影响力。你的个人修为会有更大的"进展"。这一时期持久的安稳会给你一个提升自己的道德与人生观的平台。以这个平台为起点，将来的计划会建立在对更高层次的理解上，目标会变得更精确，具有更大的价值。

进阶教程

● 阶段一

1. 阶段特征

在事业刚刚起步的时候，需要获得他人的支持，才能有发挥所长的空间。不要对自己的能力存有疑虑，不要质疑自己的价值，静静地等待时机，默默耕耘，就是最好的方法。

2. 历史故事

寻求同盟，稳定危局

公元1661年，清顺治皇帝突然暴崩，年仅8岁的爱新觉罗·玄烨即位，是为康熙，索尼、苏克萨哈、遏必隆、鳌拜四大臣辅政。四大臣辅政期间，也是明争暗斗，但勉强维持住了平衡局面。公元1667年，首辅索尼病故，平衡的局面被打破，不久后鳌拜便杀死苏克萨哈，吞并了他的势力，又与遏必隆一起晋封一等公，此时的康熙名为皇帝，军政大权其实掌握在鳌拜手中。

此时的康熙虽然有铲除鳌拜的心思，但苦于力量不足。于是他以"布库"（一种摔跤）游戏之名，训练了一批忠于自己的心腹勇士。公元1669年，鳌拜觐见康熙，康熙邀请鳌拜观赏布库，并在这一过程中将其擒拿，鳌拜就此被幽禁致死，党同鳌拜的遏必隆被革职。就这样，年少的天子夺回了军政大权。

3. 实现方法

①静候时机来临；②尽职尽责，以诚意获取信任；③切勿质疑自己的价值。

4. 日省吾身

①要取得进展，你现在需要做什么？②怎样才能获取别人的信任呢？③想要有发展的机会，现在应该怎么做？④有没有人或事可以让你获得发展的机会？⑤如果处于较低的职位，你会如何让人展示你的能力？⑥应该如何显露你的实力？⑦你是否具有善于等待机会的心态？⑧你会如何创造一个适合发展的空间？⑨怎样做才能引起别人对你的兴趣？⑩现在是不是一个发展的好时机？

● 阶段二

1. 阶段特征

当你处于较被动的位置时，只要获取别人的信任，即使面临危机，也可以安然度过。但不要满足于现状，让自己始终处于被动的地位。要利用此时的优势站稳脚跟，为未来的发展打好基础。

2. 历史故事

商议撤藩，引发叛乱

康熙亲政后，清政权刚刚完成对全国的统一，许多有权势的军阀仍然割据在边陲，其中最著名的就是所谓的"三藩"，即镇守云南、贵州的平西王吴三桂，镇守广东的平南王尚可喜，镇守福建的靖南王耿精忠。"三藩"势力极大，拥有很高的军政大权。公元1673年，康熙决定裁撤"三藩"，这一决定最终导致了"三藩"的反叛。

战争初期，由于"三藩"早有准备，因此连战连胜。短短数月之间，滇、黔、湘、桂、闽、川六省先后宣告失守。虽然身处危难之中，但康熙的决心并没有丝毫动摇，他稳住国内政局，分兵遣将。1681年，清军攻破昆明，"三藩"最终平定。

3. 实现方法

①拥有励精图治的进取心；②制订主动的行动计划表；③妥善运用自己的资源。

4. 日省吾身

①若想获得更大的晋升，需要怎么做？②如何才能有效推动你的事业？③未来三年的发展方向是什么？④你怎样才能从被动位置转换到主动？⑤对于发展事业，你的决心有多大？⑥现在你具有什么优势？⑦你是否制订了适合自己的发展时间表？⑧有什么方法，能让你摆脱被动受控的处境？⑨有没有追求更高境界的决心？⑩满足于现状，会潜伏着什么危机？

● 阶段三

1. 阶段特征

"信任"来自于个人修养，是无法通过伪装获取的。现在你所需要的就是获取别人的信任，这种信任所带来的支持的力量足以让你呼风唤雨，是你未来晋升的基础。

2. 历史故事

多伦会盟，怀柔内蒙

平定"三藩"和统一台湾后，康熙开始着手管理北边的喀尔喀部。当时喀尔喀受到准噶尔部的袭击，被迫南迁。为了更好地管理这几十万人，康熙决定亲自前往，与之会盟。1691年，康熙与喀尔喀三大部的贵族相聚于多伦诺尔，亲自调停各部的内部问题，并与三大部的首领盟誓，史称"多伦会盟"。

康熙后来对人说道："以前秦朝建造长城抵御外敌入侵，我却与喀尔喀结盟，用他们来抵御准噶尔部，他们的防线甚至比长城更加坚固啊。"

3. 实现方法

①为民请命，顺应民意；②真切地关心每个人的需要；③沟通交流，发展人脉。

4. 日省吾身

①你博取信任的动机是什么？②你所取得的信任，是通过真诚获得的吗？③你是怎样获取信任的？④这些方法是"健康"的吗？⑤你对他人的意愿是否认同？⑥如果你并不认同某人的要求，你会怎么做？⑦你会怎样运用别人对你的支持？⑧为了获得信任，你愿意付出什么？⑨当到达更高的权位，你是否会不再愿意为别人付出？⑩如果你的付出无法获取别人的信任，你会如何调整自己的心态？

● 阶段四

1. 阶段特征

在这一时期，过快的晋升速度很可能会为你带来潜在的危险。切忌贪得无厌，不要强求那些本不该属于你的地位和权力，也不要让你的个人修养在"权力"的阴影下堕落，时常警惕自身，秉持中庸之道，仕途才会亨通。

2. 历史故事

平步青云，终至败亡

说起康熙，就不得不提到他手下的重臣索额图。索额图是首辅索尼之子，在擒拿鳌拜、签订《尼布楚条约》和征讨准噶尔部时都有过大功，深受康熙的信任，职位也一步步晋升，位极人臣。然而，索额图并没有认清自己的地位都是康熙赋予的，反而性情乖张，排斥异己，与权臣纳兰明珠各树党羽，互相倾轧。当时索额图与太子交好，后来太子因图谋不轨被康熙罢黜，纳兰明珠趁机清除太子党成员。1703年，索额图被康熙处死。

3. 实现方法

①对现在所拥有的感到满足；②控制自我权力膨胀的欲望；③审视己心，克制自我的欲望。

4. 日省吾身

①有没有什么事情令你变得骄傲？②你个人事业的进展是否过于急促？③如何确保自己的事业稳步向前？④对于发展速度，你有多少能够可以使其得到控制？⑤你是否留意其他人对你的评价？⑥当渴望获得更多的时候，你会怎样提醒自己？⑦你是否抱持一颗平常心去面对权力？⑧是否时常审视自己的内心？⑨什么话能够让你清醒过来？⑩有什么人的提醒会让你清醒过来？

● 阶段五

1. 阶段特征

现在的环境和人事都告诉你，当前并不是急进的时候，需要静候变动的出现。你可以利用这一时机弥补制度上的漏洞，辟出奸邪，为发展建立稳固的根基。

2. 历史故事

整顿吏治，稳定民心

在一系列用兵之后，康熙开始整顿吏治。他先是恢复了对京察、大计等的考核制度，同时还多次出巡，包括六次南巡、三次东巡与一次西巡。每次巡游，康熙都力图近距离接触百姓，亲自问他们的生活情况和当地的治理情况，禁止侍卫阻止百姓接近皇舆。康熙的做法使得清朝初期的吏治取得了很大的进步，也为国家稳定打下了良好的基础。

3.　实现方法

①坚持以静候动的发展方向；②坚持先安内后攘外的整顿方针；③耐心地为发展蓄势。

4.　日省吾身

①有什么事情会令你急躁起来。②应该如何避免自己在发展中变得急躁？③你需要等待多久才能迎来发展的好时机？④什么人或事可以为你提供最佳的意见或提示？⑤你现在欠缺的机会是什么？⑥你的个人能力是否符合当下的发展趋势。⑦你现在要储蓄的力量是什么？⑧有什么事情是可以现在完成的？⑨为了以后的发展，是否需要修正自己的目标？⑩有什么目标已经不适合未来的发展？

● 阶段六

1.　阶段特征

这个阶段并不是向外发展的良机，因为内部的问题已经慢慢转化为危机。此时，你需要大肆整顿吏治，及早解决内部问题。

2.　历史故事

九龙夺嫡，朝政日败

康熙统治中期以后，储君一事引起了很大的事端。康熙的大儿子胤禔是庶出，也不受康熙喜爱，自知没有即位的可能。二儿子胤礽原本为太子，但后来勾结党羽，先后两次被康熙罢免。在此之后，就形成了以四阿哥胤禛为首的四爷党和以八阿哥胤禩为首的八爷党两大势力。当时，九阿哥胤禟、十阿哥胤䄉依附于八阿哥。十三阿哥胤祥依附于四阿哥胤禛，每个人都努力发展自己的势力，纷纷与官员相勾结，造成康熙晚年党争不断。

公元1722年，康熙驾崩，近臣隆科多宣布康熙遗照，胤禛即位。但此时党争的局面已经在清朝统治阶级内部根深蒂固，再也无法根除了。

3.　实现方法

①以整顿内政为主；②审查行政的运作制度；③制订未来短期、中期、长期计划。

4. 日省吾身

①为什么说现在的环境不适合发展？②内部是否出现阻碍发展的危机？③有什么制度是需要废除或增加的？④在机会出现之前，应如何准备自己？⑤为了未来的发展，是否制订了合适的计划？⑥怎样坚守自己的计划？⑦现在的团队是否符合发展的要求？⑧是否有一个激励个人的团队口号？⑨团队是否开设检讨会议？⑩有没有专业的机构可以咨询意见？

要点总结

①按部就班地发展，不要急于求成；②必须坚持先内后外的发展顺序；③时刻检视自己和团队，时刻准备着发展。

第三十六章　检　视

总体特征

此时，和你对抗的是威胁到你的信念、原则与目标的一股力量，可惜的是，你在这对抗中处于弱势的一方。这时，你必须表现出顺从，自我"检视"，回到幕后。你一定要隐藏你的情绪，确保从外表看起来你是接受了现在这个困难的处境。此时，宣扬你的信念是无用的，甚至是危险的，只会为你带来更多的困难。但却不要有分秒忘却自己的原则，你要清楚地记着自己的原则是什么。即使你的目标暂时看来好像遥不可及，但也要坚守着它。这种坚守可以让你磨炼自己的毅力，锻炼自己的性格，提升自己的修为，并最终助你度过这一时期。

如果有必要的话，要隐藏自己的智慧，这样你的对手就不会觉得你有威胁性，你便可以在维持自己原则的前提下，用巧妙的方法去影响其他人，而不至于惹上麻烦。正如《易经》所言："君子以莅众，用晦而明。"

在社会关系中，这不是挑战其他人意见的好时机。就算是与你的目标和信念相反的事，也由它去吧！你会发现身边的人不会认同你的理想。要隐藏你的感受，但要坚守自己的信念。总的来说，就是要保持低调，把任何政治上的目标推迟。

在人际关系中，这不是公开争论的时候。对你身边的人来说，你的感受和想法并不是他们现在所关心的问题，这一时刻是没有什么值得讨论的。

但对于个人修为来说，这种情况可以帮助你锻炼自己的忍耐力，在黑暗与邪恶的环境中磨炼自己。你要明白，善与恶就好像自然界中的日和夜一样，当你接受和承认邪恶是世界的一部分时，你会更容易建立起正确的世界观和健康的人格。

进阶教程

● 阶段一

1. 阶段特征

现在正是举步维艰的时期。身处困境，受到上司的不理解。可即使难行，也要继续前进，因为更大的危险即将如同海啸般随后而至，若不快步前进，损失必然加倍惨重。

2. 历史故事

母心偏颇，尽心尽孝

郑庄公，名寤生。关于他名字的来历有两种解释，其一是他的母亲武姜在生他的时候难产，另一种解释是他母亲睡觉时所生，无论是哪一种，都不是顺利、正常的生产方式，因此才会起了这么一个不雅的名字。

寤生的母亲生了两个儿子，小儿子名叫叔段，自幼聪敏，而且十分俊美，深得母亲欢心。再加上寤生奇特的出生方式，因此母亲喜爱叔段而厌恶寤生。尽管如此，寤生仍然尽心尽力地孝顺父母，亲昵弟弟，尽到了一个兄长的职责。

后来郑武公病危，寤生的母亲劝说郑武公立叔段为君，被郑武公拒绝。郑武公去世，寤生成为郑国的新任君主，是为郑庄公。即使母亲多次偏爱弟弟，他也仍然不失礼数地对待母亲和弟弟。

3. 实现方法

①获取前进的动力；②拥有危机预警能力；③将损失减少到最低。

4. 日省吾身

①现在最需要留意的事情是什么？②要获取前进的动力，你需要做些什么？③你是否留意到现在的困难是什么？④你是否预测出潜伏的危机是什么？⑤应该如何规避这个危机？⑥现在必须采取什么行动？⑦你应该去哪里寻求帮助？⑧你的危机应对速度够快吗？⑨有前人的经验可供参考吗？⑩现在到达安全的环境了吗？

● 阶段二

1. 阶段特征

在这个阶段，可能要求你有所取舍，而且必须在伤害仍受控制的时候做出决定。有时为了顾全大局，换来安稳的未来，牺牲一些事情在所难免。谨记，现在的放弃并不会影响他日的发展，如果犹豫不决，只会让你后悔不已。

2. 历史故事

割地京邑，稳定政局

郑庄公即位后，母亲武姜便为叔段求情制地作为封邑，庄公说道："制地是险要的军事要地，关系到国家的安危，不能轻易与人。"武姜又为叔段请求京邑，因为那里人口众多，物产丰富。郑庄公已经拒绝了母亲一次，不想拒绝第二次，而且自己又刚刚即位，此时首先要做的是稳定政局，不能有内部分裂，于是就答应了母亲的请求。

武姜却另有打算，她告诉叔段说："你去京邑后，要时刻准备带兵进攻都城，到时候我会给你做内应。"

3. 实现方法

①拥有取舍的智慧和决心；②寻求外力的协助；③维护各项重要资源的安全。

4. 日省吾身

①有什么事情是可以暂时放弃的？②有什么事情是绝不可以放弃的？③有没有事情于此时牺牲，他日可换来更大的益处的？④有没有可以协助你的外力？⑤现在需要留意的危机是什么？⑥当你遇到问题时，谁会帮助你？⑦现在的资源足够你脱离险境吗？⑧有多少人或资源会为你带来帮助？⑨最需要重新开始的地方是什么？⑩现在的情况仍在可控范围内吗？

● 阶段三

1. 阶段特征

在这一阶段，不要采取正面对抗，而是应该先争取其他资源势力，壮大自己的实力。所以，此时必须要做的就是"等待"，一方面加强自己的能力，另一方面等待环境的转变，待到世易时移，再一鼓作气地出击。

2. 历史故事

隐忍不发，耐心等待

叔段来到京邑后，牢记母亲武姜的话，开始训练士兵，还以巡游为借口，强迫周边两个小地方的长官听命于他，从而扩大自己的势力。对于叔段的所作所为，就连普通老百姓都知道他的志向是要取代郑庄公。

大臣祭仲对郑庄公说道："古代的制度是，大的封邑不能超过国都的三分之一，中等的封邑不能超过国都的五分之一，小的封邑不能超过国都的九分之一。现在京邑比郑国都城还要大，这是取祸之道。"

但郑庄公知道现在还不是采取行动的时机，他还必须耐心等待。

3. 实现方法

①明白正面对抗不是最好的办法；②耐心地等待环境转变；③尝试从其他地方获取资源。

4. 日省吾身

①现在的发展趋势是在你的计划之内吗？②还有哪些资源可以增加？③去哪里寻找对团队有利的帮助？④发展到什么时候才是出击的最佳时机？⑤今天应该做的事情是什么？⑥你留意到环境的变化了吗？⑦何时才是适合出击的时候？⑧现在你最需要的力量是什么？⑨有没有备用的发展计划？⑩你是否能够团结内部，等待机会？

● 阶段四

1. 阶段特征

当危机已经降临，别有用心之人也已昭然若揭，你必须立即离开现在的环境，趁别人还未真正地伤害你之前，先自行避开，免得他日身不由己。

2. 历史故事

假意离都，叔段反叛

公元前722年，郑庄公觉得时机已经到来，便假装离开都城，给叔段造成都城空虚的假象。武姜以为有机可乘，便写密信告诉叔段，叔段信以为真，便出兵袭击郑国都城。郑庄公早有准备，一举击溃了叔段的叛军。叔段逃往京邑，但他的不义行为早就惹得众叛亲离，最后只能逃往共国。

郑庄公平定叛乱后，又把母亲武姜送到颍地，说道："不到黄泉，不再相见。"

3. 实现方法

①拥有果断离开的决心；②留意环境和人事的变动；③切勿依附于他人。

4. 日省吾身

①现在的状况是不是十分严峻？②面对无可挽回的状态，你是否可以及时脱身？③你有没有把柄落在别人手中？④有没有顾虑令你无法马上离开？⑤你有没有"当机立断"的勇气和决心？⑥你能了解到别人的真正用心吗？⑦有什么方法可以令别人抓不到你的把柄？⑧有没有过于依赖他人？⑨你的决断力如何？⑩有没有更好的选择？

● 阶段五

1. 阶段特征

在这个阶段，你正处于两难的位置上，一方面不想助纣为虐，另一方面却为形势所逼。虽然身处要职，但权力不足，只能任人摆布。谨记此时你还有第三条路可供选择：退隐保命。

2. 历史故事

周郑交质，有违臣礼

郑庄公之时，周朝国力衰微，完全依靠诸侯的军队才能自保，从而避免周边少数民族的侵犯。郑庄公是周朝卿士，肩负着治理周朝的使命，但同时他也是郑国的君主，拥有成为霸主的雄心，两种身份让郑庄公陷入矛盾之中。

后来，周平王担心郑庄公在朝廷的地位太高，想要将权力分给虢公一些，以便相互制衡，郑庄公怀恨在心，质问周平王。周平王害怕郑庄公，只好让王子狐到郑国作为人质，表明自己没有使人取代郑庄公的意思，同时郑庄公也让公子忽到周朝当人质，这就是著名的周郑交质。这一有违礼数的行为，既标志了周王室的没落，也表明诸侯势力的崛起。从此，身为朝廷官员与地方国君的两种身份，也让无数后来的君主陷入两难的境地。

241

3. 实现方法

①拥有自强的品格；②拥有摆脱受控的独立性；③果断离开最坏的环境。

4. 日省吾身

①此时离开是不是最好的选择？②有没有可扭转的空间？③如何处理现在的状况？④有没有人或事可以为你提供支援？⑤有没有资源可以运用？⑥你离开后可以去什么地方？⑦有没有可保护的人或事？⑧现在有什么事情是不可以做的？⑨要无时无刻保持警觉性，你需要什么帮助？⑩有没有比现在更坏的状况？

● 阶段六

1. 阶段特征

这是自我抉择的时刻。在现在的位置上，如何控制自己成为首要的问题。奉行个人主义的人会在此时蒙受巨大的损失，足以让他们从天上被拉至地下。因此，你必须明白自然的规律，不要妄图越轨，要尝试融入其中，感受自然万物的相互呼应，从中了解自己应有的本分。

2. 历史故事

周郑交恶，兵戎相见

公元前720年，周平王去世后，周桓王即位。周桓王决心削弱郑庄公在朝廷的权力，于是辞去他在朝廷的职务，作为报复，郑庄公派兵抢收了周地的麦子。公元前707年，周桓王统帅周、陈、蔡、虢、卫诸国军队，与郑庄公率领的郑国军队展开战斗。在战场上，郑国将领祝聃射中了周桓王的肩膀，联军大败，周天子颜面扫地。

不过，郑庄公虽然取得了这次战斗的胜利，但在战略上却是彻头彻尾的重大失败。他从此失去了以周天子的名义领袖诸侯的权力，而这正是后来齐桓公之所以称霸诸侯的主要原因。

3. 实现方法

①控制个人私欲的泛滥；②加强对个人德行的操练；③投身自然之中，了解万事万物相互配合的规律。

4. 日省吾身

①你更留意个人因素还是环境因素？②对私欲的渴望是否已经控制了你？③现在最应该做的是什么事情？④有没有自我审视的时间和空间？⑤现在你是希望融入环境之中，还是企图控制环境？⑥有没有忽视环境？⑦有没有留意到其余各项要素？⑧如何做到不被利欲熏心？⑨你自己的本分是什么？⑩有没有为求利益而不择手段？

要点总结

①放下所有，才会得到支援；②不论何时，都要有勇于面对的决心；③需要时常自省，检讨自己的错误和不足。

第三十七章 家 庭

总体特征

在"家庭"里面，家庭成员都固守着自己所扮演的角色，成员之间的关系是基于彼此的爱护和真正的责任感，家庭本身和个人的追求同样重要。家庭是最小的社会单位，但却在整个社会中起到了举足轻重的作用。

领导者就像是一家之主，要有内在的力量和权威，言辞要正直，威信要建立在高尚的行为操守上。

商业中的关系也可以看成是家庭关系。忠心、服从等美德在任何时刻都对你有利，此时尤为重要。行动比说话更实际，要直接付诸行动，依靠着有权威的人的指引，去控制局面。

坚守那些以情感和尊重相维系的角色，你便可以令自己的社交角色更加融洽。伪装、炫耀、地位斗争都对你不利，你所处的环境需要你坚守自己正直的本性。如果你能回归到正确的价值观里，遵守礼仪，保持已有的社会习俗，你就会得到社会对你的认可和支持。

在人际关系中，依靠你的直觉和自然规律去定位自己的角色。如果角色之间有矛盾而你又不愿意服从的话，便可能要面对很大的困境。

尝试把所有的架构，包括家庭、社会等，都看成家庭组织，然后定位你最舒适的位置。若你坚守这自然的位置而明了随之而来的责任与职务的话，你便会更容易达成目标，但首先要确保自己扮演的是一个适合自己的角色。

其实，你正是依靠着在社会中扮演的各种角色，才感觉到自己在世界上的力量和意义的。只要你的行为是和这角色相匹配的话，你所追求的目标便不会遥不可及。

进阶教程

● 阶段一

1. 阶段特征
心态是做任何事情的起点，怀有积极的心态，所行之事就会是稳固的。

所以，现在你需要做的就是摆正心态，明晰自己的底线。

2. 历史故事

幼有雄心，志向远大

王守仁，字伯安，但他更为人熟知的名字，却是王阳明。作为明朝著名的思想家、军事家，而他的心学也被众人所膜拜、学习。

王阳明自幼胸怀大志。有一次，私塾老师问他什么才是天下最要紧的事情。明朝注重科举，文人士子无不以金榜题名为荣，而王阳明却认为："科举并不是最要紧的事情，读书做一个圣贤之人才是最最要紧的。"

后来，明英宗与北方的少数民族作战被俘。王阳明痛下决心要复兴国家，一雪前耻，于是学习兵法，还出居庸关、山海关，遍览塞外风土人情。

3. 实现方法

①拥有积极的心态；②明白只有心态才是行事的重点；③为自己设置一个不可触犯的底线。

4. 日省吾身

①要建立有共同目标的团队，你需要做些什么？②有什么心态是要不得的？③有没有给自己建立团队设置一个期限？④设置的期限是否过于急促？⑤有没有为自己设置一个道德底线？⑥如何可以保持积极的心态？⑦如果陷入持久战，如何才能坚持到最后？⑧如果面临失败，怎样才能安慰自己？⑨有没有人愿意支持你？⑩有没有一个宏大的目标？

● 阶段二

1. 阶段特征

不追求权力，安分守己，履行本职，是你必须做的事情。当然不可画地为牢，必须突破身边的条条框框。因此切勿放弃雄心壮志，要随时蓄势待发。

2. 历史故事

为官清正，不忘初心

1499年，王阳明参加会试，获二甲进士第七，步入仕途。然而，此时把持朝政的正是大太监刘瑾，他广树党羽，倾轧朝臣。公元1506年，刘瑾下令逮捕给事中戴铣等人，王阳明上疏为戴铣等人辩驳，触怒刘瑾，不仅被杖责四十，还贬至贵州。但王阳明从不后悔自己的决定，认为他自己做了该做的事，所以无怨无悔。

1510年，刘瑾失势，同年，王阳明升任南京刑部主事，之后几年不断升迁，到了1514年，升任南京鸿胪卿。

3. 实现方法

①尽全力履行职责；②等待突破的时机出现；③坚持磨炼自己，随时准备发挥。

4. 日省吾身

①环境中是否有太多的限制影响你发挥？②如何才能不因权力而迷失自己？③如何提升自己的行动力？④在哪方面可以做出突破？⑤是否有专业人士可以为你提出建议？⑥就你对自己的了解，你认为自己的极限在哪里？⑦你有没有安分守己，履行自己的本职工作？⑧有什么事情是不可以做的？⑨有什么底线是不可以触及的？⑩有什么方法可以让众人聚集在一起，共同行动？

● 阶段三

1. 阶段特征

在这一阶段，你所要做的就是励精图治，大刀阔斧地改革。不要为了一时的安稳，任由局势腐化，最终导致不堪的后果。你要立即行动起来，不要理会一时的怨言，当改革成果显现，人们自然会认同你当初的决定。

2. 历史故事

为官有道，备受赏识

王阳明升任鸿胪卿后，励精图治，政绩斐然，受到朝廷上下的一致认可。在这两年间，出色的政绩不仅让他积累了足够的政治资本，也广交了不少人脉。皇帝认可他，兵部尚书王琼也对他另眼相看。公元1516年，正是在王琼的推荐后，王阳明出任都察院左佥都御史，巡抚南安、赣州、汀州、漳州等地。对于王阳明来说，这将是其仕途生涯的一个转折点。

3. 实现方法

①自强不息，励精图治；②制订客观全面的计划；③制订可预期的时间表。

4. 日省吾身

①现在停滞不前会有什么危机？②你现在的职责是什么？③有什么事情是不可退让的？④你未来的计划是什么？⑤面对大众的斥责，你会坚持信念吗？⑥当只有少数人愿意与你同行的时候，你会如何妥善运用资源？⑦你期望在什么时候达成目标？⑧你期望获得什么支援呢？⑨有什么人的行动会令你感到困惑？⑩应该从哪里进行变革？

● 阶段四

1. 阶段特征

全部成员能够上下一心，通力合作，所有的资源完美配合，就可以获得最佳的成果。此时，最需要的是个人的领导才能，要明白如何利用每一分资源，达到最佳效果。

2. 历史故事

剿匪杀贼，平定江西

当时由于朝政日渐腐败，所以在南中地区盗贼四起。王阳明作为都察院左佥都御史，剿灭盗贼是分内之事。1517年，王阳明带兵来到上杭，设计伏击了当地的土匪，然后乘胜追击，连破四十余寨，擒斩贼人七千多人。

得知消息的兵部尚书王琼十分高兴，向朝廷上书，为王阳明求得旗牌，可以便宜行事。王阳明更是如虎添翼，仅用数月时间，便荡平了十年之久的匪患。

3. 实现方法

①发挥个人的领导才能；②灵活运用资源，发挥最大功用；③共同商议必须达成的目标。

4. 日省吾身

①你对自己的领导力有信心吗？②你会如何发挥各种资源的优势，使其获得最好的效果？③要想领导自己的团队，迈向"合一"的境界，你会如何

做？④一个好的领导者应该具备什么条件？⑤得到支持后，你会如何领导他们？⑥未得到支持时，你会如何感染他们？⑦有没有你不愿意为团体付出的时候？⑧现在要达成的目标是什么？⑨怎样才能令你的目标变得伟大？⑩如何运用现有的资源，改善所处的环境？

● 阶段五

1. 阶段特征

继"修身""齐家"后，现在正是"治国"和"平天下"的时候。要将已有的能力、资源、计划向外拓展，把握每一个机遇，成就无限个可能。

2. 历史故事

生擒宁王，一展抱负

1519年，宁王朱宸濠发动叛乱，震惊朝野，只有王琼不为所动，对群臣说道："有王阳明在江西，宁王一定会被生擒。"

而此时的王阳明也正有自己的问题。明朝规定，武将战事完毕，必须交出兵符，也就是失去了军队的统治权。宁王有备而来，王阳明却是无兵可用。情急之下，王阳明在南昌张贴朝廷的剿匪檄文（当然是假的），迷惑宁王，宁王果然中计，赶紧派人去打探，十多天后才知道根本没有这回事。而此时王阳明已经募集乡勇，人数多达八万人。

王阳明仔细分析了战场局势，宁王正带兵攻打安庆，老巢南昌异常空虚，因此果断率兵攻打南昌，迫使宁王不得不回援。最终，双方在鄱阳湖展开决战，宁王兵败被俘。

3. 实现方法

①制订周详的对外发展计划；②准确地把握每个机会；③有策略地运用资源。

4. 日省吾身

①对外发展前，是否已经将内部团结好了？②现在拥有的资源是什么？③可以怎样运用？④你要达成的目标是什么？⑤你希望获得的"最终价值"是什么？⑥如何才能令你满意？⑦当要将计划向外拓展时，有什么需要修正的？⑧有没有人的意见是十分值得参考的？⑨有多少个方法是可行的？⑩有

没有更完善的策略可行？

● 阶段六

1. 阶段特征

此时除了看重内心的态度，还要留意外在的表达。要提高团队的凝聚力和纪律，"威严"都是必不可少的。要"以身作则"，成为团队追随的榜样。

2. 历史故事

以身作则，行为世范

纵观王阳明的一生，政治上为官有道，军事上破敌立功，在学问上也是著作颇丰，无论是同时代的人，还是后人，对王阳明顶礼膜拜者大有人在，他们无不追随着王阳明的足迹，努力践行着"知中有行，行中有知"的行为方式。由王阳明发扬光大的心学，也成为明朝中晚期的主流学说之一，甚至影响到了日本及东南亚各国。

3. 实现方法

①严守纪律；②用权威性领导团队；③制订赏罚分明的制度。

4. 日省吾身

①你现在的行为是一个榜样应有的吗？②有没有事情阻碍你严守纪律？③有没有人在挑战你的权威性？④如何做才能服众？⑤怎样才能建立一个榜样模式？⑥你是否愿意成为众人追随的对象？⑦过程中有没有思考过个人利益？⑧团队对你的服从性有多高？⑨你认为自己是一个合格的领导者吗？⑩有什么表现是现在必须要做的？

要点总结

①以身作则；②凝聚众人的力量，达到最佳的效果；③严守纪律，做好领袖；④自强不息，励精图治。

第三十八章　矛　盾

总体特征

在这一时期会出现巨大的"矛盾"，可能是相反的观点——人与人之间出现的互相矛盾的目标，或是内心的犹豫不决。你现在必须了解和接受这些分歧，在这一时期你无法获得大的成就。想要在这一时期有所建树的话，就要学会合作和协调，按计划、循序渐进地行动。

在政治事务里，虽然存在着互相矛盾的思想，但仍然有可能达到最后的统一。其实从互相矛盾的力量中形成的统一，比没有经过考验而结合得来的更重要，所以现时的分歧正好可作为实现统一的最理想条件。不要因失去耐性而做出冲动的反应，要循序渐进地应付这些分歧，此时一点外交技巧就能为长远的秩序和合作带来重要的功效。

此时，商业上和社交中的策略都会看似失效，因为它们都会被相反的力量中和。远大的目标要留待更有力的环境才能实现。你现在最好的做法是维持与他人友好的关系，避免卷入有问题的计划，不要争取任何位置，要利用现存的分歧去强调和加强合作的重要性，或制订出长远的计划，这会帮助你组建更有秩序的工作系统。

此时，在家庭生活和人际关系里的"矛盾"的形式是十分典型的。如兄弟姐妹间有着分歧的意见，虽然是血脉相连，但在这一刻大家却都是相对抗的。男女之间会出现误解，被迫分离，当双方回到自己性别的本质时，男女的分歧就更为突出。减少分歧对这段关系有着深远的意义，这是两性之间永恒的话题，亦是结合的先决条件。

在个人修为上，此时你会遇到的是自己本质上的两极化。当你在衡量矛盾的观点时，在其他人眼中，你好像是优柔寡断和模棱两可的，但其实你从来都没有像现在这样把事情的两方面都看得如此清楚。当你开始从更高的层次看待事物时，随意的取向，如主观的原则或阶级的偏见都会变得不重要，而且你会发现这些好与坏、生与死等矛盾的挣扎只是宇宙之间自然的交替，正如老子所言："天地不仁，以万物为刍狗。"在矛盾的世界中所找到的一体和完整能给你添加深度和内心的平和。

因为不同的元素有着互相矛盾的目的，你不能允许这"矛盾"污染你的目标。要坚持自我，这是唯一可以带领你走出这僵局的出路。

进阶教程

● 阶段一

1. 阶段特征

现在并不是与对手周旋的好时机。当对手的能力胜于你时，就要尝试以个人的巧智或团队的合作来与之对抗，以柔克刚，保个人平安。

2. 历史故事

以柔克刚，婉拒袁术

周瑜，字公瑾，汉末著名军事将领。周瑜生活的年代，正好是天下大乱、群雄割据的汉末时期。当时州县有能力者纷纷拉拢自己的队伍，力图在乱世中有所作为。淮南袁术是南方势力强大的割据诸侯，当周瑜追随好友孙策一起平定江东之时，袁术看到了周瑜的才华，曾让其加入自己的势力。此时关系十分微妙，周瑜早已瞧出袁术不会有大的作为，但如果拒绝他，很可能会让袁术迁怒于周瑜和孙策，从而为他们占据江东的大计带来危害。于是，周瑜想到了一个委婉的推辞方法。他答应袁术的要求，但同时请求袁术派遣他为居巢县长，一方面使自己脱离了袁术的控制范围，同时也可以与孙策遥相呼应，一举多得。

3. 实现方法

①明晰运用巧智与敌周旋的好处；②掌握以柔克刚的应变策略；③即使处于下风，也能立于不败之地。

4. 日省吾身

①应该如何处理现在的矛盾？②要想出新的方法，需要多少时间？③有没有可以运用的资源？④应该如何运用所有的资源？⑤在一个未知的环境中，你可以做出的行动是什么？⑥你有没有动用集体的力量？⑦现在是硬拼的时候吗？⑧怎样才能提升自己的能力？⑨应该如何才能立于不败之地？⑩能力不

足时，暂避风头是不是可行的方法？

● 阶段二

1. 阶段特征

在这一阶段，你失去了天时和地利，只剩下人和。要聚集志同道合者，即使在危难中仍然能够守望相助，共同开拓新的道路和方向，为东山再起增加更多的可能性。

2. 历史故事

曹操南下，力主抗曹

公元208年，曹操大举南征，吞并了刘表荆州的地盘，目标直指江东孙权。面对曹操大军，孙权统治集团内部分化为主战、主和两派。主和派以张昭、秦松为首，主战派的领袖则是鲁肃，双方争执十分激烈，孙权一时难以定夺。

为了加强自己一派的实力，鲁肃让孙权召回统兵在外的周瑜，并向他询问对策。周瑜说道："曹操大军人数虽多，但长途跋涉，已经疲惫不堪。北方人不习水战，水土不服。马超、韩遂等人还在关西，是曹操的后患……所以，虽然敌我兵力悬殊，但仍然可以一战。"

周瑜的话为孙权带来了战斗的信心，于是孙权拔出佩剑，砍断案桌的一角，说道："我意已决，再有劝我投降的人，如同此桌。"

3. 实现方法

①重新订立未来愿景及目标；②耐心等待好时机的到来；③以稳固的根基为本，订立新的计划。

4. 日省吾身

①未来的目标是什么？②需要多少时间才可以解决问题？③有什么方法可以巩固根基？④当有人可以协助你时，你会如何运用他的帮助？⑤你现在最需要的支援是什么？⑥若没有人可以为你提供支持，你会如何寻找？⑦你是否欠缺耐心等待最好的时机？⑧有没有想过要等多久才能迎来转机？⑨现在的环境为你提供了多少可能性？⑩万一局势发展到了坏的一面，你会如何处理？

● 阶段三

1. 阶段特征

遇到不利处境时，需要耐心等待外力的援助。只要自身正直，上司就会愿意向你提供支援，帮你渡过难关。

2. 历史故事

赤壁鏖战，相持不下

公元208年冬，周瑜与驻扎在樊口的刘备合兵一处，之后逆水而上，来到赤壁。此时曹军中正疾病盛行，勉强渡江，正好遇到周瑜率领的军队，周瑜当机立断命令军队出击，首战告捷。曹操连忙收拾败军，驻扎在长江北岸，与陆军汇合，静待时机。周瑜也收兵驻扎在长江南岸，两军隔江对峙，谁都不敢轻举妄动。

3. 实现方法

①寻找支援的路径；②与上司建立良好的关系；③加强面对困难的抵抗力。

4. 日省吾身

①现在的处境与你自身有何矛盾之处？②谁可以为你提供足够的支援？③你的品格能够赢得别人的支持吗？④如何才能获取更多人的支持？⑤有没有人向你提出可行的办法？⑥有什么资源可以运用？⑦不利的因素有多少？⑧可以一一解决吗？⑨现在的发展方向应该是什么？⑩从1～10，你认为自己得到别人支援的指数是多少？

● 阶段四

1. 阶段特征

患难方能见真情。在困难面前，同伴的支持对你尤为重要。不仅是外力的支援，同伴处事的方法和气度也十分值得你去学习，这才是共患难的好搭档。

2. 历史故事

面见刘备，意气风发

当刘备与周瑜见面时，尚不清楚周瑜的为人，只是派一名小卒前去慰劳吴军。周瑜对小卒说道："我有军事任务在身，如果刘备能屈尊前来会面，才是我最希望的事情。"刘备于是乘船来见周瑜，见到周瑜只带了三万人，说道："可惜军队有些少。"周瑜却说："这些人足够了，将军请看我如何击败曹操。"刘备又想叫鲁肃一起来共同商讨，周瑜说："鲁肃也有军事任务在身，不能随意离开营地，您要是想见到鲁肃，可以亲自去找他。"刘备听到周瑜的话，感到十分惭愧，从此对周瑜另眼相看。

3. 实现方法

①真心实意地尊重对方；②从对方身上学习；③相互支持，愿意为对方付出。

4. 日省吾身

①应该如何共同面对困难？②有没有感谢同伴对你的支援呢？③对方身上有没有值得你学习的表现？④若对方遇到困难，你愿意给他以支援吗？⑤你愿意为对方牺牲什么？⑥当对方有难时，你会第一个出来帮助他吗？⑦你的付出有极限吗？⑧在困难面前，你们是否会互相帮助，不分你我呢？⑨有什么方法可以让你们更加团结？⑩你愿意主动帮助别人吗？

● 阶段五

1. 阶段特征

面对困难，需要有坚毅的性格和耐心。要明白你现在面对的，其实是自然的循环。无论事物向好的方向发展，还是向坏的方向发展，发展到极致，终究会回归。多时的等待终会有回报，享受成果的好日子也早晚会来临。

2. 历史故事

连锁战船，火攻破敌

此时曹操也想到了对付江东水军的方法。他命人将战船首尾相连，上面铺上木板，如同巨大的浮桥，人马在上面行走，如履平地。连锁战船给东吴军队带来了前所未有的威胁，长江天堑的壁垒作用一下消失了。

就在周瑜无可奈何之时，部将黄盖献策："现在敌众我寡，难以长久相持。现在曹军将战船首尾相连，正好可以使用火攻。"周瑜采用了黄盖的计策，让黄盖假意投降，并在小船上携带引火之物，在距离曹军二里多远的地方突然放火，火借风势，不仅烧毁了曹操的战船，甚至蔓延到了陆上的营地。孙刘联军趁机掩杀，大败曹军，取得了赤壁之战的胜利。

3. 实现方法

①用口号自我鼓励；②明白事物循环的概念；③将成果与他人分享。

4. 日省吾身

①是什么让你难以重新振作？②如果没有足够的能力，能够向谁求助？③现在你最需要的是什么支援？④你能够从面前的逆境中看到出路吗？⑤你认为机遇何时会出现？⑥你会如何鼓励自己，从而在艰难时期仍然保有信念？⑦面对困难，你所坚持的信念是什么？⑧你可以为信念坚持多久？⑨就你对自己的认知而言，你觉得自己会在什么时候失去耐性？⑩若在危机中崩溃，你会如何救助自己？

● 阶段六

1. 阶段特征

面前的事情看似凶险，但也有绝处逢生的机会。妥善运用现有的一些援助，度过危机的时刻已经不远。

2. 历史故事

带伤上阵，激励士卒

赤壁之战结束后，曹操北归，留下一片开阔的腹地。周瑜带兵攻城略地，最后与曹仁率领的曹军展开厮杀。几场大战结束，周瑜被流矢射中肋部，身负重伤。曹仁听说周瑜卧床不起，便亲自带领曹军围攻周瑜军队，形势十分危急。

在危难关头，周瑜一跃而起，带伤来到营地，激励士卒一起冲杀，东吴军队声势大振，一举击退了曹仁军。

3. 实现方法

①凡事抱持乐观的心态；②制订运用资源的计划；③看准时机，果敢行动。

4. 日省吾身

①面对困境，你是否感到悲观？②是不是觉得问题难以解决？③如何辨别所遇到的危机还有转还的余地？④什么事情可以激发你的积极性？⑤怎样在最后一段时期继续坚持下去？⑥如何才能做一个乐观的人？⑦有什么想法是现在不该拥有的？⑧有什么资源是现在不该运用的？⑨你会勇敢地迈出下一步吗？⑩有什么可解决的方案？

要点总结

①面对困难，首先要有坚强的性格；②拥有积极的心态，即使前路坎坷，也有信心继续走下去；③顺应天时，明白顺逆终究会有交替的时候，耐心等待顺境的来临。

第三十九章 障碍

总体特征

"道"好像流水一样，当流水在途中遇到障碍时，它会停下来，慢慢提高水位，增强力量，直至水在障碍前满溢并最后泄出障碍之外。值得注意的是，这些"障碍"并不是在流水的途中突然出现的，而是一直都在水流所选择的路途之中。

你现在所面对的障碍的本质就是如此，这是你所选择的道路的一部分，你一定要克服它才可以继续前行。不要掉头跑掉，因为再没有别的地方值得你前往。也不要尝试硬闯前面的危险，要仿效流水：停下来，增强自己的力量，直至这障碍不能再阻挡你。要加强力量，你就必须依赖于外力，正如《易经》所说的"利见大人"。把那些能帮助你的人组织起来，适当地寻求帮助。要审视自己的本性，如果你能用恒心和正义来坚守言行的话，你会有很大的进展和成功。

在世俗事务中，同样会遇到"障碍"。在政治权力的事情中，如果你想继续晋升的话，必须克服这些障碍，正确的方法是要有一些手段和智谋，你要组织起自己的追随者，或者是你自己跟随一个已经有地位的领导者，借势前行。

在商业事务中，这时是聘请帮手的好时机，或者你可以考虑和其他人合作，在这些人中寻找领导者的特质——一些可以为长远目标而克服"障碍"的特质。

在社交事务中，现在需要的是小心谨慎的态度。有机会便和那些可以启发你，或是帮助到你的人合作。将注意力放在自己身上，留意你自己是如何人为地制造出那些"障碍"的。其实很多外在的"障碍"都来自于自己的内心，无论是因为你的内心争斗，还是下意识地选择了充满困难的途径，总之，这些都是需要克服的。你要专注于这些内心障碍，进行有建设性的、积极的谋划，提升自己的能力和修为。这些障碍的根源来自于你自己，不论是什么原因，都是你自己在阻碍着你的进展。不要推卸责任，然而要利用这机会做自我检讨，彻底反省自己的过错，才能继续前进。

进阶教程

● 阶段一

1. 阶段特征

现在并不是前进的好时机，如果强行前进，就会陷入困境，也不要意图运用各种方法施行计划。你现在所要做的，就是耐心等待好时机的出现。

2. 历史故事

生非其时，空余叹息

李广，西汉时期著名军事将领。李广弓马娴熟，武艺高强。公元前166年，匈奴大举入侵，李广从军出征，作战英勇，奋不顾身，斩杀匈奴首级甚众，因功封为汉中郎。

有一次，李广随汉文帝出行，有猛兽突然出现，惊吓了皇帝坐骑。李广与猛兽搏斗，救下汉文帝。汉文帝对李广说："可惜你生不逢时，如果你生在高祖时期，那一定是个万户侯啊。"

3. 实现方法

①停止思考新的方法；②切勿鲁莽行动；③拥有忍耐到底的决心。

4. 日省吾身

①你是否能够悬崖勒马呢？②你认为现在的危机到头了吗？③你是不是急功近利呢？④你对环境有充分的了解吗？⑤如果需要有所突破，应该等到何时呢？⑥有什么方式，可以在以后施行？⑦怎样才能知道危机已经过去？⑧有没有一些人或事，可以指示你时局呢？⑨现在需要收集何种资料？⑩如何才能控制自己鲁莽行事的冲动呢？

● 阶段二

1. 阶段特征

现在的局势十分微妙，虽然你的出发点并不是为了自己，但行为方式却被人诟病。此时，你需要有极大的决心，坚持个人的信念，无惧一切风雨，开创属于你的光辉未来。

2. 历史故事

政局微妙，一着不慎

汉文帝去世后，景帝即位，用晁错计谋削减诸侯势力，引发了著名的七国之乱。当时景帝的弟弟梁王正面抵挡着吴楚联军的主力部队，周亚夫则绕道蓝田、武关、雒阳，伺机歼敌。李广时任骁骑都尉，从太尉周亚夫出征，在昌邑大破吴楚联军，夺取叛军军旗，立下大功。当时梁王为了表示嘉许，授予其将军印一枚，李广收下。但李广不知道，他已经犯下了巨大的政治错误。原来梁王曾是景帝争夺皇位的敌手，李广私受梁王的将军印，在景帝看来，那就是他已经站在了梁王一边，结果也就可想而知了。

七国之乱平定后，景帝奖赏各个有功将领，但李广虽有大功，却毫无封赏，只是被调任为上谷太守，防备匈奴。

3. 实现方法

①坚持自己的信念；②抱持开放的态度，让更多人了解你的感受；③尝试运用较温和的方法解决问题。

4. 日省吾身

①你个人的信念是什么？②你是否有不可侵犯的价值观？是什么？③有没有人可以了解你的感受？④谁可以与你分享？⑤有没有更加合适的方法？⑥要令更多的人支持你的行动，有什么需要取舍的呢？⑦提出意见时，应该注意什么？⑧有什么方式或方法，是绝对会惹人非议的？⑨你的信念与行为之间是否相抵触？⑩你需要学习什么，才能掌握柔性的处事方式。

● 阶段三

1. 阶段特征

危机是不可避免的，所以要建立个人对环境的认知，从而使自己在困境中进退得宜。同时，你也要运用自己的巧智，时刻谨守岗位。

2. 历史故事

面对危机，沉着冷静

有一次，李广追击三个匈奴的射雕人，亲自射箭击毙两人，俘虏一人。

就在得胜之际，却遇到数千匈奴骑兵。当时李广手下只有百余人，人数悬殊。李广的部将十分慌张，想要逃走。李广说道："如果逃跑，匈奴一定会来追击，结果必死。如果留下，他们反而会认为我们是诱饵，后面有大军埋伏，必然不敢袭击我们。"

于是，李广带领部将继续前进，到距离匈奴二里多的地方才停下，然后下马解鞍。匈奴果然不敢进击。匈奴阵中有个骑白马的头目，李广重新上马，冲刺过去，射杀了他，然后大摇大摆地返回自己的部队之中。到了晚上，匈奴以为周围还有伏兵，于是全部退走了。

3. 实现方法

①做任何决定之前都要事先观察；②学会以退为进的策略；③随时做好退守的准备。

4. 日省吾身

①你有没有冷静、客观地观察周围的环境？②做决定之前是否已经考虑清楚？③是否别无选择？④可发展的空间还有多少？⑤应该如何修正现行的策略？⑥为了解决困难，应该制订什么样的时间表？⑦一年之内的计划应该怎样编排？⑧有什么策略，可以在多个环境中运用得宜？⑨有什么方法，可以让你在此时得到最大的收益？⑩此刻对你最重要的是什么？

● 阶段四

1. 阶段特征

面对接踵而来的困难，你要接受仅凭个人无法解决问题的事实。所以你必须寻找各种有用的资源，以极大的耐心和毅力与困难抗衡，等待危机过去的一天。

2. 历史故事

皇天不佑，无命封侯

李广在边关与匈奴大小战役无数，屡立战功，却一直没有获得太高的封赏。终景帝一朝，他带领的士兵人数都没有过万，也从另一方面表明景帝仍然对他有疑心。

后来景帝驾崩，汉武帝即位。公元前133年，汉武帝采用王恢计谋，引诱匈奴单于进犯，并在马邑设下重兵，准备一举歼灭单于。在这场可能是决定性的战役中，李广出任护军将军，这也是他立功封侯的最佳时机。可惜的是，人算不如天算，匈奴单于心生疑心，半途撤回了军队，汉军只能无功而返，李广的封侯梦想再次破灭。

3.　实现方法

①明晰连续抗战的必然性；②向外寻求协助和支援；③拥有打拼到底的决心。

4.　日省吾身

①你个人能力的极限在哪里？②所处的环境如何令你难以发挥个人能力？③既然无法解决问题，你应该做出什么相应的行动？④有没有新的方法可行？⑤有没有资源可以运用？⑥有没有人事上的资源可以调配？⑦有人向你提出意见吗？⑧留给你对抗困难的时间充裕吗？⑨怎样才能做到勇往直前呢？⑩你有足够的决心面对困难的挑战吗？

● 阶段五

1.　阶段特征

在对抗困难的日子中，不要只是对抗，同时还要积蓄个人实力。只要有足够的资源，加上队友的信任，距离终局就已经不远了。

2.　历史故事

宽松带兵，收获军心

当时，李广与程不识都是与匈奴作战的名将，但两人的治军方法却有着天壤之别。程不识为人谨慎，行军时军纪严明，对待手下将领和士兵非常严格，不曾遇险。李广行军时却无严格的队列，总在水草丰盛的地方驻军，各种文书也极尽简化之能事，但会远远放出哨兵，因此也不曾遇险。当时的士兵都认为追随程不识会受苦，追随李广却会很安逸，因此都喜欢李广。

3.　实现方法

①信任你的团队；②善于运用策略；③积蓄个人实力。

4. 日省吾身

①你的身边有多少资源？②什么样的个人能力对应付困难最有帮助？③其他人是否给你足够的支持？④什么事情必须尽快处理？⑤如果要彻底解决困难，是否需要修订之前的计划？⑥如果中途出现意外，你会如何处理？⑦现在的阻力对你的影响有多大？⑧你有可以信赖的队友吗？⑨你有什么策略应对目前的局势吗？⑩你愿意付出多少心血来解决目前的困境？

● 阶段六

1. 阶段特征

在困境之中，需要有人为你领路，以坚定的方针，找到困难的死穴，一举将它解决。所以当前刻不容缓的事情，就是寻找一位强有力的领导者。

2. 历史故事

领袖非人，自刎而亡

公元前119年，汉武帝发动大规模的对匈奴战争，由卫青、霍去病各率精兵，分道出击。李广随卫青出征，原本是先锋，但卫青想让与其交好的公孙敖获得军功，因此故意将李广调离职位，到右将军的部队中任职。李广十分气愤，却又无可奈何。

后来由于没有向导，李广在行军过程中迷路，在卫青与匈奴兵交战后才与主力汇合。回到军中，卫青要追查军队迷路的缘由，李广径直来到中军帐前，说道："迷路都是我一人的过错，与部将无关。我如今已经六十多岁，怎能去受那些刀笔吏的侮辱。"说完就自刎身亡。可惜一代名将，竟落得如此下场。

3. 实现方法

①服从领袖的领导；②物色领袖的人选；③保持谦卑，学会放下权力。

4. 日省吾身

①你是否有领袖领导？②你的发展方向是什么？③你愿意接受别人的领导吗？④若是你不服的人带领团队，你愿意追随他吗？⑤你有多相信自己的领袖？⑥你是否愿意放下权力，追随更适合的领袖？⑦放下权力后，是否也能在心中放下权力？⑧如果你不是领袖，你能为团队做什么？⑨你需要做什

么来提高自己的服从性？⑩有没有更合适的领袖人选？

要点总结

　　①面对困境，要自发自强；②等待时机，切勿操之过急；③好的领袖对解决困难事半功倍。

第四十章　解　放

总体特征

如果你现在采取积极、持久的努力的话，紧张和斗争会渐渐退去。要果断，不要迟疑，目的是为了把状况尽快还原到本来面目，及时把自己从困难中"解放"出来。

在这一阶段，那些令人厌烦的政治问题不再是难以捉摸的了，你已经有足够的能力，用适当、有利的方法去解决那些阻碍着你进展的问题。如果可以忘记以往的错误和原谅以前的违规的话，便去做吧，因为你越早释放压力，对所有人就越好。如果你发现自己身处不能忍受的情况之中，可能现在正是摆脱这状况的时机。无论你采取什么行动，切记要尽快施行，不要在困难面前徘徊犹豫。

你可以绕过在商业事务中一直阻碍着你的人和问题，你会发现很多以前的困难都会迎刃而解，令你感觉如释重负。不要寻求报复或赔偿，你的注意力应该放在把你的日常事务带回你想要的正常模式里。

当张力被释放时，你和其他人的关系会变得轻松、融洽，一直以来紧张的感觉会被新的舒适感所取代。你现在可以成功地解决那些因为不利的社会因素而引发的复杂问题，不要拖延，亦不要感情用事，在你重新找到的"解放"中不要再留恋以往的光辉，要快捷地、不动声色地做你需要做的事情，然后继续做你自己的事情。

在人际关系中，紧张的时刻也会过去，利用这机会放下过往，将自己从感情上的困惑和不安中解放出来，这会令你和你所爱的人有一个重新的开始。

在个人修为方面，当"解放"完成，风暴的张力过去后，你会觉得精神焕发，面前的空间已清理完毕，可以迎来新的发展，将来也变得更有希望。当你完全放下情绪上的波动和对以往的不满时，你会有很好的机会实现个人的提升。总之，你会觉得力量增强，处理世俗事务时思路也更加清晰。

实现内心的解放，可能是克服了不健康的习惯或行为模式，也可能是你放下了一直阻碍你成长的短视或虚耗你精力的不切实际的沉迷。无论你内心的"解放"是什么，都会是你性格上的进步。

进阶教程

● 阶段一

1. 阶段特征

困难刚刚产生时是最好的解决时机，但如果你没有足够的影响力，顺其自然也未尝不是一个办法。要学会接受自己当前能力上的不足，量力而为，不要超越个人的能力和身份，在可控的范畴内尽最大努力即可。

2. 历史故事

父王被杀，投降归汉

金日磾，字翁叔。他原本是匈奴休屠王的太子。汉武帝时期，汉朝开始了抗击匈奴的战争，连败匈奴浑邪王、休屠王，其中浑邪王部众损失尤大。匈奴单于得知后，准备杀死浑邪王。浑邪王为了保命，便和休屠王商量一起投降汉朝。

休屠王半途反悔，不愿投降，被浑邪王杀死，部众也被吞并。此时的金日磾面对杀父仇人无可奈何，只能与浑邪王一起投降汉朝，被任命为养马人。

3. 实现方法

①拥有在可控范围内尽己所能的处事态度；②了解自己的能力极限；③锻炼自己向上级献计献策的能力。

4. 日省吾身

①你有没有在现在的职位上尽最大的努力？②你现在的付出足够解决困难吗？③你在这次工作中发挥最好的是什么？④如何接受困难不可控的事实？⑤如何接受自己能力有限的事实？⑥你放弃的原因是什么？⑦如果事情不受控制，你会如何做？⑧你对这次面对的困难持何种态度？⑨你认为能够度过这次困难吗？⑩你相信上司解决问题的能力吗？

● 阶段二

1. 阶段特征

在这一阶段，你所处的环境中暗伏危机、小人作祟，需要你保持正直的品性和强有力的手腕才能应付。要坚持自己的价值观，不要在恶势力的压迫下屈膝折腰。

2. 历史故事

小心谨慎，获帝欢心

有一次，汉武帝心血来潮，让宫人牵出圈养的马匹，阅马助兴。在检阅时，他发现一个人身材魁梧，面貌威严，牵着一匹极其雄壮的马，目不斜视地从大殿前走过。汉武帝十分惊讶，觉得此人有异相，一问才知是前休屠王的太子金日磾，便命他为马监。

金日磾成为汉武帝近侍后，行为更加谨慎，每次汉武帝外出，他都会随侍车架。很多人嫉妒金日磾受宠，说道："不知道哪里跑出来一个匈奴小子，竟然受到皇帝如此恩宠，我们反倒不被看重了。"但由于金日磾深得汉武帝欢心，这些恶语并不能伤害到他。

3. 实现方法

①保持正直的处事作风；②检视当下的风险所在；③锻炼自己的抗压能力。

4. 日省吾身

①在解决当下的难关时，你是否抱持着正直的品性？②有没有想过从中获利？③此时还存在什么风险？④危机对未来的影响有多大？⑤在解决当下的危机时，你如何坚持自己的信念？⑥1～10分，你如何评价自己的抗压能力？⑦有什么方法可以提高你的抗压能力吗？⑧当要着手解决问题时，需要注意什么？⑨有没有处事过于宽松？⑩有没有处事过于严厉？

● 阶段三

1. 阶段特征

目空一切必然惹人非议。若此时不注意收敛自己的气焰，难以察觉的危机就会慢慢逼近，直到最终爆发，而难以幸免。

2. 历史故事

收敛自己，笃厚谨慎

金日磾的母亲去世后，汉武帝下诏为其做画像一幅，放在甘泉宫中，金日磾每次见到画像都要下拜，泪流不止。汉武帝得知此事，认为他十分孝顺。金日磾在成为汉武帝近侍的几十年中，十分注重收敛自己的言行，从不直视汉武帝。汉武帝将宫女赏赐给他，他不敢亲近，只是毕恭毕敬地养起来。汉武帝要纳他的女儿为妃，金日磾也拒绝，说匈奴降人不敢高攀。正是由于金日磾如此谨慎的行事，他才能以外族人的身份，受到汉武帝格外的信赖，甚至托孤于他。

3. 实现方法

①重新检视自己的行为；②重点审视个人风格的转变方向；③保持谦虚的态度。

4. 日省吾身

①你现在的性格是否过于张扬？②应该怎样解决现在面临的问题？③有什么地方是你从来没注意到的？④如果有人想算计你，用什么方法最容易成功？⑤应该如何防范？⑥你应该如何调整自己的行事风格？⑦调整过程中应该戒除什么恶习？⑧你能够保持谦虚的心态吗？⑨你能够接受别人的劝诫吗？⑩如何劝导你才最有效果？

● 阶段四

1. 阶段特征

在这一阶段，你要学习如何收放自如地行动。有时，旁人对你的批评只是出于纯粹的恶意，来自于他的嫉妒。避免的方法只有适当地收敛自己，获取各人的信任，对方的攻击也就自然被化解了。

2. 历史故事

防人之口，辅佐霍光

公元前87年，汉武帝病重，临终前将太子托付给霍光和金日磾。由于金日磾是近侍，长期陪伴在汉武帝身边，深受重用，所以霍光要将一把手的位子让给金日磾。金日磾连忙推辞，说道："我如果当了一把手，一定会让匈奴轻视我朝的，朝廷上下也不会心服，所以还是您来做一把手吧。"而金日磾则毫无怨言地辅佐霍光。

在汉武帝的遗诏中，曾有封金日磾为侯的旨意，金日磾考虑再三，认为新皇帝年幼，如果受封，就有欺主年幼的嫌疑，于是坚决推辞不肯受封。直到他快去世时，才由霍光奏明汉昭帝，接受了侯爵的封赏。

3.　实现方法

①以柔性的方式处理小人对你的攻击；②重要的是保持个人的诚信；③对政治状况保有敏锐的直觉。

4.　日省吾身

①被别人批评时，你会作何感受？②如果批评的是正确的，你会如何接受并做出改进？③如果批评是恶意中伤，你会如何处理？④是否自己的处事风格或性格特质易引来别人的不满？⑤当有人刺激你时，你会如何控制自己的情绪？⑥什么人对你的批评是你最难接受的？为什么？⑦有没有人对你的信任是始终如一的？⑧从你平时的处事态度看，你是否值得别人信任呢？⑨有什么人是你不能得罪的吗？⑩如何避免得罪这些人呢？

● 阶段五

1.　阶段特征

有时凭借一己之力无法应付局面，就需要多人进行协助。聚拢那些有能力的队友，完全信任他们，让他们为你出谋划策，积极实行各种新政。如此，你便聚集了所有资源，与其一同为将来打拼。

2.　历史故事

众人之力，擒拿反贼

金日磾深受汉武帝信任，还要从一件事情说起。当时太子刘据因巫蛊之祸受到牵连，最后母子相继自杀。后来太子冤屈被洗清，汉武帝搜捕那些构陷太子的人，诛杀主犯江充三族。与江充交好的马何罗、马通兄弟害怕被杀，便想要先发制人，刺杀汉武帝。

一天早晨，汉武帝还在睡觉，马何罗进入寝宫，正好金日磾上厕所，看到马何罗袖中藏着利刃，从身后一把抱住马何罗，将其扑倒在地，并大喊："马何罗造反！"汉武帝惊醒，侍卫也冲进宫殿，合众人之力，制伏了马何罗。

3. 实现方法
①完全信任你的队员；②有下放权力的风度；③具有柔性的领导力。

4. 日省吾身
①现在有没有能够与你合作的人呢？②团队内是否有良好的分工系统呢？③应该怎样调配现有的人手呢？④可行的解决方案是什么？⑤有什么地方需要重新调配资源？⑥有什么项目是可以现在开始解决的呢？⑦是否能预料到即将到来的阻力呢？应该如何解决？⑧有什么困难需要处理？⑨有什么方案需要改善？⑩你可以凝聚的人力资源有多少呢？

● 阶段六

1. 阶段特征
永远不要等到事情恶化才出手干预，防患于未然才是最佳方法。要观察四周的人和事，寻找可能出现危机的苗头，尽早发现及根治，建立健康的工作环境。

2. 历史故事

七世内侍，家风甚严

金日磾作为一个匈奴人，不仅自己深受汉武帝重视，他的后代七世都是汉朝历代皇帝的内侍，宠渥尤甚，无人能比。他是如何做到这一点的呢？

金日磾家风甚严，有一个例子就能很好地说明这一点。金日磾的大儿子还是个孩子时，深受汉武帝喜爱，总是陪在汉武帝身边，被汉武帝亲切地称为"弄儿"。有一次，小孩从后面抱住汉武帝的脖子，金日磾见到后大惊失色，严厉斥责了儿子，直到汉武帝出来打圆场才完事。

后来儿子长大了，行为十分不检点，与皇宫里的宫女玩闹，又被金日磾看到。金日磾见儿子顽劣不成才，深恐以后会给家族带来祸端，竟亲手杀了他。汉武帝知道这件事后十分伤心，甚至流下泪来。金日磾的家人看到大公子的下场，知道事情的严重性，在以后的行事中也都规规矩矩，不敢有丝毫越礼的行为。

3. 实现方法

①锻炼自己发现危机的洞察力；②有危机预警的警觉性；③制订危机处理方案。

4. 日省吾身

①你发现危机的时机是不是太晚了？②如何才能更早地发现危机？③有没有一个妥善的危机处理方案？④如何做到防患于未然呢？⑤如果危机一时难以解除，有没有可以补救的方法？⑥有什么事情是你无法阻止其发生的？⑦有没有一个妥善的监察系统？⑧现行的制度是否存在漏洞？⑨有没有建立完善的预警机制？

要点总结

①广开言路，听取各方面的意见；②防患于未然，预先制订危机处理方案；③宜有更多人一同合作解决困难；④加强自己的实力，时刻做好准备。

第四十一章　减　损

总体特征

"落红不是无情物，化作春泥更护花。"现在的凋落，是为了以后的怒放。人事亦是如此，有波峰就有波谷，这衰落是自然的规律，所以是完全不可避免的。但无论你现在要牺牲什么，最后都会因此而获益。

要接受这"减损"的时刻，把你的生活精简，从而做出适当的反应。如果你觉得这衰落是不能接受的，而继续幻想处于巅峰时刻，便会犯下错误，脱离现实。对生活的诚恳和精简的态度会防止你犯下类似的错误，令你更懂得把握适当的时机。

这时候，简单对你的内心修为绝对有好处。你需要约束自己的本能和欲望，改变某些态度，就算是你心底里的自我也要受到控制，以配合生命中消减的力量。这时候应该转变你的行为模式，留意任何夸张的情绪反应。

"减损"在社交中的作用尤为明显。你不应勉强自己投身于那些毫无意义的关系之中，相反，你要把精神放回自己的内心世界，运用于自己的个人目标上。诚恳、投入和简单会为你带来成功。

在商业事务里，"减损"的力量在物质上的损失最为明显。但如果你能够端正自己的态度，专心于目前的工作，有信心挽回损失的话，依然能够取得成功。记着，现在的牺牲只是过渡性的。

相比于以往，人际关系可能有较少的刺激和欢愉，可能你和你所爱的人没有太多有意义的沟通，不要为了挽回以往的激情而变得暴躁易怒，反而要把形式简单化，才适合"减损"的规律。当你把精神花在提升自己时，记着也要为你所爱的人消除疑虑。

无论你所探寻的是什么，或者有什么样的目标，一定要接受"减损"的现实而对你的态度做出适当的调整。在事情成功地改变之前，你一定要约束自己的激动情绪，这情绪对你的发展毫无益处。

进阶教程

● 阶段一

1. 阶段特征

此时需要你衡量一下放弃是否值得。为别人牺牲自己是可贵的精神，然而若有其他更好的解决办法，则无须令个人蒙受不必要的损失。

2. 历史故事

舍弃夙愿，为友入秦

蹇叔，春秋时期宋国人。他虽然有王佐之才，但生逢乱世，并没有争名夺利之心，而是甘于平淡，隐居农家。他对百里奚有知遇之恩，后来百里奚在秦国做了大官，派人请蹇叔出山，蹇叔不愿意去。百里奚无奈之下，写信给蹇叔，说道："你的才能比我要好得多，如果你不出山来与我共同进退，我也将无所作为，也愿意同你一起隐居山林。"

蹇叔知道百里奚一生清贫，好不容易晚年遇到秦穆公这样的明君，实在是机会难得，因此为了好友，不得以放下自己的夙愿，前往秦国，与百里奚一同辅佐秦穆公。这两人，也将成为秦穆公称霸诸侯最得力的助手。

3. 实现方法

①寻找两全其美的方法；②寻找比你更合适的人选；③衡量个人与团体的价值。

4. 日省吾身

①面对困境，是不是再没有其他的方法了呢？②有没有其他因素可以利用呢？③如果不放弃应有的权利，是否还有其他达成目标的方法呢？④有没有更合适的人选去处理当前的问题呢？⑤你是否觉得自己必须为当前的事情负责呢？⑥团队中是否有人可以为你提供支持？⑦你将要做出的牺牲是否值得？⑧你所要放弃的事情重要吗？⑨如何使同事感到舒服呢？⑩此事是否会影响团队日后的合作呢？

● 阶段二

1. 阶段特征

如今你正走在开阔的大道上，善恶吉凶相距不远。要摆正个人的心态，安于其位，不恃才傲物，对你未来的发展有百利而无一害。

2. 历史故事

胸怀天下，淡泊名利

说起蹇叔的夙愿，他原本只希望隐居农家，在乱世中平平淡淡过完自己的一生。蹇叔住在一间洁净的茅草屋中，与农人一起下地务农，平时则与家人在一起，享受着天伦之乐。有空的时候，蹇叔会修身养性。在春秋时期这样一个群雄并起的乱世中，蹇叔这样淡泊名利，实在是难能可贵。

但蹇叔对时局有着清醒的认识。他第一次见到百里奚，就知道他有大才，因此与其结交。后来百里奚想去投靠齐国的公子无知，蹇叔劝阻他说："公子无知杀齐襄公自立，齐襄公之子流亡在外，公子无知必然不能长久。"后来公子无知果然被齐人刺杀，百里奚这才知道蹇叔的识人之能。

3. 实现方法

①你必须恪守本分；②保持正直善良的本性；③聚集志同道合的朋友。

4. 日省吾身

①你有没有做过超越职责本分的事情呢？②你有没有做过违规的事情呢？③你希望获得更多的利益吗？④你应该如何建立个人的价值观呢？⑤要抱持什么信念，才会令你更加坚定呢？⑥如何才不会被恶念左右思想呢？⑦如果有一件事会令你失去判断力，会是什么事情？⑧有没有与你站在同一阵线、行为正直的同伴？⑨你会如何做到开明、友善呢？⑩最令你不安本分的意图是什么呢？

● 阶段三

1. 阶段特征

事物的发展中存在着相斥相吸的作用。遇到相斥的状态时，要注意即将出现的危害，并将破坏力减至最低；遇到相吸的状态时，要及时把握时机，促成各种绝佳的合作。

2. 历史故事

不听劝阻，成为囚徒

百里奚生活贫苦，一直想找一位明主，实现自己一展抱负、跻身高位的夙愿。他本想投靠齐国公子无知，被蹇叔劝阻，后来听说周厉王的弟弟王子颓喜欢斗牛，养牛的人报酬丰厚，便又想去给王子颓养牛。蹇叔与百里奚一起见了王子颓，然后又劝说百里奚道："王子颓志大才疏，信任的都是一些阿谀奉承之人，这样的人不能投靠。"后来王子颓因谋反被杀。

百里奚有个名叫宫之奇的朋友在虞国做官，邀请百里奚一起来辅佐虞国君主。虽然蹇叔仍然劝阻，但百里奚急于实现自己的夙愿，这次没有听蹇叔的话，来到虞国。但虞国君主并没有重用百里奚，虞国最后被晋国所灭，百里奚也成为晋国的俘虏。

3. 实现方法

①关注事情带来的伤害程度；②留意受到危害的人和事，衡量是否值得；③寻找向有利方向转化的发展机会。

4. 日省吾身

①现在做出的决定，会影响到什么人？②有没有充裕的时间去衡量你的决定？③你对事情有足够充分的理解吗？④如何才能将事情的破坏性减到最低？⑤有没有可发展的空间呢？⑥怎样将可发展的空间继续扩展呢？⑦有什么人或事对事态的发展能起到良性影响呢？⑧能否达成双赢的局面？⑨怎样才能制订一个对双方都有利的计划？⑩有没有可供参考的意见呢？

● 阶段四

1. 阶段特征

对于刚刚从危难中恢复过来的个人或团体来说，体质仍然很弱，必须加强训练，增加能力，提高竞争力，才能尽快适应新的环境。

2. 历史故事

辅佐秦穆，推举蹇叔

后来百里奚几经辗转，流落到楚国，成了囚徒。秦穆公听说了百里奚很有才能，想用重金将他从楚国赎回，又担心楚国不同意，就故意对楚王说："百里奚原本是晋国的囚徒，后来作为晋国公主陪嫁的奴隶被送往秦国，谁知他中途逃跑到楚国，又被楚国抓住。我现在想要用五张黑羊皮换回这个原本应该属于我的奴隶。"楚王果然同意，百里奚就这样来到秦穆公身边。

秦穆公与百里奚谈了三天三夜的治国之道，十分投缘，就任命他为大夫。百里奚担心自己势单力薄，便又推荐了蹇叔。

3. 实现方法

①寻找需要补充的资源；②参加可提升能力的训练项目；③注意新环境所衍生的新挑战。

4. 日省吾身

①现在你最需要的资源是什么？②你急需的支援是什么？③对于现在的团队，有什么必须进行的训练？④对于下次可能出现的危机，你要如何预防呢？⑤有没有一个检讨计划？⑥有没有可以训练拓展的空间？⑦新的环境会带来什么样的挑战？⑧你的团队是否需要休息一下？⑨需要休息多长时间？⑩何时开始发展是最好的时机？

● 阶段五

1. 阶段特征

获取各方协助，获得充分支援，其力足以开山劈石。此时你需要灵活调配各种资源，拥有敏锐的观察力，高效的分工合作会让面前的困难迎刃而解。

2. 历史故事

齐心协力，共同辅政

蹇叔到了秦国，秦穆公向他请教治国的方法，蹇叔侃侃而谈，深得秦穆公的赞同。秦穆公又问："秦国可以争霸中原吗？"蹇叔说道："只要做到毋贪、毋忿、毋急三点即可，即不要贪图小利，不要意气用事，不要急功近

275

利。"于是，秦穆公拜蹇叔为右庶长，百里奚为左庶长，共同辅政。二人也尽力辅佐秦穆公，秦国终于由一个边陲小国，发展为可与中原诸侯争雄的大国。

3. 实现方法

①掌握调配资源的策略；②认清和调整可发挥的方向；③拥有排除万难的勇气和智慧。

4. 日省吾身

①现在可调配的资源有哪些？②可以运用的资源有多少？③有什么问题是可以马上解决的？④你可以从多大程度上改变当前所处的环境？⑤你对如何运用资源有没有足够的认知？⑥有什么发展方向是需要现在进行调整的？⑦要做到"勇往直前，永不言弃"，有什么难度？⑧有没有制订发展的策略？⑨怎样执行这一策略？⑩什么时候是开始实行策略的最好时机？

● 阶段六

1. 阶段特征

你现在应该做的就是放下小我，一心一意为社会或团队付出，尽全力达成目标。这能够感染无数人前来声援，这正是你当下应该做的事情。

2. 历史故事

穆公贪利，蹇叔哭师

公元前627年，晋文公刚刚去世，秦国安插在郑国的内应告诉秦穆公要抓住时机攻打郑国，到时候里应外合，一定能够获胜。秦穆公急功近利，决心出兵偷袭郑国。

蹇叔听说后，连忙劝阻："郑国距离秦国遥远，我们出兵攻打郑国，根本谈不上偷袭，对方一定会及早做好准备。到时候远征无功，士气低落，必然被别人有机可乘。"但秦穆公没有听从蹇叔的劝告，命百里奚的儿子孟明视，蹇叔的儿子西乞术、白乙丙为将领，率军出征。

在出征当天，蹇叔对着出征的将士大哭，说道："我看着你们离开秦国，可能再也不能见到你们回到秦国了。"但他伤心的不是自己儿子可能会客死异乡，而是为秦国好不容易积攒起来的国力会因此受到重创而难过。事情果然如蹇叔所料，秦军无功而返，在崤山被晋军伏击，全军覆没，孟明视等三个将领全部被俘。秦穆公这才后悔没有听从蹇叔的劝告。

3. 实现方法

①放下小我，为人付出；②拥有完全投入的使命感；③制订更高层次的人生目标。

4. 日省吾身

①现在的环境对你的发展有帮助吗？②对你来说，人生的终极价值是什么？③为了改变整个环境，你愿意付出什么？④你可以放下自己的个人要求，达成众人的需求吗？⑤当下所获得的支持，对你来说具有什么意义？⑥众人的支持是你动力的来源吗？⑦距离你的目标达成还差多少？⑧你是否有足够的使命感？⑨怎样提高自己的投入度？⑩目标与人生的终极意义相符吗？

要点总结

①困难是无可避免的，但却可以预防；②必须训练自己对各种危机的敏锐度；③休养生息是解决困难的重要方法之一。

第四十二章 受 益

总体特征

这一时期有着特殊的能量，很多事情都充满了可能性，甚至包括很困难的计划都会出现转机。现在重要的是好好利用这一时刻，因为现在的有利条件总会有改变的一天。每天都向着目标努力，时刻记着以有利于大众为前提，便一定可以最终取得成功。谨记，这一时期的能量一定要用在有价值的事务上。

如果你是一个领导者、行政人员或有可能影响社会的角色，这时候慷慨地对待你的追随者，对你是十分有利的。可能会有人要求你为达成目标而牺牲你自己的利益、资源，不要拒绝，这样的行动会令你大大受益，别人会因为你的行为而感动，团结在你的身边，无比忠诚，从而令团体壮大起来。正如《易经》所言："损上益下，民说无疆。"

如果所追寻的目标是有价值的话，那些身处商业或政治事务的人可以用这个方式令自己"受益"。这是向他人表达慷慨的最理想的时机，会帮你达到更高的层面。同时，慷慨的行为亦可以提升你的社会地位、家庭关系和人际关系。

这时候你的目标可能是内心的修为，因为你的四周充满着仁善，所以你有非常好的机会做自我改进。无论你想突破旧习惯也好，培养新的习惯也罢，这一时刻的能量都可以为你提供有利的结果。此时正好可以用来剔除那些任性的态度或活动，从而获得曾一度失去的善心、健康的身心和人生方向。当你抛弃坏习惯时，你会发现自己可以建立更好、更积极的行为模式。要观察其他人行善所带来的益处，然后效仿这些有用的特质。

进阶教程

● 阶段一

1. 阶段特征

当事物发展到某一阶段会达到高峰，使你获取最大的回报。此时切记要

278

懂得分享，切勿贪得无厌，要明白"物极必反"的古人明训。

2. 历史故事

年少有为，散财收心

马援，字文渊，西汉末期著名将领，东汉开国功臣。马援年轻时曾在边郡圈养牛羊为业，他因地制宜，和附近的人一起或种田、或放牧，由于方法得当，牛羊蕃息，获利无数。不过马援并没有将这些财物归为己有，而是分送给兄弟朋友，自己只过着最简朴的生活。他的作为也获得了周围人的认可，名声越来越大。

3. 实现方法

①享受所得，懂得分享；②提高个人修养水平；③保持节制。

4. 日省吾身

①获得利益时，应该以什么心态进行享受呢？②你对所得的利益感到满足吗？③你想要获得更多利益吗？④怎样控制自己，避免贪得无厌呢？⑤是否有人也应分享你的功劳呢？⑥你舍得与他人分享利益吗？⑦怎样做到"知足常乐"呢？⑧你的个人修养水平现在处于什么阶段呢？⑨你现在要小心防止什么心态呢？⑩有什么地方是你没注意到的？

● 阶段二

1. 阶段特征

现在你受到上司的赏识，因而获利甚多，仿佛一切尽在掌握之中。此时，你应该懂得授予，不要将功劳尽归己有。此举将让你获得的支持，远非得到的利益所能比拟。

2. 历史故事

平定羌乱，分赏士卒

公元35年，汉光武帝刘秀任命马援为陇西太守，前往抚平为乱一方的羌族叛乱。马援先在临洮击败先零，斩首数百，归降八千余人，所获牛羊数以万计。之后连战连胜。每次战斗，马援都是身先士卒，在一次战斗中小腿被羌人的箭射中，光武帝知道后，连忙派人慰问。

在获得了一系列胜利后，马援并不居功，而是将所获得战利品分赏给手下将士，然后继续挺进。马援在陇西太守任上共计六年，羌人逐渐安定下来，当地也越来越稳定。公元41年，马援升任虎贲中郎将，离开陇西。

3.　实现方法

①明白获取人心的重要性；②"独乐乐不如众乐乐"；③善于运用自己的判断力。

4.　日省吾身

①有没有人应该分享你的功劳呢？②你有没有自满、自夸呢？③你愿意分享你的所得吗？④当别人为你付出的时候，你会不会铭记在心呢？⑤有没有记录那些有功之人呢？⑥你想不想获得更多的好处呢？⑦获得人心与获得利益，哪个对你更有吸引力？⑧有没有人告诉你应该如何做？⑨有什么好处是你不想与人分享的吗？

● 阶段三

1.　阶段特征

当你遇到危机的时候，得到别人的接济，要与之齐心合力，共渡时艰。当危机过去，切勿忘记别人曾经的恩惠，他日东山再起，即是报恩之时。

2.　历史故事

困守壶头，共济时艰

公元48年，武陵郡五溪蛮造反，前往平叛的武威将军刘尚全军覆没，朝野震惊。已经62岁高龄的马援临危受命，前往平叛。第二年，率军进至壶头山，叛军则凭险据守，一时无法攻克。

恰在此时，传染病流行，很多将士都染病，年事已高的马援也重病在床。虽然形势十分不利，但马援壮心不减，每当敌人来犯，马援都拖着病体登高瞭望，手下将士每每为他的行为感动，很多人都热泪盈眶。

3.　实现方法

①实施可行的长远方案；②真诚地对待他人；③滴水之恩当以涌泉相报。

4. 日省吾身

①应该如何报答别人呢？②怎样运用现有的资源发挥创造力呢？③你现在有足够的能力对抗困难吗？④现在所面临的问题可以马上得到解决吗？⑤长远问题你可以解决吗？⑥如何让此时的资源增值呢？⑦如何把你的资源转化为你现在所需呢？⑧你现在可以帮助多少人？⑨哪些是你暂时不用理会的？⑩对于资源，你制订了使用方针吗？

● 阶段四

1. 阶段特征

适当的改变可以令整个团队获益。现在你要多聆听各方面的意见，获取足够多的资讯，在现在的环境中有所突破。

2. 历史故事

不听劝阻，行军遇阻

其实，马援原本不用在壶头山困守的。当时原本有两条路可以进军，壶头山较近，但是山势险峻，易守难攻。如果从充县行军，道路较远，但平坦易走。马援为了运粮方便，最终选择了壶头山，而没有采用部将耿舒的建议，取道充县。

在被困壶头山后，耿舒写信给自己的哥哥、朝廷重臣耿弇，告了马援一状。与马援素有嫌隙的驸马梁松也趁机弹劾马援。光武帝刘秀大怒，命梁松前去问责。

3. 实现方法

①多聆听各方面的意见；②拥有精准的判断力；③拥有冒险的精神。

4. 日省吾身

①有没有足够的资讯用来进行分析？②如何分析各种资料呢？③此时你的判断力如何？④有没有人能够为你提供帮助？⑤为了获得新的突破，什么行动是必须的？⑥此时获得新突破的可能性有多大？⑦你所处的环境是否会制约你获得新突破？⑧有什么事情出现会打乱你的计划？⑨若要达成目标，获得最大的利益，有什么是必须要做的？⑩有没有为目标定一个日期？

● 阶段五

1. 阶段特征

这一阶段是富足的时期。丰富的资源使你感受到安全，留意身边的人可以提供给你的协助，运用你的资源，同时伸出你的援手，也许你付出的并不多，但换回的却十分丰富。

2. 历史故事

虑事不周，得罪权贵

说起马援与梁松的不睦，其实也是马援自己无意中造成的。梁松的父亲原本与马援交情很深，有一次马援患病，梁松前去探望，在床边向马援行礼，马援却没有回礼。梁松走后，马援的儿子说道："梁松是皇帝的驸马，朝廷的宠臣，您怎么不给他回礼呢？"马援说道："我和他父亲平辈，他是我的晚辈，即使他再显贵，也不能乱了辈分吧。"

可马援的一次无心之失，却被梁松记恨在心，这才有了后来马援兵困难行，梁松背后告状的事情。

3. 实现方法

①切勿吝惜个人资源；②观察身旁是否有需要帮助的人；③抱持扶弱济贫的人生态度。

4. 日省吾身

①有没有留意身边需要帮助的人？②有没有人知道你可以帮助到他们？③你现在可以付出的是什么？④如何令自己不会因为富足而忽略他人？⑤你喜欢"雪中送炭"吗？⑥你认为自己是一个"吝啬"的人吗？⑦你愿意为弱小的群体献上关怀和支持吗？⑧你有没有参加公益慈善活动？⑨除了金钱，你还能付出什么？⑩你的付出会不会成就你的"终极价值"？

● 阶段六

1. 阶段特征

不要让自己变得自私，更不能有损人利己的心态。如今的你身居高位，正是以身作则成为榜样的时刻，可如果行为不当，也很容易招来恶果。

2. 历史故事

多行不义，终难免祸

等到梁松来到马援军中时，马援已经病故。但怀恨在心的梁松并没有放过马援的意思，以莫须有的罪名向刘秀状告马援，不明真相的刘秀大怒。后来马援的尸体被运送回城，家人见皇帝震怒，甚至不敢将马援葬在家族墓地，只是在城外买了几亩地，草草下葬。

梁松十分得意，认为自己大仇得报。不过梁松为人睚眦必报，而且结党营私，平常行为很不检点。这样的人即便一时得志，也很难长久。公元59年，梁松被免官，两年后又被下狱处死。

3. 实现方法

①施惠比收受更能得福；②以身作则，乐于助人；③关注个人的需要，提供合理的帮助。

4. 日省吾身

①你愿意向有需要的人进行施舍吗？②你有没有过于贪恋现在拥有的一切？③如何才能拥有"随缘乐助"的精神？④你身边是否有需要帮助的人？⑤应该怎样发现需要帮助的人？⑥如何判断他们需要帮助？⑦怎样分辨他们是否真的需要帮助？⑧当需要分享的时候，你会作何感想？⑨你是否会感到难过呢？为什么？⑩你觉得自己有多看重拥有的一切？

要点总结

①滴水之恩，涌泉相报；②拥有的时候要懂得分享；③不要吝惜所拥有的一切；④常存悲天悯人之心，施予有需要的人。

第四十三章　决　心

总体特征

在这一时期，面对各种威胁，不要轻易放弃。你应做出公开声明，下定决心，威胁着你的力量终究会被消除。切记不要使用武力，这样反而会招致敌人的攻击，反之，你应设法消解他们的攻击，向着对你有益的方向前进。

此时你的意志力来自于你的决心，不要有任何妥协。你要向亲人、朋友、同事表明自己克服困难的决心；实行计划的时候，要像运动员以体育精神与对手竞争一样，充满威严却不失公正，不要掺杂私人恩怨或暴力，有的只是坚毅的内心和坚定不移的信念，为自己建立起心理优势。

在社会关系中，可能需要你公开说出真相，虽然这会为你带来一些风险，但你只要不妥协，运用适当、非激进的方法处理，就不会有什么问题。记住，遇事秉公处理，其他都不重要。

在人际关系中，可能需要你表明克服困难的决心，取得有突破性的进展。在这一过程中，必须坚守自己的道德操守，不要以腐败的目的来对抗腐败、用自私来对抗不公、用隐瞒来对抗谎言。向人们坦诚你的内心，表明你的无私，抛弃那些自满与自傲的态度。如果你拥有很多资源的话，要分享给其他人，这样你反而会获得更多。谨记，一个拥有太多的人不会进步，只会衰败。

进阶教程

● 阶段一

1. 阶段特征

忽视环境是导致问题的根源。此时过高的决心并不适宜，这只会令你无法做出正确的判断。你应该审时度势，了解当下的环境，做出合适的行动。

2. 历史故事

充当向导，祖父被杀

努尔哈赤，姓爱新觉罗，祖父觉昌安、父亲塔克世都是满洲部落的首长，接受明朝册封和管理。1583年，满族人阿台多次在边境劫掠人畜，明朝将领李成梁率大军征讨，觉昌安与塔克世为明军充当向导。这已经不是两人第一次为明军充当向导了，早在九年前，阿台的父亲王杲叛乱，也是二人带领明军讨平的。但世易时移，这一次觉昌安等人却失算了，结果他们在混战中被明军误杀。

消息传回部落，25岁的努尔哈赤成为了新任首长。

3. 实现方法

①平衡此时奋勇的心态；②了解现在环境的限制；③增强个人能力。

4. 日省吾身

①如何才能避免决心过高呢？②有没有可以提醒你不要急进的人？③你此时遇到的困难是什么？④现在你个人欠缺的是什么？⑤有什么支援可以帮助到你？⑥什么时候才是发展的好时机？⑦什么事情是现阶段不应该做的？⑧怎样才能令你的决心不会落空呢？⑨有没有为自己订立一个时间表？⑩如何做出正确的判断？

● 阶段二

1. 阶段特征

在这一阶段，你需要准备充分，这样才能在挑战来临时，凭借所拥有的资源，以及个人的决心，以"不胜无归"的心态，找准问题的关键，给予致命一击。

2. 历史故事

转移目标，起兵报仇

努尔哈赤决心为祖父和父亲报仇，但同族人很多并不愿意得罪明朝，见努尔哈赤决心已定，便想要暗杀他。当时努尔哈赤的叔祖龙敦等人相互勾结，派人在一天夜里行刺努尔哈赤。乱战中，努尔哈赤的侍卫帕海被杀，多亏了额亦都、安费扬古等人，努尔哈赤才免遭劫难。不过，这些并没有打消努尔哈赤报仇雪恨的决心，他将自己第一个目标锁定在一个叫尼堪外兰的人身上。

3. 实现方法

①了解事前准备的必要性；②坚守个人信念；③拥有灵活运用各种资源的能力。

4. 日省吾身

①你是否有足够的资源呢？②若有突发危机，你有能力应付吗？③是否需要接受训练来提高个人修为？④面对危机，你抱有什么信念？⑤如何在过程中贯彻这些信念？⑥有什么事情对你个人决心有重大影响？⑦如何避免个人决心在过程中减弱呢？⑧有没有足够的资源为你提供支持？⑨若只剩你一人孤军奋战，你是否能够应付局面？⑩有没有什么人会为你提供支援？

● 阶段三

1. 阶段特征

在这一阶段，显露你的决心并不是明智的选择。要小心别让敌人知道你现在的心态，保持日常的行为举止，在时机成熟时再表明心意。在等待的过程中，即使遭到别人的怀疑和嫌弃，也要坚持日常举止，所得到的结果必然是正面的。

2. 历史故事

锁定目标，软硬兼施

公元1583年，努尔哈赤向图伦城进攻，城主正是尼堪外兰。很多人会奇怪，明明是明朝士兵杀死了觉昌安和塔克世，努尔哈赤为何只向尼堪外兰寻仇？其实努尔哈赤也知道真正的仇人是谁，但以他目前的势力，根本不可能与明朝撕破脸皮，这样无异于鸡蛋碰石头。他首先要做的就是扩大自己的势力，而名义上管理建州的尼堪外兰就是最好的目标。

战斗进行得很顺利，尼堪外兰逃跑，努尔哈赤不仅占领了尼堪外兰大量的土地，还顺便吞并了他的几个盟友，不但实力大增，声望也越来越高。

3. 实现方法

①隐藏此时的决心；②等待时机出现；③长期坚守信念。

4. 日省吾身

①现在是不是表现得太明显？②怎样才能收敛自己，不惹人怀疑呢？③如果被支持的人所厌弃，你该如何坚守信念呢？④有没有想过放弃？⑤你有足够的决心始终向着目标努力吗？⑥有什么支援可以增加你的决心吗？⑦过程中你需要小心什么？⑧有没有一个时间表？⑨谁对你的支持最大呢？⑩未来有什么合适的发展时机？

● 阶段四

1. 阶段特征

在这一阶段，独撑大局可能会陷入危险的境地。当你没有足够的实力时，他人对你的支持将会是你最重要的援助，必须跟随更有能力的上司，要相信有的时候别人解决问题的能力可能比你好。

2. 历史故事

多人相助，羽翼渐丰

公元1588年，苏完部索尔果、董鄂部何和礼、雅尔古部扈尔汉等人率部落来投，努尔哈赤热情地接待了他们。这次部落结盟让努尔哈赤多了好几个帮手，首先是索尔果的儿子费英东，他被努尔哈赤封为一等大臣；其次是何和礼，努尔哈赤将长女许配给他；再次是扈尔汉，努尔哈赤将其收为养子，赐姓觉罗。这三个人与额亦都、安费扬古一起，并称为后金开国的五大臣，羽翼渐丰的努尔哈赤，开始向着更高的目标前进了。

3. 实现方法

①隐藏己心，跟随他人；②切勿逞强独撑大局；③以决心渡过艰难时局。

4. 日省吾身

①不再独自行动对你的影响是什么？②你会如何接受此时个人能力不足的事实？③此时你可以接受什么训练？④有没有可以追随的上司？⑤此时你个人的限制是什么？⑥受到能力上的限制，对自己决心的影响有多大？⑦对你的计划有什么影响？⑧有决心度过现在的艰难时期吗？⑨如何提升个人的决心？⑩应该怎样坚持下去？

● 阶段五

1. 阶段特征

此时正是展现隐藏多时的决心的时机，但仍需要周全的计划，以"根除弊病"为目的，将所有危机都解决掉。

2. 历史故事

统一女真，建立政权

从1588年统一建州女真开始，努尔哈赤踏上了对外征服的道路，到了1615年，努尔哈赤先后吞并海西女真的哈达部、辉发部、乌拉部，重创叶赫部，基本上统一了女真。此时的努尔哈赤，已经拥有了足以与明朝一较高下的实力。

1616年，努尔哈赤在赫图阿拉称帝，国号"大金"，史称后金。建立政权后，努尔哈赤进行了一系列政治、军事改革，将原本一团散沙的女真部落紧紧捏合在一起，进一步提高了后金政权的实力。现在，他可以将下一个征服目标锁定在大明王朝了。

3. 实现方法

①了解制订计划的重要性；②掌握调配资源的能力；③拥有根除一切问题的决心。

4. 日省吾身

①是否制订了一个可行的计划？②计划中是否贯彻了你的决心？③你最希望达成的"终极目标"是什么？④有多少资源可以供你运用？⑤可让你发挥能力的空间有多大？⑥对计划是否进行周详的思考？⑦如何避免在过程中做得不够全面？⑧有没有未知的危机？⑨想要彻底消除危机，你需要如何调配资源？

● 阶段六

1. 阶段特征

当你将自己的决心发展到极致，便可以影响和唤醒众人，与你同心协力，共同对抗当下的困境。在这种环境中，一切负面能量终将被消除，仿佛春风吹过，万物从一片荒芜中重新焕发生机。

2. 历史故事

同心协力，大败明军

1618年，努尔哈赤在盛京告天誓师，宣读了著名的"七大恨"，正式与明朝开战。1619年，明朝派遣8万援军，以及叶赫部、朝鲜军队，共计10万人，分四路向后金发动进攻。面对咄咄逼人的敌军，努尔哈赤采取"凭你几路来，我只一路去"的各个击破策略，在萨尔浒全歼杜松率领的明军，然后乘胜追击，分别击败各路敌军，之后攻克辽东重镇开原、铁岭，同年八月，吞并叶赫部。

1621年，努尔哈赤迁都辽阳，三年后再次迁都沈阳，一步步向明朝腹地挺进。

3. 实现方法

①对奸恶绝不姑息；②联合所有人事及资源；③制订重建的计划。

4. 日省吾身

①此时你最容易忽视的是什么？②有没有灵活运用所有资源？③是否还有遗留的问题没有处理？④是否还有没注意到的漏洞？⑤有没有未留意的人或事？⑥必须进行什么改革性的措施才能获得最大的效果？⑦如何避免同类事件发生？⑧有没有制订重建计划？⑨在当前的环境中，有什么漏洞是致命的？⑩你改革的决心有多大？

要点总结

①决心需要实力的支持；②需要坚守信念；③等待时机出现，一击即中；④切勿忘记重建和预防。

第四十四章　诱　惑

总体特征

人无时无刻不在经受着外在的诱惑，尤其是那些难以被察觉的诱惑，往往更具危险性。即便是有人察觉到了，也会认为这么细微的事情，怎么会导致大的危害呢？只要自己稍稍放松，纵容自己堕入阴暗面，便会知道它可怕的后果。虽然诱惑充斥在我们生活的每一个角落，但你仍然可以尽量抵御它，使它对你的影响降到最低。

在日常的社交环境中，也应注意防范那些对你有消极影响的人或思想，并自觉地远离他们（它们）。而处理行政事务时，这种行为就变得尤为重要，因为此时的诱惑往往具有更大的威胁性。作为管理者，一定要随时留意那些有消极思想的人，不要逃避，要正视问题的存在，避免这种诱惑慢慢滋生，这才是发挥管理者影响力的正确方式。

在处理商业事务时，如果你所提的意见或别人提出的意见缺乏建设性，不单单会浪费你的时间，甚至会带来危险，比如影响企业的资金周转。还有一些商业提议，虽然表面上很具有诱惑力，但其中潜在的危险要大于收益。遇到这种情况，作为管理者，你就要以身作则，坚持自己的商业方针，不要在诱惑面前迷失了方向。

在处理人际关系时，尤其是对于那些初相识的人，往往会有人在交往中别有用心，或是想要利用你，或是有求于你。此时，管理者要经得起诱惑，大胆表明自己的处事原则与人生信条，即可击退那些可能对你造成消极影响的诱惑。

有时候，你会不自觉地沉迷于一些事情，表面上看起来，这种沉迷不会带来什么恶果，也正因为如此，这种诱惑更不容易受到你内心的排斥。但长此以往，沉迷于诱惑的恶果就会逐渐显露出来，造成你人生和事业的双重打击。因此，一个管理者一定要懂得自律，要坚守自己的原则和底线不动摇，常常告诫自己，千里之堤毁于蚁穴，造成重大影响的恶果往往源于那些不起眼的小事。要克服自己的弱点，抵御潜在的诱惑。

进阶教程

● 阶段一

1. 阶段特征

此时的诱惑尚处于萌芽期，如果任其发展，便会导致极其严重的后果。但由于此时的诱惑是潜在的，所以你还无法察觉它，也无法正视诱惑的存在，它此时对你也尚未构成重大的影响。

2. 历史故事

渴望权力，求官不得

司马伦，字子彝，是三国时期魏国重臣司马懿的第九子，晋武帝司马炎的叔叔。司马伦为人性贪，曾经与人勾结盗窃宫中御裘，事败坐罪。晋武帝称帝后，封司马伦为赵王。司马伦为人贪得无厌，尤其渴望获得权力，晋惠帝时期，他与掌权的贾后勾结，要求录尚书事，被张华等人拒绝，之后又要求当尚书令，同样被张华等人拒绝。

3. 实现方法

①拥有敏锐的个人神经，了解现实处境背后的危机；②省察己身，当机立断；③戒除贪图享乐的心态。

4. 日省吾身

①你是否沉迷于某种事情无法自拔？②是否对现有的生活感到满足，失去了更进一步的进取心？③是不是有人在阻碍你前行的脚步？④能够及时发现身边的隐忧吗？⑤这些隐忧会最终爆发吗？⑥若真的爆发，会带来什么后果？⑦你希望导致这些后果吗？⑧若不希望，你要做些什么事情来阻止它？⑨怎样巩固这些行动及心态呢？⑩是什么让你难以拒绝诱惑？

● 阶段二

1. 阶段特征

当机会出现的时候，要懂得捷足先登，避免别人抢占你的利益。不要再等待，也不要犹豫不决，你已经拥有绝对的能力独占鳌头。

2. 历史故事

先害太子，再废贾后

晋惠帝太子司马遹并非贾后亲生，因此贾后设计陷害他，将其囚禁在金墉城。司马雅、许超等人想要推翻专政的贾后，重新迎回太子，便找手握军权的司马伦商量。司马伦亲信孙秀对他说："当初你和贾后结交，太子掌权后必然认为你是贾后党羽，一定会铲除你。如果太子失利，贾后知道你参与了迎回太子的密谋，也会杀掉你。如今的办法，不如将太子想要复辟的消息告诉贾后，借刀杀人，之后再以为太子报仇的名义废掉贾后，独揽大权。"对权力极度渴求的司马伦采纳了孙秀的计谋，果然贾后杀死了太子。之后司马伦与齐王司马同等人合力推翻贾后，将其囚禁在金墉城，最后将其赐死。

3. 实现方法

①把握出现的每一次机会；②拥有寻找机会的洞察力；③能够及时对出现的机会做出反应。

4. 日省吾身

①你有没有好好把握机会？②你所遇到的机会值得把握吗？③有没有更好的发展机会？④若现在遇到的机会并不适合，你会怎样做？⑤当下的环境对哪一方面的需求比较大？⑥你有没有足够的能力把握它？⑦如果今天就有机会出现，你能够把握住吗？⑧你做好足够的事前准备了吗？⑨如何判断机会足够好呢？

● 阶段三

1. 阶段特征

那些沉迷于权力以满足内心渴求的人，既没有清晰的方向和目标，也没有可提醒自己的人士，这样的处境是十分危险的，必须马上加以改变。

2. 历史故事

沉迷权力，诛杀异己

司马伦囚禁贾后以后，先是大肆抓捕贾后党羽，并假公济私地杀死了张华、裴頠等人，之后任命自己为持节、大都督、督中外诸军事、相国、侍中、赵王如故。当年司马伦镇守关中的时候，便因为赏罚不明引发过羌族、氐族的叛乱，如今独掌大权，依然没有吸取教训，将亲信都封在大郡，掌管兵权。他的行为也激起了很多人的不满，尤其是淮南王司马允与齐王司马冏，都希望找机会推翻他。

3.　实现方法

①控制个人的欲望；②于迷失中找到方向；③拥有时刻提醒自己的人。

4.　日省吾身

①对某件事情的渴望是否超过了现实的需求呢？②你有明确的前进方向吗？③你对现状感到迷茫吗？④你对现状感到满足吗？⑤若现在追求的事情并不能满足你，什么才是你内心的渴望？⑥现在追求的事情是否会给你带来负面影响？⑦是否需要立即停止行动？⑧如何行动才最符合你的个人价值？⑨有没有人可以为你指引方向？⑩你可以去哪里找到这样的人？

● 阶段四

1.　阶段特征

内心的焦急是凶险出现的主因。你希望追求到更多的权力、名声、利益，而这些虚幻的事情会令你变得脆弱，容易被迷惑，辨不清前进的方向。

2.　历史故事

杀死淮南，篡位称帝

司马伦得知淮南王司马允与齐王司马冏对自己不满，便抢先下手，收回司马允的军权，让司马冏出镇许地。司马允是晋惠帝司马衷的弟弟，他察觉到司马伦已有篡位之心，便起兵攻打司马伦，在东掖门受阻，无法继续前进。司马伦的儿子买通其部下伏胤，将司马允杀死，同时还杀死了司马允的三个儿子。

公元301年，司马伦废掉晋惠帝，自立为帝，将晋惠帝囚禁在曾关押晋太子与贾后的金墉城。

3.　实现方法

①保持一颗平常心；②追求更高的个人价值；③拥有分析事物的能力。

4. 日省吾身

①你认为可以停止现在的进取行动吗？②有什么事情令你无法停止？③你现在追求的到底是什么？④现在你追求的事情合乎你的个人价值吗？⑤你现在追求的事情与你的"终极价值"有何不同？⑥怎样权衡各项事务的利害关系呢？⑦怎样才能做出客观的分析呢？⑧你需要做什么才能不被外物迷惑呢？⑨你会遇到什么样的困难呢？⑩有没有一个好的导师可以帮助你呢？

● 阶段五

1. 阶段特征

身居要职的你，所做的每一个决定都是众人所必须遵行的。此时，若你拥有内在的修养，能够顺势发挥，必然可以成就无比伟大的事情。

2. 历史故事

狐朋狗党，激起民愤

司马伦不学无术，他所结交和亲信的人也都是同类人。孙秀狡黠贪心，司马荂见识浅薄，司马馥、司马虔凶狠暴戾，司马诩愚蠢顽劣。这些人在朝廷里各树党羽，钩心斗角，把朝廷弄得乌烟瘴气。这样的政权，注定无法长久。

3. 实现方法

①有仁德治世的态度和决心；②不断提升自己的思想境界；③把握时机，及时治理。

4. 日省吾身

①现在可以实行的计划和行动是什么？②是否能够调动所有的资源？③自己带领的团队，是否做好充分的准备？④你以什么心态带领你的团队呢？⑤有没有检视己身，及时做出反省呢？⑥实行计划的出发点和你的价值观相符合吗？⑦现在需要做出行动吗？⑧现在需要提防的是什么？⑨能够避免什么？⑩如何确保在实行的时候不偏离正道呢？

● 阶段六

1. 阶段特征

正所谓物极必反、合久必分，当"分离"的时刻开始到来时，所有的权力、名声、利益等都会慢慢流失，虽然尚未有人对你造成伤害，但此刻的崩塌却是无可挽回的。

2. 历史故事

三王起兵，兵败被杀

司马伦篡位后，齐王司马冏、河间王司马颙、成都王司马颖共同举兵讨伐。司马伦连忙起兵迎战，却连战连败。不久，三王军队攻入都城，孙秀被杀，司马伦被迫退位，晋惠帝司马衷复辟。

梁王司马肜表奏司马伦父子叛逆，应当诛杀，朝臣一致赞同。最终，权利熏心的司马伦在金墉城中喝下金屑酒而死。

3. 实现方法

①接受现实，以达观的心态面对；②懂得放手，不争一日之长；③拥有急流勇退的决心和勇气。

4. 日省吾身

①从权力位置下滑，你会有什么感受？②有什么不能接受的地方？③如果不能阻止事情的发生，你会如何摆正心态呢？④有没有转变的机会？⑤接受现实需要多长时间？⑥即将到来的环境将是什么样的？⑦有什么思想是现在不能接受的？⑧现在有什么是需要改变的？⑨你有没有做过最坏的打算？⑩现在需要留心的是什么？

要点总结

①远离诱惑，刚强己身；②保持清晰的思维，切勿过于急躁；③当有能力处理的时候，切记不要姑息养奸；④以达观的心态看待身边发生的事情。

第四十五章　聚　集

总体特征

在这一时期，一群有着共同联系或目标的人将"聚集"到一起。这种"聚集"可以是一群有着共同根源的人再次聚合，如家庭；也可以是人为的架构的聚合，如商业或政治事务。

在所有的人群聚集处，必会有一个领导者或共同目标。无论你是这个领导者，还是争取目标的一分子，你对这个群体的承诺，对于你自己和这个群体来说都十分重要。在这种聚集的团体中，重要的是保证成员的相互团结、谅解，争执和少数脱离目标的人会削弱整个团体。一定要维系和巩固成员之间的联系，遵从适当的原则，不断地向更大的目标迈进。

在商业和政治事务上，你一定要肯定团体的目标就是你所坚持的目标。此时你一定要保持诚恳的态度和坚毅的决心，因为在追求团体目标的过程中，你会被要求牺牲自己的利益，而这对你来说可获得长远的利益。

此时人际关系对你来说十分重要。你要留意自己在社会和家庭中的位置，看看自己交往的对象是否拥有素质和能力。在人群中审视自己，会令你对自己有更深刻的了解，帮助你提高自己。"观其所聚，而天地万物之情可见矣"。

你要用自己的决心联合你的思想和行为。当你的决心与奋斗目标不一致时，会变得犹豫迟疑或感到矛盾不安，但若与目标一致，你就会感到自信和安然。

此时，聪明的做法是将自己完全融入团体的目标和计划之中，追随那些真正的领导者，加强自己的团体，确保你的安全，必会取得最大的收益。

进阶教程

● 阶段一

1. 阶段特征

现在的问题并不是个人能力可以解决的，而是需要"聚集"众人的能力来面对的。你并不需要为自己能力的不足而感到难堪，因为个人的能力本来就是有限的，如果勉强独自面对，只会坠入别人的圈套。

2. 历史故事

匪患丛生，聚众保家

程咬金，后更名知节，字义贞。唐朝开国大将。隋朝大业年间，全国盗贼丛生，劫掠乡里。程咬金原本就以勇武著称，但毕竟好汉难敌四手，面对人数众多的盗贼，程咬金组织起一支数百人的武装，保卫乡里。

很快，程咬金的名声就传播开来，当时瓦岗军的首领李密招徕他，程咬金便归附了瓦岗军，正式成为反隋大军中的一员。

3. 实现方法

①拥有向外请求援助的能力；②明晰群体的重要性；③接受自己在能力上的限制。

4. 日省吾身

①你认为自己处理问题的时候有什么不足？②有什么支援，对解决问题有帮助？③若有更多的人力资源，对你解决问题有帮助吗？④你内心里对需要别人帮助的事实反感吗？⑤有什么信念或价值观影响你请求援助吗？⑥有什么困难是你必须向人求助的？⑦有什么困难是你可以独自解决的？⑧如果事情介于两者之间，你会怎样做？⑨你是否太过个人主义了？⑩现在遇到的问题迫切需要解决吗？

● 阶段二

1. 阶段特征

万事万物的聚散都是有规律的。想要聚合众人，你必须用发自内心的真诚发出号召，而这种聚集后的力量必是你想象不到的强大。

2. 历史故事

由盛而骄，李密战败

公元618年，宇文化及杀死隋炀帝杨广，此时的李密正率领30万大军围攻洛阳。洛阳城内的大臣听说皇帝被杀，便拥立越王杨侗即位。李密面前是留守洛阳的隋军，背后是宇文化及的叛军，腹背受敌。为了摆脱不利局面，只好接受杨侗的册封，前往平定宇文化及的叛乱。在经过一系列厮杀后，李密终于战胜了宇文化及，但瓦岗军同样损失巨大。

胜利后的李密性情大变，原本礼贤下士的他越来越骄傲，战利品也不再分给有功的部下，还疏远了贾闰甫、徐世勣等人。就在此时，王世充大举掩杀过来，击败李密。程咬金也与秦琼等将领一起被王世充俘虏。

3. 实现方法

①拥有真诚待人的态度；②懂得与人建立关系；③公平正直，无愧于心。

4. 日省吾身

①你本着什么态度对待别人的？②你是否虚伪待人？③要对每一个人都付出真诚，有没有难度？难在何处？④要拥有真诚的信念，有什么习惯是需要戒掉的？⑤看到别人有缺点，应该如何表达呢？⑥要做出劝谏的话，你会如何表达呢？⑦怎样说话比较合适？⑧你做事是本着无愧于心的态度吗？⑨怎样才可以做得更好？

● 阶段三

1. 阶段特征

此刻的聚集不是主动的，而是被动的，充满了变数，需要个人慢慢摸索，必要时寻找外援。可即使在逆境之中，仍不能放弃自身的主动性，不要等着环境自己慢慢改善。

2. 历史故事

临阵辞别，改投李唐

王世充俘获程咬金、秦琼等人后，因久闻大名，便让他们在自己军中为将。但是王世充为人狡诈阴险。程咬金对秦琼说："王世充风度浅薄，喜欢赌咒发誓，哪里是拨乱反正的君主！"公元619年，王世充与唐军在九曲地区交战。阵前，程咬金、秦琼等几十人骑马向唐军阵前跑了一百多步，然后下马向王世充说道："我们深受您的大恩，但您为人猜忌，听信谗言，不是我等托身之处，我们就此别过。"说完就上马驰入李唐阵中。

李渊将他们分派到李世民帐下，李世民对他们十分尊重，任命程咬金为左统三军。从此，程咬金终于找到理想中的君主。

3. 实现方法

①在逆境下仍抱有主动性；②在充斥着未知数的环境中适应、摸索；③把握机会，将被动变为主动。

4. 日省吾身

①当前的环境适合前进吗？②有什么事情是你可以把握的呢？③你可以为不能预料的将来进行什么准备？④对自己的准备有没有信心？⑤如何提高对环境的掌控力？⑥要做出什么行动？⑦行动之前是否做出预测？⑧你的计划中是否预留出调整的空间？⑨如果环境无法掌控，如何令自己接受现状？⑩你是否有"大无畏"的冒险精神？

● 阶段四

1. 阶段特征

在这个阶段，看似安全的道路上其实暗藏危机，如果你没有意识到危机的存在，很可能会落入这个埋伏已久的陷阱中。但你可以放心，只要充满警觉，仍然可以发现属于你的机遇。

2. 历史故事

天下将平，内部分裂

程咬金跟随李世民后，先后击败宋金刚、窦建德、王世充等势力，每次征战都身先士卒，积功至宿国公。隋末战争进入后期，李渊所率领的唐军已经不可阻挡，以李建成为首的太子党和以李世民为首的秦王党开始积极树立各自羽翼。李建成是太子，名正言顺，但李世民战功最大，深受部将喜爱。

公元624年，李建成为了分裂李世民的势力，向李渊进言，想要派遣程咬金出任康州刺史。程咬金听说后，找到李世民，说道："一个人如果失去了左膀右臂，想要保全自己是不可能的。如今大王所面对的就是这种情况。我宁愿死，也不想离开大王身边！"李世民听完后，便继续留程咬金在身边。

3. 实现方法

①切勿自视过高，一切小心为上；②为各种危机做好准备；③留意发挥

与收敛之间的尺度。

4. 日省吾身

①现在发挥你的个人能力是否合宜？②有没有逾越他人的权力？③有什么需要收敛的地方？④应该如何收敛才好？⑤要在过程中做到收放自如，有什么难度？⑥当你开始不安分的时候，有什么可以提醒自己的方法？⑦有没有人或事可以提醒你？⑧你是一个善于等待的人吗？⑨有没有为危机做好准备？⑩现在订立一个时间表是不是过急呢？

● 阶段五

1. 阶段特征

当时机来临时，也正是一飞冲天之时。现在你所拥有的群众支持是十分强大的力量，无论在何时，都是你强大的后盾，能够支持你的每一个决定。

2. 历史故事

玄武兵变，屠戮宗室

唐高祖李渊即位后，由于李渊的偏袒，李建成集团渐渐占据上风，李建成也加紧与弟弟李元吉一起排挤李世民的进程，甚至曾用毒酒想要谋害李世民。

公元626年，李世民率领长孙无忌、尉迟恭、程咬金、秦琼等人入朝，埋伏在玄武门下。李建成与李元吉不知有诈，一起入朝。来到临湖殿，李建成等人发现情况不对，马上掉转马头返回，李世民见事情败露开始追击，并亲自射杀了李建成。李元吉在逃跑过程中也被尉迟恭杀死。

之后李世民逼迫李渊让权于己，然后杀死了李建成的5个儿子和李元吉的5个儿子，在清理掉所有障碍后，终于迎来了属于自己的时代。

3. 实现方法

①以德服人，以诚待人；②尝试以群众的力量解决各种问题；③发展各个可行的计划。

4. 日省吾身

①现在你的支持者所能提供的是什么援助？②如何运用这庞大的资源，创造全新的局面？③支持者对你的为人有何评价？④你认为自己需要改进的地方有哪些？⑤现在你可以达成的目标有哪些？⑥各项计划的可行性有多

大？⑦事成之后，你会如何庆祝？⑧有什么决定，并不是你个人能够完成的？⑨你对自己的调配能力有信心吗？⑩有什么技能是你此刻必须拥有的？

● 阶段六

1. 阶段特征

如果你曾经因为某些原因离开一个团队，现在要重返其中，需要向团队中的成员真诚地表示悔意，他们也会因此而无条件地接纳你。

2. 历史故事

一念之差，晚节不保

公元656年，西突厥进犯，程咬金奉命出征。负责前军的苏定方连战连捷，俘虏了大批胡人。副将王文度想要瓜分缴获的财产，便迷惑程咬金，说胡人反复无常，唐军今天撤退，明天他们就会反叛，不如全部杀掉。程咬金听从了他的话，将所有投降的胡人都杀了，并且与众将瓜分了财宝，只有苏定方没有参与。后来事情败露，程咬金被免官。

3. 实现方法

①向团队表达你的悔意；②重新融入团队；③学会放下个人的面子。

4. 日省吾身

①你需要放下的面子有多大？②为什么这样艰难？③有什么理念驱使你不愿回到团队中呢？④这些理念与个人需求相比，哪一个更重要？⑤融入新团队需要多少时间？⑥有什么难度？⑦若要克服这些困难，你需要做什么？⑧过程中要向多少人交代？⑨有什么事情需要适应呢？⑩你会怎样看待自己此时的付出？

要点总结

①聚集是靠真诚建立的；②人必须获得他人的支援，任何人都需要团体；③要有"舍得"的勇气。

第四十六章　提　升

总体特征

在这一时期，你会体验到个人力量和自尊的"提升"。这提升是源于你长期、适度的行为正好符合当下发展的趋势，使你的目标刚好与这趋势相符合，继之而来的成功将会是非常全面的。

在政治和商业事务中，你可能获得晋升或"提升"。由于你一直以来的努力正好符合当前的目标要求，你会收到超越你期望的结果，也会获得上司对你的认同。

同样，在社交事务中你也会获得认同，你的社会地位也会因此而获得出乎意料的提升。你可以加入社区活动，选择一些你的意愿与社会的意愿相符合的活动，并出色地完成任务，你也会因此而获得赞赏。

你的影响力的提升不会遮盖或威胁到你的人际关系，反而会创造更加良好的感情环境。你现在可以在和喜爱的人的沟通上取得突破性进展，只要你继续努力，就能够建立更加紧密的联系。

在自我修为方面，你要"提升"自己的意志力。明白什么事情是必须要做的，然后义无反顾地实行。通过自我约束，建立坚强的意志力，以及培养自己坚毅的性格特质。

在这一时期，不要期望一步便可达到目的，而是要以毅力和勤奋不断进取，去建立稳健的根基，并最终达成目的。

进阶教程

● 阶段一

1. 阶段特征

此时各种有利因素都汇集在一起，你的晋升形势一片大好，甚至还有其他人对你的协助——可能是你的上司，也可能是你的同事，要谨记他们对你的好处，并为此感激他们。

2. 历史故事

出身贫寒，平步青云

和珅，钮钴禄氏，原名善保，字致斋。和珅幼年十分清贫，三岁丧母，九岁丧父，靠着一位老家丁和偏房的庇护，度过了童年时期。不过和珅聪明异常，精通满、汉、蒙、藏四种语言，熟读四书五经，为其日后踏入仕途攒下了足够的资本。

1769年，和珅正式踏上仕途，四年后，果然因才学被乾隆赏识，成为乾隆皇帝的侍从。

3. 实现方法

①配合当前的局势；②尽量发挥拥有的全部实力；③感激曾帮助过你的每个人。

4. 日省吾身

①此时你的发挥空间足够大吗？②现在的环境能否让你发挥全部的实力？③想要继续发展需要学会什么技能？④你认为自己可以晋升到什么位置？⑤是否低估了当前的局势？⑥现在的行动是否过于保守？⑦一个更加具有进取精神的计划应该是什么样的？⑧你当前有没有接受培训？⑨有多少人帮助过你？⑩若一直照此发展下去，有什么可预期的成果？

● 阶段二

1. 阶段特征

得到晋升并不是单纯依靠实力，别人对你的信任和认同也是重要的因素。此时，你不仅要展现自己的能力，也要想办法赢取别人的信任，如此才能获得完美、非比寻常的晋升机会。

2. 历史故事

尽忠职守，展现能力

1773年，和珅任管库大臣，负责管理宫廷使用的布匹。和珅接手后，充分展现了自己经营管理的才华，两年间，布匹库存翻倍增加，布料质量也极好，能干的和珅再次赢得乾隆皇帝的赏识。1775年，和珅升任御前侍卫，成为乾隆皇帝的近臣。

3. 实现方法

①展现你的个人能力；②与上司建立互信；③拥有把握每个机会的能力。

4. 日省吾身

①现在有没有人知道你的实力？②有没有人愿意对你委以重任？③如果现在就有晋升的机会，你能展现出什么能力？④如果现在没有展现机会的能力，你会做什么来吸引别人对你的兴趣？⑤你觉得上司信任你吗？⑥要想获得上司的信任，你需要有什么能力？⑦你会如何提高别人对你的信任？⑧有没有一些事情，其实是你展现能力的良机？⑨你对机会的洞察力如何？⑩如何把握机会才是最好的呢？

● 阶段三

1. 阶段特征

此时的晋升充满了惊喜，环境中没有任何限制，反而为你提供了无限的可能，你可以在其中任意驰骋，获得数不尽的机会。不过你要谨记一件事情：生机背后也隐藏着危机。

2. 历史故事

仕途顺利，引人嫉妒

此后的和珅可谓仕途顺利，1776年正月，和珅出任户部右侍郎，两个月后进入军机处，成为最高统治集团的一员。仅仅过了一个月，和珅又成为总管内务府大臣，之后屡屡升迁，到了1779年，出任御前大臣上学习行走。

和珅年纪轻轻就因为善于揣测上意而获得乾隆皇帝的赏识，一再被破格提拔，也引起了很多朝廷大员的不满，首当其冲的就是十分正直的永贵。奈何有皇帝为和珅撑腰，这些大臣们一时半会儿也拿他没有办法。

3. 实现方法

①尽情把握当下的机会；②能够洞悉环境中创造的可能性；③留意潜伏的危机。

4. 日省吾身

①现在的环境中，有什么可创造的空间？②有没有更多的空间可供发挥？③你有什么能力可以在当前运用？④这个环境中有什么资源可供利用？⑤你可以为这个环境带来什么转变？⑥往什么方向发展的机会最好？⑦有没有更多的发展方向？⑧可以实行的计划有多少？⑨现在的环境中是否隐藏着危机？⑩现在需要预防什么？

● 阶段四

1. 阶段特征

因为所有人都安于本分，全力付出，所以当前的环境十分适合发展，而你也会因此受益，获得更大的晋升。

2. 历史故事

巧施计策，稳固地位

当时朝廷里对和珅最有威胁的有两员武将，分别是福康安和阿桂。和珅想要稳固自己在乾隆面前的地位，就必须想办法解决这二人。机会很快就来到了。1778年，和珅弹劾阿迪斯贪赃枉法，这次弹劾的矛头直指阿迪斯的父亲阿桂。之后又以同样的罪名弹劾阿桂的义父黄枚。对于福康安，和珅也暗中搜集他在吉林、广东贪赃枉法的证据，随时准备出击。

经过一系列的弹劾，朝廷中近半数的武官被和珅斗倒，和珅在朝廷里的地位变得越来越稳固。

3. 实现方法

①配合发展的时机；②灵活调配下属的工作；③掌握更多的策略。

4. 日省吾身

①下属的工作还可以分配得更好吗？②可以创造更好的业绩吗？③若想获得更好的结果，现在必须要做什么？④你会如何运用各种策略，以获得更大的成就？⑤有更好的发展机会吗？⑥有适合扩展业务的机会吗？⑦你准备好发展的计划了吗？⑧有没有更好的支援？⑨有什么策略可以应用？⑩怎么才能知道现在是发展的时机？

● 阶段五

1. 阶段特征

拥有稳健的助力，可以让你此时的发展事半功倍，使任何对外对内的事务都进入最佳的准备状态。只待你一声令下，所有的工作都可以顺利展开，并让你获得超出预期的成果。此时最重要的则是保持正确的心态。

2. 历史故事

利欲熏心，中饱私囊

1780年，李侍尧案爆发，海宁弹劾云贵总督李侍尧贪污，乾隆命和珅等人赶赴云南彻查。和珅将案件的突破口选在李侍尧的管家赵一恒身上，对其严刑拷打，终于让他供出了李侍尧的全部罪状，李侍尧不得不认罪。

案件结束后，和珅及其党羽私吞了李侍尧的一大份财产，再加上乾隆的种种赏赐，和珅第一次品尝到以权谋私的好处。在这之后，和珅变得一发不可收拾。他一边卖官鬻爵，一边经营私产，一步步成为中国古代历史中罕见的巨贪。

3. 实现方法

①制订大展宏图的发展计划；②明晰个人修养和心态的重要性；③实行一切可发展的计划。

4. 日省吾身

①你拥有足够的资源吗？②你的计划足够完善吗？③有可实现及可预期成果的目标吗？④如何保证计划不会流于空谈呢？⑤有没有为你的计划定下时限？⑥你会怎样执行各项计划？⑦你在心态上准备好了吗？⑧应该抱有怎样的心态实行每一个计划？⑨应该如何在计划中合理分配资源？⑩每一个目标都有各自的进度表吗？

● 阶段六

1. 阶段特征

当提升到达极致，就要懂得收放之道，切勿寻求或贪恋任何名利外物。现在既是危机的开始，也是转危为机的时刻，要从中学会选择，保证你在当前局势中的安全。

2. 历史故事

<h4 style="text-align:center">玩弄权术，自杀身亡</h4>

乾隆皇帝退位后，虽然嘉庆是名义上的皇帝，但上朝时乾隆仍旧会坐在朝堂上，身边站着和珅。每有奏章，都有乾隆口述，和珅转达，嘉庆根本说不上话。嘉庆对和珅憎恨至极。

公元1799年正月，也就是嘉庆当皇帝后的第四年，乾隆驾崩，和珅的末日终于来到了。正月十三，嘉庆皇帝宣布和珅二十条大罪，下旨抄家，共计查抄白银八亿两。乾隆年间每年的税收也只有七千万两，换句话说，和珅的家底相当于十几年的全国税收。

这个结果让嘉庆皇帝大吃一惊。正月十八，廷议和珅当凌迟处死，但和珅的势力已经在朝廷根深蒂固，刘墉等人为了安定人心，建议赐其自尽。于是，一代巨贪和珅便以三尺白绫结束了自己的生命。

3. 实现方法

①切勿过分追求权力；②懂得急流勇退的道理；③收放自如，不执着于权位。

4. 日省吾身

①你对权力地位的欲望是否过多？②是什么让你贪恋这些权力？③你无法放弃哪些权力？④有没有想过继续下去的后果？⑤现在是不是该隐退的时候？⑥应该将现在的权力交给谁？⑦目前最安全的做法是握紧权力，还是将之下放？⑧现在谁能为你提供最好的意见？⑨失去权力时，你的感受是怎样的？⑩你距离"视名利如浮云"还有多少距离？

要点总结

①把握每一个晋升的机会；②善于运用个人优势，创造机会；③晋升不是一个人可以做到的，要运用各种资源帮助自己；④以平常心看待权力。

第四十七章　逆　境

总体特征

有顺境，必然就有逆境，这是万事万物都无法逃避开的规律，人事亦是如此。不要以为人际社会不受自然规律的驱使，这是非常错误的想法，会让你偏离"道"，而这"道"正是你此时应该遵循的规律。

从上一章"提升"的顺境，进入这一章的逆境，是符合自然规律的过程。此时会有真正的问题出现，但正确的态度会帮你渡过难关，甚至带领你走向成功。当面临逆境时，你要保持平和、乐观的心态，克服自己的恐惧。如果你被恐惧所主导，屈服于当下的环境，只会在失败中迷失自己。要克服这些只有一个方法，就是坚守自己的志向，在逆境中学会坚强。

在所有世俗事务中，此时你最大的问题是影响力的不足，即使有人跟随着你，也很可能是出于不想树敌和避免混乱的目的，并不是认可你的目标。在社交场合中，不要说太多话，而是用实际行动来证明自己。你性格中的刚毅和决心会在默默做事中显露出来，最终赢得众人的支持。

在商业和政治事务中，此时的形势就像大树生长在幽谷之中，想有参天之势，却受限于空间狭小，无法施展。面对这样的"逆境"，你必须有十足的意志和决心才可以有所突破。不要在逆境中失去信心和乐观的态度，坚持下去就是胜利。

在人际关系中，你也会受到"逆境"的困扰。当所有人都处于困境和压力中时，必须都要有决心维系这段关系，才能安然渡过难关。说空话是毫无效果的，只会带来更多的混乱。

如果你能坚守自己的理想的话，那么当下的困境反而会为你的内心修为带来益处。谨记，在当前环境中，如果内心失守，便会全盘失败。所以，你要学会抛弃负面情绪和悲观的想法，此时不会有太多的外部支持，你要在自己的内心中寻求力量。当你挣扎着克服困难时，你的意志力会变得越来越坚强。

对于现在的局势，你没有太多可以做的事情。此时，你的专注点应该在于自己内心的修为上，用坚强的内心来帮助自己渡过难关。

进阶教程

● 阶段一

1. 阶段特征

面对当前的困难，你可以有两种心态。如果你认为这困难无法解决，并因此被击溃，一切的事情都会于此了结。但若你将这困难视为一种挑战，想方设法去解决它，同时提升自己的能力和修养，那就是一种机遇。

2. 历史故事

大雨失期，决意反秦

公元前209年，一支由900人组成的征兵部队用急行军的方法，向目的地渔阳挺进。部队行至大泽乡时，连日大雨，道路不通，无法前行。按照秦朝的法律，失期未到戍守地点是死罪，因此不仅囚徒着急，两名监军的秦吏也每日借酒消愁。

一天夜里，两个名为陈胜、吴广的戍卒悄悄商议，陈胜说道："我们现在的处境，去是送死，逃跑被抓也是处死，还不如横下一条心，干一番大事业。"当时天下人都因秦朝酷刑而有怨言，六国后裔也蠢蠢欲动。吴广觉得陈胜的方法可行，一场反抗暴秦的起义开始悄悄酝酿起来。

3. 实现方法

①明晰抗压能力的重要性；②建立积极的思维模式；③以积极的态度面对困难。

4. 日省吾身

①如何才能有一个积极的心态？②在困难面前，需要注意什么样的态度？③如果长时间面对困难，你会不会因此意志消沉？④有没有转机？⑤有没有改善的空间？⑥怎样做到不愠不躁，专心面对困难呢？⑦你会如何积极地面对困难？⑧如何保持良好的士气？⑨有什么警句或信念可以鼓励自己？⑩谁最能给你鼓励？

● 阶段二

1. 阶段特征

由于缺乏个人管理，自我放纵，失去摆脱危机的决心和勇气，最终导致了当前的困境。解决的办法只有个人意志的觉醒，只有在任何艰难环境中都能超越自我的忍耐力，才可以帮你获得成功。

2. 历史故事

巧施计策，激起民愤

决意反秦后，陈胜、吴广开始为起义做准备了。他们先是用朱砂在帛书上书写"陈胜王"三个字，放在渔民捕获的鱼肚子里，第二天戍卒买回鱼吃，果然发现了帛书，十分惊异。之后吴广又在夜里佯装狐狸的叫声，喊道："大楚兴，陈胜王。"当时的楚人原本就很迷信，听到这个声音，心里更加打鼓。

吴广知道，要想让这900人的戍卒造反，还需要一个爆发点。于是他想出一条苦肉计。他趁着两个秦吏醉酒的机会，故意说要逃跑，性格火暴的秦吏果然中计，一边鞭打吴广，一边责骂。戍卒们见状，十分气愤，群起而攻之，很快杀死了两名秦吏。于是，中国历史上一场轰轰烈烈的农民起义拉开了序幕。

3. 实现方法

①建立良好的个人习惯；②戒除恶习；③锻炼自己的忍耐力。

4. 日省吾身

①需要培养的习惯是什么？②为什么需要这些习惯？③要马上停止的行为是什么？④它们对你的危害有多强？⑤针对当前所处的环境，有什么事情需要尽量多做？⑥现在应该向什么人寻求帮助？⑦怎样才能将想法转变为行动？⑧过程中遇到的困难是怎样的？⑨怎样才能锻炼自己的忍耐力呢？⑩有没有为自己设定时限？

● 阶段三

1. 阶段特征

损人利己的事情绝对不可以做，任何时候都不要有损害别人利益的想法。面对当前的局势，你应该用自己的真实能力做出成绩，让那些表现为你代言，如此所得才真正属于自己，也是别人永远无法夺取的。

2. 历史故事

连战连捷，陈县称王

陈胜、吴广带领起义军首先攻占了大泽乡，再攻下蕲县县城，之后连战连捷，攻取了五个县城。此时，得知起义消息的各地百姓也纷纷揭竿而起，响应陈胜、吴广起义。

陈胜在拥有了一定的实力后，将下一个目标确定为陈县。陈县曾是楚国旧都，又是战略要冲，攻克陈县对于起义军来说有着很大的战略意义。于是，陈胜带领着六七百乘战车、一千多骑兵，以及数万步兵，向陈县发动猛攻，杀死了郡丞。

攻取陈县后，陈胜在此建立政权，国号张楚，自命为陈王，真正实现了他"王侯将相宁有种乎"的志向和决心。

3. 实现方法

①以利己利人之心做事；②运用真才实学做出成绩；③切勿意图伤害他人。

4. 日省吾身

①有什么心态是要不得的？②有没有想过靠诡计赢取他人的信任？③有没有想过靠损害别人为自己赢取利益？④你现在所做的事，背后抱持的是什么样的理念？⑤你现在的成绩，是不是靠个人的本事做到的？⑥有什么本事可以令人对你刮目相看？⑦有没有信心做出更好的成绩？⑧有没有信心解决当前的困境？⑨应该建立什么样的心态？⑩有什么事情既可以利己，又可以利人？

● 阶段四

1. 阶段特征

在当前的环境中，仿佛有无数困难阻碍你前行，但看似危险重重，其实难关已经开始消退，原本阻碍你的路障也开始纷纷解除封锁，康庄大道即将出现在你的面前。

2. 历史故事

遣兵略地，辐射全国

张楚政权建立后，陈胜等人确定了"主力西征，偏师略地"的方针，一面派遣吴广率领起义军进攻荥阳，直指函谷关，一面派遣武臣、周市、召平等人攻击六国故地，牵制秦国注意力。除了进攻荥阳的起义军受阻，其他各路起义军连战连捷，很快，秦朝在六国故地的统治完全崩溃，反秦斗争逐渐走向高潮。

3. 实现方法

①抱持积极的心态；②运用各种策略，解决当前的困境；③展现自己的全部实力。

4. 日省吾身

①现在可以解决的问题是什么？②有什么空间可以突破？③有什么策略可以运用？④可以发挥的空间还有多大？⑤是否预想过机会会在何时出现？⑥此时首先要解决的问题是什么？⑦现在的环境适合你的发展吗？⑧有没有足够的资源可供你使用？⑨是否有一个解决所有困难的时间表？⑩一年之内的进度应该是什么样的？

● 阶段五

1. 阶段特征

通过无私的付出，现在一切都开始恢复生机。你此时已经拥有足够的能力和助力，因此不会在困难面前退缩——无论这困难有多大。

2. 历史故事

各地响应，云从影集

张楚政权的建立，极大地激发了其他有志于反秦的人的信心，一时间，各地响应，"云从而影集"。当时比较著名的起义军，既有项梁这样的六国贵族，也有彭越、英布、刘邦这样的百姓或小吏，起义军的声势也越来越浩大，反秦起义也有一个点变成一个面，向整个中华大地蔓延开来。

3. 实现方法

①勇敢地面对困难；②善于运用群众的支持；③用创造力改善环境。

4. 日省吾身

①预期还要面对困难的时间是多久？②你能够坚持下去，直到问题完全解决吗？③如果过程并不顺利，你会如何为自己鼓劲？④现在是否需要暂时休息一段时间？⑤有没有可供利用的外援？⑥你对自己的意志力有何评价？⑦此时可供你发挥的空间有多大？⑧有什么策略可供你使用？⑨未来想要达成的目标是什么？⑩要时刻提醒自己的是什么？

● 阶段六

1. 阶段特征

困难即将解决，现在你的周围生机盎然。此时你要做的就是反省自己，从之前的困境中汲取经验教训，知道自己改进的空间和方向，把握此时的良机，坚守正直的品性，超乎想象的成功便会出现在你的眼前。

2. 历史故事

富贵而骄，因短取败

陈胜称王后，并没有励精图治，反而是沉浸在胜利中，掉落进富贵乡。他年少清贫时曾做佃农为生，当时对同伴说"苟富贵，无相忘"。可当他称王后，却杀掉了前来投靠的那些同伴。同时，陈胜在统治方法上也十分不成熟，他任命朱房、胡武监察百官，结果二人公报私仇，陷害了大量起义军将领，使得陈胜大失人心。

最终，内部四分五裂的张楚政权没能经受住章邯率领的秦军的反扑，陈胜在战败后，也被自己的车夫刺死，张楚政权就此失败。

3. 实现方法

①检讨自己过去的行为；②把握此时出现的良机；③开始制订全新的发展计划。

4. 日省吾身

①有什么错误不可再犯？②过去的问题有多少与自己的决定有关？③有

没有定期做出反省和检讨？④现在是发展的良机吗？⑤如果想再创新高，你需要掌握什么技能？⑥需要做好什么准备？⑦有多少个项目需要进行？⑧进行每个项目的目的是什么？⑨有没有制订清晰的目标？

要点总结

①明白困难是成长的一部分；②心态能够在很大程度上帮你解决困难；③用正直的品质解决问题；④不要放弃任何可发展的机会。

第四十八章　源　泉

总体特征

在这一时期，你所应注重的是那深远、无穷、神圣的内心源泉，要回归到自己的本质之中。

人类社会的架构是围绕着人类本性和共同利益建立起来的，因此才能符合众人的需求及喜好，凝聚起极强的向心力，触动成员的人心和思想。你必须有超强的能力和特质，才能这样组织起其他人。如果你是领导者的话，要确保自己深入了解下属的感受，没有这样的远见，就无法获取人心，恶果也就会随之而来。如果没有适当的领袖执行计划，团队就会出现混乱，而一个好的领导则能够激发下属去争取达成个人目标，同时又能加强互助合作。

在社交事务中，尝试建立你对人的本质的直觉。如果你判断其他人时没有深入他们本性的根源的话，很容易得出肤浅和狭隘的结论。此时，你应该防止过于武断地评判人的本性。

在人际关系中，尝试认清那些令你们走到一起的生理上和社会文化上的缘由，而不是仅仅看到眼前的问题。要发掘自然规律的本质，并从中有所领悟，否则你对人的认知只会流于表面的形式。

进阶教程

● 阶段一

1. 阶段特征

此时正是万物萌发的阶段，要谨慎地判断你所处的土壤的品质。这土壤可以是你的背景、学历或帮扶过你的人物，可从中得知别人对你的支持程度有多大。此时你的能力尚有不足，是需要学习的时期。

2. 历史故事

家室显赫，地位低下

田文，即孟尝君，著名的"战国四公子"之一。他是齐威王的孙子，靖郭君田婴之子，齐宣王之侄，可以说家世十分显赫。然而，田文的童年却并没有高官子弟、皇亲贵胄那样美好，甚至连衣食无忧都谈不上。原来，田婴一共有四十多个儿子，而田文的母亲也只是田婴的一个小妾，根本没有地位。

更有甚者，田文出生在五月五日，按照齐国风俗，这一天出生的孩子不吉利，所以田婴曾让小妾扔掉还是婴儿的田文，但小妾却偷偷把他藏了起来，暗自抚养长大。就是在这种环境下，田文度过了自己的童年时期。

3. 实现方法

①检视过往的成长经历；②摒弃阻碍自己成长的种种限制；③寻找可为你提供意见的渠道。

4. 日省吾身

①在以往的成长阶段，自己是否养成了不好的习惯？②这些习惯对你的影响是什么？③其他人对你的评价如何？④你认为需要做出改进吗？⑤要改进的习惯有哪些？⑥有没有人可以给你指导呢？⑦有哪些新习惯需要培养？⑧有没有决心做出改变？⑨现在是改善的时机吗？⑩如果有一件事会阻碍你的进度，那会是什么？

● 阶段二

1. 阶段特征

当你的个人修养有所提高，身心都已经做好准备，现在欠缺的就是一个机会。这可能和你的能力有关，或者是还未获得上司的信任，不过可以放心，现在的自我修炼将会在不久的将来为你迎来发展的机会。

2. 历史故事

自幼聪颖，巧谏田婴

田婴身为齐国封疆大臣，锦衣玉食，过着极度奢华的生活。有一次，田文尚且年幼，问父亲田婴："儿子的儿子叫什么？"田婴回答道："孙子。"田文又问："孙子的孙子呢？""玄孙。""玄孙的孙子呢？"田婴说："我不知道了。"田文接着说："如今您执掌齐国大权，已经辅佐了三代君王。然而，在您执政时期，齐国的国土没有扩张，自己的家私却越来越多。人们都说将军的门庭里必然出将军，宰相的门庭里必然出宰相，您的门下却没有一个贤人。您的小妾穿着绫罗绸缎，门下的士人却穿着粗布短衣。您的仆人吃着肉羹，贤士却连糠菜都吃不饱。即便如此，您还在努力积攒财物，打算留给那些连名分都叫不上来的人，我私下里觉得很奇怪。"田婴听完汗流浃背，暗暗称异。

3. 实现方法

①保持上进心；②积极寻找每一个机会；③避免过于紧张，争取表现自己。

4. 日省吾身

①你现在真的做好准备了吗？②如果有机会出现在你的面前，你该如何把握？③现在有没有这样的机会？④如果现在没有机会，你会如何做？⑤如果现在无法表现自己，你的心态会有什么变化？⑥怎样纾解此时不快的心情？⑦如何才能让自己坚持下去？⑧你认为自己有能力去争取每一个表现的机会吗？⑨现在你应该参加何种培训？

● 阶段三

1. 阶段特征

此时你已经获得表现自己的机会，但切忌过分急躁。旁人迟早会注意到你的能力，现在的你需要戒除自己急躁的心情，按照规律去做事情，那么时机的出现便是指日可待的事情了。

2. 历史故事

管理家政，宾客渐多

田婴发现了田文的才能后，开始越来越多地接触这个儿子，发现他确实与常人不同，也越来越器重他。等田文年岁渐长，田婴便试着让其管理家政。田文接待宾客，礼貌得当，而且态度真诚，得到很多人的称赞。于是，越来越多的宾客开始出入田婴的门庭，田文的名声也逐渐被各国诸侯听闻。到了最后，各国诸侯竟然都派人前来求见田婴，目的是希望他能立田文为世子。

3. 实现方法

①对自己的能力有信心；②切忌急于求成，凡事要按部就班地进行；③能够把握出现的机会。

4. 日省吾身

①对公司而言，你有什么能力可以使之受益呢？②你是不是过分急于获得机会？③你距离"不急不躁"的心境还差多少？④怎样才不会在等待中消磨掉信心？⑤现在的发展平台合乎客观环境的进度吗？⑥有什么要求是必须要达到的？⑦上司对你的能力如何评价？⑧当机会出现时，你会如何把握？⑨现在的人和事对你的发展有没有影响？⑩你个人的信念有没有发展的空间？

● 阶段四

1. 阶段特征

此时你的内在品质已经建立完毕，是时候处理外在的表现了。人容易通过外在的表现做出判断，却忽略对内心的分析。但既然你已经拥有了美善的品格，又何妨将之表露于人前呢？

2. 历史故事

继承爵位，招揽宾客

田婴去世后，田文水到渠成地接替靖郭君的爵位，食邑在薛地。所谓食邑，就是这里的人口、土地都归他所有。田文执掌家事后，开始大肆招揽门客，很多人都归附于田文门下。田文对所有门客都一视同仁，甚至饭食、衣服都毫无二致。有一次，田文与门客一起吃饭时，田文所在的地方光线较暗，一个门客推席而起，指责田文的饭食与门客不同。田文当即端着自己的饭碗来到门客面前，一一比对，结果两人的饭食一模一样。田文好客的名声也因此传播开来，归附于他的人也越来越多。

3. 实现方法

①注意外在的表达；②懂得修饰各种表现；③言行一致。

4. 日省吾身

①你是否有良好的外在表现？②你是否会感到难于将真正的思想传达给别人？③如何才能做到呢？④现在可以改进的地方有哪些？⑤对你来说，有

没有中肯、有价值的评价呢？⑥如果别人仅仅通过你的行为，就判定你的人格有问题，你会作何反应？⑦如何摆正自己的心态？⑧如何做到"坚持信念，言行一致"呢？⑨表达自己对你来说有何难度？⑩进行改善的决心有多大？

● 阶段五

1. 阶段特征

在这个阶段，无论是内在修为还是外在表现，都已达到完美的程度。你会发现周围的人都因你的选择和决定获益良多，人们开始对你产生依赖及仰慕。你可将众人化作自己的资源，并在这种互利互惠的作用下，获取最大利益。

2. 历史故事

鸡鸣狗盗，逃脱虎秦

公元前299年，齐湣王派田文出使秦国。秦昭王本来想留田文出任秦国宰相，但有人对秦王说："田文是齐国宗室，遇事一定先想着齐国，怎么能让他在秦国做官？"秦王听说后，就把田文囚禁起来，准备找机会杀掉他。

田文派人去找秦昭王的宠妾求情，宠妾说如果把田文的白狐裘送她，便可以求情。可是田文去秦国时已经将白狐裘送给了秦王，于是他手下一位门客自愿前往，披上狗皮进入秦王宫，盗回白狐裘。田文马上派人将白狐裘送给宠妾，宠妾也如约替他向秦王求情，将田文释放了。

田文被释放后，想要连夜逃回齐国。同时，秦王也后悔放了田文，派人去追捕。田文跑到函谷关，正值黎明，还未有鸡鸣，按照秦国法律不能开关门。这时，一位门客自告奋勇，做鸡鸣之声，守卫还以为是真的鸡鸣，便打开关门。等到追兵赶到，田文一行人早已跑出秦国了。

3. 实现方法

①以个人能力滋养他人；②运用个人资源成就你的个人目标；③善于做出选择和决定。

4. 日省吾身

①你现在的使命是什么？②身边有没有需要你帮助的人？③你可以怎样帮助别人？④有没有一些事情，由你来决定比其他人好？⑤有没有一些目

标，现在是达成的最好机会？⑥你可以如何运用现在掌握的资源？⑦现在你能够获得的最大利益是什么？⑧若有一件事是其他人不愿处理的，你愿意处理吗？⑨你此时抱持的信念是什么？⑩还有没有需要准备的？

● 阶段六

1. 阶段特征

此时已无须再做任何隐藏，尽情发挥你的能力吧，这将会令更多的人获益。坚持正直的品格，就无须担心别人的嫉妒，此时你的专注点要放在所要达成的成就上。

2. 历史故事

合兵攻秦，大败秦军

公元前298年，逃回齐国的田文十分怨恨秦国，于是说服韩国、魏国一起合兵进攻秦国。韩国、魏国经常被秦国攻打，也怨恨秦国，于是三国共同起兵，一举攻入函谷关，进驻盐氏。秦王被迫求和，并表示愿意将武遂还给韩国，将封陵还给魏国，这两块地方都是秦国从韩、魏二国抢来的。于是，三国罢兵而去，田文也终于大仇得报。

3. 实现方法

①贯彻个人信念；②无愧于心的处事态度；③坚持正直的品格。

4. 日省吾身

①你的个人信念是什么？②遇到什么事情，会动摇你帮助别人的决心？③你会如何克服呢？④这些困难来自于什么事情？⑤是否需要避开一些人呢？⑥你现在是以"无愧于心"的态度做事的吗？⑦有没有一些事令你却步？⑧你现在对于信念做到贯彻始终了吗？⑨现在是否过于隐藏自己了？⑩有没有一些人或事需要你的帮助？

要点总结

①个人修为必须得到提高；②不要过分执着于发展；③留意身边需要你帮助的人。

第四十九章 变 革

总体特征

变革对于任何情况来说都是困难的，但又是必要的，这正是矛盾所在。人们常常害怕变革所带来的不可预知的影响，但又迫于形势不得不做。此时，就需要清晰、投入的态度和远见卓识，才能顺利完成变革。如果处理恰当的话，将会迎来发展的新纪元。

要避免当前局面的停滞不前或衰退，蜕变就是必要的选择。首先，你要确定是否真的需要变革。要研究这一时期的环境，与他人交流，查看他们的反应；了解人们的需求，确保这不是短时的心理需要，不要沉迷于幻想，亦不要带有过于功利的目的。除非必要，否则不要轻易尝试变革。一个好的变革，可以让环境中的人们醒悟，打开新世界的大门。

其次，要确保有正确的态度。变革应该是循序渐进的，局势需要一点一点地改变。避免急速和过量的行动，这不是武力革命，而是谨慎、有计划的蜕变。任何时候都要留意环境的变化趋势，确保你所作出的变革是与之相适应的。实践这重要的改变是需要付出极大的毅力的，所以正确的态度会是你取得成功的保证。

最后，把握合适的时机非常重要。因为变革的结果要在改变结束后才能见到，在变革过程中很难让人获益，甚至不会得到众人的支持。你必须拥有真正的远见卓识，谨慎地安排自己的计划去配合时机，删除任何不一致的元素。当其他人最终发现你的行为所能带来的益处时，你便会获得他们的信任，提升自我形象，扩大自己的影响力。

此时你的人际关系亦需要有所"变革"。此时可能出现利益冲突，或是强烈的控制欲，如果事情完全失控，就要考虑改变这关系的性质。可能你的观念正在进行革命性的改变，需要时间和努力才能令你生命里的各种关系与之相配合，但只要有耐心和毅力，成功终究会到来。

此时你一定要时常警醒自己，小心留意身边环境的转变。研究社会中的普遍规律，可能会帮助你在决定生命中最重要的事时获得支持。

进阶教程

● 阶段一

1. 阶段特征

并不是所有改变都是有益的，可能现在使用的方法，对改变现状并没有重大的效用，或者改变推进得太过激进，此时，你需要耐心等待，等待改革时机的到来。

2. 历史故事

承袭大统，恢复汉姓

公元581年，北周静帝宇文阐对天宣告，将皇位禅让给丞相、隋国公普六茹坚。北周灭亡，隋朝开始。读者可能会奇怪，隋朝的皇帝不是叫杨坚吗？事情还要从西魏权臣宇文泰说起。当年北魏孝文帝为了增强国力，施行汉化改革，让鲜卑等少数民族向中原汉族的文化靠拢。后来北魏分裂为西魏、东魏，西魏掌权的宇文泰终止了这种汉化，反而逆潮流而动，恢复鲜卑旧俗，其中就包括鲜卑姓氏，如让曾经改姓"元"的北魏皇室恢复拓跋氏，同时还将许多汉族高官赐鲜卑姓氏，如同为八柱国的杨忠受普六茹氏，李虎受大野氏。杨忠就是杨坚的父亲，而李虎则是唐朝开国皇帝李渊的祖父。

普六茹坚即位后，马上结束了宇文泰这种逆历史潮流而动的举措，恢复汉姓，自己也恢复汉名杨坚。

3. 实现方法

①暂停变革的行动；②等待更合适的时机；③向别人解释变革的重要性。

4. 日省吾身

①是否还有更好的时机进行变革？②现在提出变革，是不是太过急于求成？③是不是有很多人反感变革？④众人对你的提议作何反应？⑤你对这些反应有何感受？⑥若现在不是变革的好时机，你会如何处理？⑦现在可以做些什么，来迎接未来的变革时机？⑧有没有人支持你的变革提议？⑨现在应该做的事情是什么？

● 阶段二

1. 阶段特征

你所等待的时机此时已经成熟，你可以按部就班地进行所有变革行动。此时，变革的阻碍已经得到清除，你所处的环境和人事关系，都会为你带来无限的益处。

2. 历史故事

按部就班，奖励耕种

公元589年，陈国最后一位皇帝陈叔宝投降，陈国灭亡，杨坚终于完成全国的大一统局面。从西晋时期北方少数民族逐鹿中原开始，到杨坚统一中国，共计将近300年的混战局面。此时，已经是民生凋敝，经济衰败。

杨坚即位后，开始着手整顿遭受重创的经济。他轻徭薄赋，在确保国家收入的前提下，尽量减轻百姓的负担。同时，杨坚下令清查户籍，共查获没有编入户籍的百姓165万余口。另外，杨坚还在全国推行均田制，即按照人口分配土地，使得大部分荒地获得开发利用。于是，经过二十多年的努力经营，杨坚终于让隋朝社会稳定，百姓富足，安居乐业，一片繁荣景象。

3. 实现方法

①有决心进行变革；②扩大当前的计划；③灵活运用众人对你的支持。

4. 日省吾身

①现在可实行的计划有多少？②你的发展方向正确吗？③如何按照预期进度进行变革？④有什么资源可以运用？⑤有多少决心实行计划？⑥目前所欠缺的是什么？⑦要达成变革的目标，还有什么需要加强？⑧如何让更多的人加入变革？⑨你需要坚持什么信念？⑩如何坚持将变革进行到底？

● 阶段三

1. 阶段特征

过于激进的变革计划会招致反对的声音，令原本良好的预期成果大打折扣。因此，不论什么情况下，在变革时都要耐心引导众人，不能操之过急，这样才会获得更好的效果。

2. 历史故事

减轻刑罚，引导民众

北周时期，法律苛刻，百姓动不动就会受刑，使得人们终日生活在恐惧之中。杨坚执掌北周时期，曾亲手删定《刑书要制》，但由于掣肘太多，所以这次改革并不彻底。杨坚称帝后，命官员制订《开皇律》，将原来的宫刑、车裂、枭首等刑罚全部予以废除，并规定不再使用灭族刑。减免死罪八十一条，流罪一百五十四条，徒、杖等罪千余条。

正如刘邦入关后约法三章一样，杨坚在修改前朝酷刑后，也获得民众的支持。经过有效的引导，百姓也越来越安家乐土，社会也随之稳定下来。

3. 实现方法

①给变革以缓冲的空间；②耐心引导众人加入变革；③订立时间表。

4. 日省吾身

①目前变革的进度是否过急呢？②如何对进度进行调整？③有没有逐步扩展你的变革计划？④有多少人对你的变革计划表示赞同和支持？⑤如何令更多的人支持你的计划？⑥如何制订一个合适的时间表？⑦别人对你的计划了解多少？⑧怎样才能令他们更加了解变革的内容和细节？⑨怎样才能在变革过程中保持中庸的态度？⑩怎样令变革的效果达到最佳？

● 阶段四

1. 阶段特征

现在正处于变革之中，新旧交替，环境中的所有事物都感到无所适从、不知去向。这正是变革大行其道的时候，你可以趁机提出之前不敢轻易提及的建议，因为旁人在前路未知的时候最容易听从你的引导，支持你的意向。

2. 历史故事

三省六部，行政创新

在行政机构上，杨坚划时代地确立了三省六部制。

所谓三省，就是将行政机构分为中书省、门下省、尚书省。其中内侍省是宦官机构，秘书省掌管书籍历法，这两个机构在国家政事中作用很小。中书省负责决策，门下省负责审议，尚书省负责执行决议，这三个机构才是最重要的行政机关。尚书省下设六部，即所谓的吏、户、礼、兵、刑、工六部。六部各有职责，形成了政策的具体执行机构。

杨坚首创的这套制度，虽然被当时许多官吏所不解，尤其是受到许多旧贵族的指责，但历史才是最好的评判者。这一制度经过唐朝的完善后，一直沿袭至清朝。表明这已经是一种极为成熟的官制。

3. 实现方法

①预备一个可行的、动听的计划；②扩展你的计划；③保证计划的可行性。

4. 日省吾身

①你准备好大显身手了吗？②有没有制订好变革的计划？③你的计划足够吸引人吗？④你准备好如何呈现自己的计划了吗？⑤怎样才能让计划更具吸引力？⑥其他人对你的计划感兴趣吗？⑦如果有一个更好的计划，你会如何决断？⑧有没有人可以为你提供咨询？⑨有没有试着向人进行演说？⑩有没有获得上司的支持？

● 阶段五

1. 阶段特征

此时你的权力和能力已经获得众人的认同，也是实行变革的大好时机。你会发现此时所有的人和事都会配合你的计划，因为你强大的吸引力，人们愿意相信并执行你的决定。

2. 历史故事

打压贵族，初兴科举

自从汉末魏晋以来，九品中正制一直都是中国主要的选官制度，其中最大的弊病就是高级官位被少数贵族把持，造成"上品无寒门，下品无高第"的局面。杨坚深知这一制度的局限性，决定使用一种全新的选官制度，来代替这个已经沿用数百年的制度，于是科举制度应运而生。

杨坚规定，选官不问门第，每州每年向中央选送三人，参加秀才、明经等科的考试，合格者才能被选录为官。这一制度让人数更为广大的普通老百姓有了晋升之路，缓和了寒门与贵族之间的矛盾，更是让新政权拥有了一大批忠心的拥趸。如同三省六部制一样，科举制度在经过唐朝的完善后，也一直沿袭至清朝。

3. 实现方法

①谨慎做出每一个决定；②充分发挥个人能力；③善于运用现有的资源。

4. 日省吾身

①你的变革方针是否清晰？②有什么决定是需要格外小心的？③现在有足够的资源供你使用吗？④最快在什么时候可以达到预期目标？⑤有没有辜负别人对你的期望？⑥让什么人去执行计划最好？⑦有多少个计划会在明年之前达成？⑧有什么计划是不合时宜的？⑨你会如何收集众人的意见？⑩执行计划的时候，你是否具有足够的冒险精神？

● 阶段六

1. 阶段特征

在这个阶段，变革已经快要完成。到了这个地步，就不要再做更多的修改，反之，巩固和维系变革的成果才是更值得做的事情。

2. 历史故事

为人猜忌，晚年昏庸

杨坚在位二十三年，前期励精图治，实现了中国历史上的又一个盛世时期。可惜好景不长，为人猜忌的杨坚最终还是败在自己的性格缺陷上。杨坚以篡位起家，所以对手下文武百官十分猜忌，害怕有人同样会篡夺自己的帝位。到了晚年，杨坚的这种表现更加突出，驱使他滥杀大臣，包括虞庆则、史万岁在内的一大批功臣先后被杀。国家再度分裂的预兆也越来越明显，刚刚诞生的隋朝政权，也在风雨之中摇摇欲坠。杨坚死后四年，隋朝灭亡。

3. 实现方法

①停止所有的变革行动；②以巩固和维持作为此时的目标；③等待下次变革时机的到来。

4. 日省吾身

①现在应该做出的行动是什么？②有什么变革是不应该继续的？③若有人坚持变革，你会如何做？④需要控制什么心态？⑤应该如何维持现行的制度？⑥有什么人或事对巩固和维系现行的秩序有影响？⑦应该怎样停止变革？⑧应该怎样回归平静的生活？⑨现在的满足感在于哪里？⑩你预期下次的转变会于何时出现？

要点总结

①变革要循序渐进，不宜过急；②变革不是一个人的工作，需要众人参与；③只有配合时机，才能实现成功的变革；④变革是一个循环的过程，不可以停滞不前。

第五十章　秩　序

总体特征

　　无论生活中还是大自然中，不可避免地要遵从于大自然固有的"秩序"。只有与这个"秩序"相协调，人的潜能才可以获得提升，事业才可以兴旺。

　　在商业事务中，你的事业是兴旺的，你所追求的是有价值的，因为你可以满足市场的需求。你的成功将肯定你的计划，继而令你的信心更加坚定。

　　在个人和家庭关系方面，你可以达成新的社会成就，与他人一起创造出重要的成果。人际关系之间的和谐与协调将产生强大的影响力，获得团队的认同，同时亦能巩固你们之间的关系。

　　在这一时期，你应该试着调整自己与自然规律之间的关系。生命和大自然的所有事物都是受各种规律影响的，就好像我们无法摆脱万有引力的影响一样。对于一个领导者来说，很难接受自己无法掌控万物的观念，但试着接受命运会给你带来强大的个人力量，你会看到自己可以达成的目标，从而不再为那些不可能达成的目标浪费精力。

　　如果你能够让自己的目标符合大自然的秩序的话，便有可能达成重要的成果。恰如中国武术中"借力打力"的理念，你可以配合大自然的力量，借力完成更宏大的目标。此时，你应该保证自己的生活范围，以便无论是家庭、社区，还是单位、政府，都能在大自然的秩序中和谐地发展。

进阶教程

● 阶段一

1. 阶段特征

　　要接受天地万物的自然规律，就需要先将固有的知识清空，重新以谦卑的态度感受自然之道，领略万物运行的法则。

2. 历史故事

出身贵族，少年贫寒

孔子，是中国历史上著名的思想家、教育家，儒家学派的开创者。孔子的祖先原本是宋国贵族，但到了孔子父亲的时候，地位已经下降，官职也只是陬邑大夫。孔子三岁的时候父亲去世，母亲因为是小妾，被正室赶出家门，孔子也就随着母亲一起来到曲阜居住，开始了自己的清贫生活。

后来孔子在回忆这段时期的时候，说道："我年少时很贫苦，所以学了很多鄙贱的手艺，这些技艺对于君子来说多吗？不多。"然而正是这种"苦其心志，劳其筋骨，饿其体肤，空乏其身"的磨炼，才让他磨炼出超乎常人的毅力。

3. 实现方法

①暂时忘记所学过的原则；②重新认识自然规律；③建立新的价值观。

4. 日省吾身

①有没有给自己留出休息的时间？②如果有一个假期，你最希望去做什么？③希望有什么新的冲击？④面对新的观点或价值观，你有什么感受？⑤这些新的观点或价值观，与你的有什么不同？⑥你会如何适应它们，甚至融为己用？⑦过程中会出现什么难以接受的情况？⑧希望借此建立什么样的性格？⑨你的价值观会因此而改变吗？⑩这些改变对你有什么帮助？

● 阶段二

1. 阶段特征

在符合自然规律的正道中，你要学会保护自己内心的信念，令你不论在任何环境中，都可以安然度过。

2. 历史故事

有志于学，学问精进

青年时期的孔子认识到学问对于一个人的重要性，他说："我十五岁的时候就立志做学问。"他说到做到，在这一时期，孔子系统学习了尧、舜、禹、汤、文、武等历代先王的治国之道，认真研究历史，学习《诗》《礼》

《书》等先秦典籍。这些内容不仅丰富了孔子的知识体系，更是让儒家思想的雏形在孔子脑中逐渐成形。而学有所成的孔子，则期待着能有一个机会施展自己平生的抱负。

3. 实现方法

①持守正面、积极的信念；②不受小人的引诱；③以达观的心态迎接每一次挑战。

4. 日省吾身

①现在的环境中隐藏着什么危机？②有没有一些小人在引诱你？③你会如何防备这些诱惑？④有什么信念是需要坚守的？⑤有没有犯错呢？⑥你现在是否坚守着正确的价值观呢？⑦有什么信念令你不会犯错？⑧你可以联合什么人一起行动？⑨如果真做错了，你会如何面对？⑩过程中需要谨慎小心的是什么？

● 阶段三

1. 阶段特征

在这一阶段，你会遇到多方面的阻挠，找不到前进的方向。此时，需要你等待时机，重新回归到自然的规律中，切勿心急，等待最终会有回报。

2. 历史故事

削弱三桓，离开鲁国

公元前499年，孔子升任鲁国大司寇，摄丞相事，上任七天就诛杀了佞臣少正卯。据史籍记载，鲁国"大治"。当时，鲁国的大权分掌在鲁桓公的三个儿子的后代手上，分别为季孙氏、叔孙氏和孟孙氏，被称为三桓。孔子为了加强鲁国的中央集权，削弱三桓，采取了拆毁三桓都城城墙的做法，结果遭到了三桓的反击，行动被迫中止，他与三桓的矛盾也越来越深。

公元前498年，在政坛得不到支持的情况下，孔子被迫离开鲁国，开始了周游列国的旅程。

3. 实现方法

①积极面对挑战；②等待时机出现；③切勿逞强为之。

4. 日省吾身

①现在的阻碍是什么？②需要什么样的支援？③有多少危机可能出现？④你会怎样预防这些危机？⑤面对困境，怎样做才合乎自然之道？⑥除了等待，你还能做些什么？⑦你能够预计出困难持续的时间吗？⑧怎样才能确保在过程中不违背规律、偏离正道？⑨现在的行动是不是过于心急？⑩有没有一套危机管理系统？

● 阶段四

1. 阶段特征

因为自然的秩序被搅乱，现在的环境变得十分凶险。若此时你仍未看清环境，了解个人存在的问题，便会逐渐陷入无可挽回的险境。

2. 历史故事

周游列国，困于陈蔡

孔子所处的春秋时期，正好是群雄割据、烽烟四起的时候。各个诸侯国加紧争夺人才，发展经济，壮大军事实力，相互兼并。因此，对于以仁政为治国核心的孔子来说，他的学说显然不适合这个更加崇尚武力的时代。

从公元前498年开始，孔子周游列国，但他不是被国君拒绝，就是被朝臣排挤，一度十分凄惨。公元前493年，孔子被陈国人围困，绝粮七日，幸亏楚国人的接济，才免于被饿死。第二年，孔子又在郑国都城与弟子失散，只能独自在东门等候弟子来找他，他自嘲说自己简直就像一只丧家之犬。公元前489年，孔子又被困于陈国、蔡国之间，险些饿死。

这一时期的孔子，备尝人世艰辛，也了解了广大底层人民生活的水深火热。

3. 实现方法

①明晰自我检讨的重要性；②掌握合乎中道的处事法则；③时刻保持警觉。

4. 日省吾身

①你了解自我检讨的重要性吗？②有没有可以提醒自己的同伴的？③你是否时刻提醒自己呢？④你现在有足够的警觉性吗？⑤你做事是否超过应有的进度？⑥要做到合乎中道的处事法则，有没有难度？⑦难在何处？⑧有什

么可以改进的空间？⑨如何从现在的环境中抽身而出呢？⑩了解未来的环境中所潜伏的危机吗？

● 阶段五

1. 阶段特征

妥善运用你手中的权力会给你带来很大的益处。你之所以处于这个位置，是因为自然的秩序将你引领至此。在这个位置上，每一个举动都需要你精明的决定，令你得到无可限量的美好前景。

2. 历史故事

著书立说，教育百姓

公元前484年，冉求率领鲁国军队击败了齐国，鲁国的季康子问冉求如何学到的军事才能，冉求说是跟老师孔子学的，然后大力举荐孔子。在冉求的努力下，季康子终于迎回了流浪在外十四年的孔子，此时的孔子已经68岁了。

孔子回到鲁国后，开始了整理文献的工作，他删减和整理了一大批流传后世的先秦典籍，为中华文化的流传做出了不可磨灭的贡献。同时，孔子打破了贵族对于教育的垄断，开创私学，为儒家思想的壮大和传播尽了最大的努力。

3. 实现方法

①善于运用此时的权力；②配合规律制订出最佳的策略；③做好每一个决定。

4. 日省吾身

①你现在可运用的权力是什么？②有没有要达成的目标？③个人的信念在此时可以发挥什么作用？④有没有适合当前环境的策略可以运用？⑤想要达成的效果是什么？⑥你会如何确保每一个决定都经过深思熟虑？⑦你现在最想做的一件事是什么？⑧你的决定是否符合自然之道呢？⑨怎样才能让事情的效果达到最佳？⑩有什么资源可以运用？

● 阶段六

1. 阶段特征

当你与自然规律的配合达到极致，不但可以使自己获益良多，还可以将在过程中学到的一切与人分享，让他们共享这规律与秩序带来的好处。

2. 历史故事

随心所欲，已知天命

在历经了艰辛、动荡和漂泊之后，晚年的孔子称自己"七十而从心所欲，不逾矩"。说明这一时期的他，已经将主观意识与做人的规律融合为一，道德修养达到了最高境界。

公元前479年，72岁高龄的孔子在他念念不忘的鲁国病逝，结束了自己伟大的一生。孔子的学说虽然在春秋战国的乱世没有被统治者接受，但在汉朝以后却被统治者采纳，慢慢融合到华夏文明的骨血之中。

3. 实现方法

①拥有天人合一的心境；②分享你所学到的规律；③享受一切自然的好处。

4. 日省吾身

①你现在有没有配合规律行动呢？②做到这个地步有没有难度？③要做到"天人合一"的境界，你还差什么？④你是否会与人分享自己的所得呢？⑤你愿意以生命滋养别人吗？⑥环境给予你的好处是什么？⑦有没有一些自然发生的事情是你所不能接受的？⑧你会如何享受自然的给予呢？⑨若有人向你请教，你会和他分享吗？⑩此时如何将个人心态融入自然之中？

要点总结

①配合自然规律，放下个人原则；②观察自然秩序，从中找出模式；③分享所有知识，让人一同学习。

第五十一章 震 动

总体特征

　　大自然中存在的动能，会突然以强烈的、令人"震动"的形式释放出来。就好像暴风雨前于寂静中突然爆发的雷鸣一样，令听到的人对大自然所蕴藏的无限威力产生强烈的崇敬和警觉。强大的力量必然招致恐惧，此时的行动要格外谨慎。

　　就好像春天大自然的力量会引发万物生长一样，此时你所处的环境中蕴含的力量，带来的是令人"震动"的转变。强烈的直接体验会一直影响着你的方方面面，让你接触到事物的本质，你可以通过对本质的研究，决定怎样才是巩固自我的最好方法。

　　当暴风雨过去后，你紧张的神经会在雨过天晴的喜悦中放松下来，度过这恐怖的力量会令你对自己的能力充满信心。如果你能够保持沉默，坚守道义，便会取得真正的成功。这沉着的气度和坚定的内心将会让你具备成为领导的特质。在"震动"的时候，你有机会加强个人对社会的影响力，前提是保持冷静和平衡。

　　此时是检讨自己与外物关系的好时机。要继续你此刻的工作，确保绝大部分情况都在自己的掌控之中。在"震动"的时刻，未完成的、被拖延的事情会带来困难，你应该趁此机会对人际关系做出全新的改变，并从中获取活力。

　　检讨自己，查看自己内心可否接受这突如其来的力量。只有这种态度才能让你保持正确的行为方式，直至你完成自我蜕变。

进阶教程

● 阶段一

1. 阶段特征
你现在的震撼表现会触动每一个人的心，人们会因你带来的影响感到高

334

兴，因为这影响作用于他们身上，令他们获得益处。

2. 历史故事

谒见秦王，震撼百官

范雎，字叔，本是魏国中大夫须贾的门客，后因被怀疑串通齐国，差点被魏相国鞭笞至死。后来逃入秦国，希望在秦国大展拳脚，报仇雪恨。然而，秦昭王却只让他居住在客舍，一年多没有接见他。

有一天，范雎去谒见秦昭王，正好遇到秦昭王出行，开路的宦官说道："大王来了！"范雎故意喊道："秦国哪里有大王？秦国只有太后和穰侯！"原来，穰侯是秦昭王的舅舅，权力极大，甚至盖过了秦昭王。秦昭王听到范雎的喊声，听出来话中有话，连忙向范雎虚心请教。当时在场的百官，没有一个不被震撼到的。

3. 实现方法

①勇于表现自己；②以实际行动做出回应；③每一件事的目的都是使众人获益。

4. 日省吾身

①你现在的表现是否足够令人震撼？②可以有更好的表现吗？③能够获取旁人的欢心吗？④知道他们喜欢你什么表现吗？⑤有什么事情是为了所有人的利益而做的呢？⑥是否制订了计划？⑦有没有口号？⑧有多少支持者？⑨要提高自己表现的勇气，还需要什么？⑩有什么环境更适合你的表现？

● 阶段二

1. 阶段特征

在这一阶段，如果表现过于激烈，不顾他人感受，会令你失去很多支持者。若继续坚持下去，只会带来难以预料的结果。

2. 历史故事

进谏秦王，直指穰侯

当时的秦昭王东征西战，南破强楚，囚死楚怀王，东破齐国，并且多次攻破韩、赵、魏三国，志得意满。其实秦国内部却存在着极大的隐患。秦昭王的母亲宣太后拥有极大的权力，干预政事，她的弟弟穰侯、华阳君身居高位，秦昭王的弟弟泾阳君、高陵君也各自在封地整顿武备，这些人的财富甚至超过了国家。

范雎虽然看到了秦国的种种弊病，但他知道现在还不是急于求成的时候，因为太后一党的羽翼还很丰满，自己也没有获得秦昭王足够的信任，所以在秦昭王向他问政时，并没有直接触及太后专权的问题，而是将矛头对准了穰侯。范雎指责穰侯攻击齐国的战略失误，应该采取远交近攻的战略，结好齐国，攻打韩、赵、魏三国，从而扩大秦国的地盘，壮大自己。秦昭王采纳了他的建议，果然秦国势力大增。

3. 实现方法

①坚持以柔克刚、以静制动的行动方针；②暂缓一切过急的行动；③不必太过坚持己见。

4. 日省吾身

①现在的行动是不是过于激烈呢？②如何暂缓事情的进展呢？③有什么地方需要留意的吗？④怎样做到以静制动呢？⑤有没有一个周详的进度表？⑥若事情推进过于激进，你会如何调整自己？⑦有没有人对你做出提醒？⑧有没有可以改善的地方？⑨如果事情的发展不如预期，你认为是什么原因导致的？

● 阶段三

1. 阶段特征

在这一阶段，环境中会带有强烈的警示信号，警告人们要坚守正道。此时，个人的警醒是十分必要的，可带你脱离当前环境中的困境。

2. 历史故事

多次献策，昭王智囊

秦昭王任用范雎后，对他越来越信任，范雎也用一条又一条的妙计来兑现自己对秦昭王的承诺。这段时期，秦昭王对范雎可谓是言听计从。范雎献上远交近攻的计策，对距离秦国较近的韩、赵、魏三国，时而攻击，时而安抚，分化瓦解，各个击破，使得三国疲于应付，国力渐渐衰败。而山东六国本来就不牢固的联盟，也在范雎的谋划下形同虚设。几年间，范雎成为了秦昭王最为信赖的智囊。

3. 实现方法

①经常做出自我检讨；②留意环境中的一切警示信号；③坚守正道，不犯错误。

4. 日省吾身

①有没有需要你留意的事项？②有什么事是难以察觉的？③有没有人可以对你做出提醒？④你能够留意到环境中的警示信号吗？⑤这些信号有什么意义？⑥应该怎样处理呢？⑦事情是否还在可控范围内？⑧如果不能控制，你会以什么心态去面对？⑨你距离"坚守正道"的处世观还差多少？⑩你个人有什么因素能够对现在所处的环境有帮助？

● 阶段四

1. 阶段特征

现在的前行道路是艰难的，如果深陷泥沼，一切事情都不能按照节奏而行。此时需要个人心智的成熟，既然无法避开这危机，就只能堂堂正正地与之对抗，或许能够迎来胜利的曙光。

2. 历史故事

直言进谏，驱逐权臣

随着范雎地位的一步步提升，他与秦国旧贵族之间的矛盾也越来越深。既然避免不了，就直接对抗吧。公元前266年，范雎求见秦昭王，说道："我在山东时，听说齐国有田文，不知道有齐王；听说秦国有太后、穰侯、华阳君、高陵君、泾阳君，不知道有秦王……诗云：果实太多，会折断树枝。当年齐国权臣崔杼杀死齐庄公，淖齿抽了齐湣王的筋。赵国权臣李兑囚死赵武灵王。如今秦国的太后、穰侯专权，又有高陵君、华阳君和泾阳君作为羽翼，他们就是淖齿、李兑一类的人物啊。"

秦昭王听完恍然大悟，于是收回太后的权力，将穰侯、高陵君、华阳君、泾阳君驱逐出国都。范雎成了秦国新任丞相。

3. 实现方法

①接受困难是无可避免的事实；②启动危机处理计划；③加强个人的意志力。

4. 日省吾身

①现在最难挨的是什么？②要面对这次困境，你还欠缺什么？③不屈的意志可以如何帮你面对现在的问题？④现在有什么资源是你欠缺的？⑤你准备好计划了吗？⑥既然危机无法避免，你会如何面对呢？⑦有什么解决办法呢？⑧有没有人可以协助你呢？⑨现在需要进行什么样的培训？⑩有没有一套危机处理计划？

● 阶段五

1. 阶段特征

因为你本身的德行已经成为你的屏障，为你抵挡住不同方向的冲击，所以，环境的不适合并不会损害你行动的决心。危机会因你的果断行为而开始慢慢消退。

2. 历史故事

奇谋迭出，瓦解合纵

秦国慢慢强大起来后，对山东六国形成了威胁。于是，天下智谋之士便聚集于赵国，准备联合六国的力量攻打秦国。秦昭王为此十分忧愁。范雎对秦昭王说道："大王不必担忧。这些谋士聚集在赵国，并不是想攻打秦国，而是要借机升官发财。您看看您养的猎狗，现在或站或卧，只要往它们中间扔一根骨头，马上就争夺起来，这是因为它们都有了贪心。"

于是范雎命人带着五千金前往赵国武安，大摆宴席，分发黄金。那些拿到黄金的人果然改变了立场，亲近秦国。之后范雎又给了使者五千金，让他继续发放。结果还没发完三千金，参加合纵的谋士们就已经内讧起来，合纵之谋也土崩瓦解了。

3. 实现方法

①于震动之中找出规律；②寻求能共同奋进的同伴；③建立个人德行的重要性。

4. 日省吾身

①环境影响你的信心了吗？②是否相信现在的危机很快会过去？③如何在艰难中坚持行动？④环境带给你的是压力还是助力？⑤你现在的心情如何？⑥怎样保持开朗的心境呢？⑦此时要怎样保持个人正直的行为呢？⑧有什么行为是应该减少或戒掉的？⑨有可以支援自己的同伴吗？⑩现在可进行的行动是什么？

● 阶段六

1. 阶段特征

在这一阶段，环境如同出现裂痕的航船，坚持前行只会使其更快地沉没。此时应该保持警醒，远离一切凶险，等待黎明的来临。

2. 历史故事

急流勇退，得享天年

长平之战中，秦昭王采用范雎的计策，用反间计除去赵国名将廉颇，最终全歼赵军，赵国一蹶不振，范雎的声望达到极点。但范雎因为嫉妒秦将白起的功劳，于是进谗言将其杀死，然后推荐郑安平继续领兵攻打赵国，结果郑安平兵败投降。范雎自知罪责难逃，便跪在草垫上请求秦昭王处罚。秦昭王念在他往日的功劳上，并没有处罚他。

有一天，一位名叫蔡泽的人求见范雎，范雎接待了他。蔡泽向范雎讲述了商鞅、吴起、文种的故事，这几个人都是尽心尽力帮助君主，结果却被君主所杀。之后蔡泽总结道："这些人建功立业后却不离开官职，最终的遭遇竟如此悲惨，这就是人们常说的能伸却不能屈，能往而不能返啊。"

几天后，范雎向秦昭王举荐了蔡泽，自己则辞去官职，返回封地，不再参与秦国政事，最终老死于家中。

3. 实现方法

①停止一切行动，等待转机出现；②时刻保持警觉，留意危机出现；③耐心等待，期待光明。

4. 日省吾身

①现在的环境适合行动吗？②环境中有什么危机未曾出现呢？③应该如

何做到"以不变应万变"呢？④是什么最容易令自己轻举妄动？⑤现在最可能出现的危机是什么？⑥预计安稳的未来会在何时出现？⑦是不是想于现在做出行动？⑧此刻最难挨的事情是什么？⑨哪些人会做出异常的举动，需要你特别小心？⑩你认为自己可以等到什么时候？

要点总结

①在动荡的环境中要懂得自守；②只有以静制动才能应付多变的环境；③不要独自面对问题；④心存平安，耐心等待。

第五十二章 沉 思

总体特征

这一时期的焦点在于你的内心世界。深刻思索自己和外物是十分重要的，可以令你符合"道"的规律。"沉思"在这里并不是一种行为，而是一种状态。当内心平静，可以压制自负的情绪时，你会成功克制内心的混乱，提升自己的境界，获得更加客观的看法和领悟，令你的行为符合自然的规律。"沉思"和内心的平静会令你保持中庸，让你知道何时该采取行动，何时该停止行动，从而使自己不致承担恶果。

环境中的关系十分复杂，因此内心的平静就显得格外重要。只有平静的内心，而非冲动的行为，才能够配合当前的时机。要把你的思想集中于此刻，尝试用客观、没有偏见的观点看待当前的环境，这种态度所引发的行为才会是最恰当的，从而受到众人的尊重。

在人际关系中，内心的平静也能为你带来益处。避免想得太远，抛弃不切实际的幻想，便可以着眼于当前事物。同时，"沉思"还可以指导你的行为，让你免于在社交中犯错。

总体来说，"沉思"可以令你的思维更新，平复因幻想而带来的紧张感，从而让你感到真正的放松。随之而来的，就是通过你的直觉，配合当前的环境，去追求你真正需要的东西。

进阶教程

● 阶段一

1. 阶段特征

在事情刚开始的时候，沉思会为你带来平安。它会在危机还未出现，或者尚处在萌芽的时候，就向你做出停止的指示，令你可以及时消除危机。

2. 历史故事

拜师孔门，学习儒术

孟子，姬姓，孟氏，名轲，字子舆。战国时期邹国人，我国伟大的思想家、教育家，儒家学派的代表人物，与孔子并称"孔孟"。

早年的孟子受教于孔门弟子，有人说是子思，不过这种说法历来广受质疑，根据历史事件考证年代，更准确的说法应该是孟子师从于子思的弟子。

但无论如何，孟子拜师孔门，学习儒术是毋庸置疑的。他也像孔子一样，希望将自己的学说应用到治国中来，实现一个理想的社会。

3. 实现方法

①凡事三思而行；②绝不可有冲动的情绪；③预防胜于治疗。

4. 日省吾身

①你的内心是否有股劲蠢蠢欲动呢？②要怎样停止这种心态？③有什么是需要加强的？④你有什么需要留意的？⑤在思想上你应该如何自控呢？⑥怎样可以避免鲁莽冲动呢？⑦决定事情前是否经过深思呢？⑧如果有一件事需要你马上决定，你会如何做呢？⑨对你来说，多思考的难度在哪里？⑩有什么行为是需要预防的？

● 阶段二

1. 阶段特征

在这一阶段，人们不会听从你的话，这不是因为你的信息传达有问题，而是社会的风气和别人的性格使然。要参透这些道理，就必须先有静思的机会。

2. 历史故事

游说诸侯，遭受挫折

在战国末期，纵横家穿梭于诸侯之中，纵横术成为最流行的学说。因此，"言必称尧舜"的孟子先后游说了齐国、宋国、滕国、魏国等国家，却并没有获得君主的认可。梁惠王甚至直接称呼他"叟"（老头），足见他的学说并没有被诸侯所采纳。

3. 实现方法

①不必灰心丧气，尽力而为；②了解社会风气，不被消极影响；③多静思，聆听自己内心的声音。

4. 日省吾身

①你现在是否感到灰心？②你是不是导致问题出现的主因？③对方不听从你，是受什么的影响？④为什么这些观念具有如此强的影响力？⑤你自己该如何提防？⑥如何在挫败后仍然坚持呢？⑦如果没有一个人听从你，你要如何鼓励自己呢？⑧你如何才能不被社会影响呢？⑨今天可以做到多少事情？⑩你是否有静思检讨的时间？

● 阶段三

1. 阶段特征

不要刚愎自用，现在你所面对的最大危机，正是你忽视了"自省"而造成的。你会发现事情已经慢慢脱离了你的掌控，再这样下去，必会蒙受极大的损失。

2. 历史故事

环境不宜，学说不兴

其实，孟子学说不被接受的各种原因，并不是孟子辩才不好，而是他所处的时代环境不对。正如楚汉相争时期儒生叔孙通见到刘邦，推荐给他一堆土匪强盗；后来刘邦开创汉朝，需要定制礼法，叔孙通又推荐了自己的儒门弟子。环境不同，就要根据不同的环境来进行调整，所以在以富国强军为第一要素的战国时期，君主们根本没有心思听孟子述说自己的学说。

3. 实现方法

①明晰自省的重要性；②谦虚柔和，经常自省；③保持宁静的内心。

4. 日省吾身

①是不是没有聆听别人的意见？②是不是觉得再没有别的意见出现了？③有没有人愿意给你提出意见？④你在多大程度上愿意聆听呢？⑤是否在考虑其他的可能性？⑥是否感到目标越来越难以达成了？⑦对于别人提出的意见，你愿意接受吗？⑧若遇到反对的声音，你会如何反应？⑨你会以什么标

准评判事情的对错？⑩现在的你能够静下心来思考计划的正确性吗？

● 阶段四

1. 阶段特征

现在的你需要留意自己的内心，因为内心所发出的一切意念会影响你一生的道路。你可以借着比较，了解自身的优劣，从中汲取教训，加强自身的能力。

2. 历史故事

晚年退隐，著书立说

孟子见自己的学说不被各国君主接受，便在晚年回到故乡，从事教育和著述。他说，"得天下英才而教育之"是最快乐的事。

孟子知道自己的学说不符合他所周游的那些国家的需要，但他坚信自己学说的价值，于是就回到家乡，与万章等人整理古籍，阐发儒家思想，写成《孟子》一书。

3. 实现方法

①注意你的处世理念；②观察身旁的人，从中得到启发；③谨慎地做决定。

4. 日省吾身

①做每一件事背后的理念是什么？②这些理念到底有没有问题？③做这些决定是不是单纯为了自己？④有没有令身边的人受到坏的影响？⑤你会把什么人当作榜样？⑥他可以帮助你什么？⑦有没有与别人做过一些良性的比较？⑧在同一件事中，你与别人做的有何不同？⑨这些不同代表什么？⑩你从中了解到自己的优劣了吗？

● 阶段五

1. 阶段特征

没有经过仔细思考就说出的话会造成难以估计的伤害，你可能在无意间得罪了别人而不自知。所以无论何时，必须充满警醒，了解怎样才能管住自己的舌头。

2. 历史故事

语言睿智，留有余地

孟子是十分讲究说话的艺术的，比如他就非常会给君主找台阶下。有一次，齐宣王看到一头即将被宰杀祭祀的公牛，看它吓得瑟瑟发抖，觉得很可怜，便说："放过这头牛，用一只羊代替吧。"这消息传出去，人们不禁要问："牛被杀可怜，羊就不可怜吗？明明是你小气，想用一只小羊换一只大牛。"孟子听说后，便解释道："这可是君主的仁术啊。君子之所以不同于禽兽，是因为'见其生，不忍见其死'啊。"

3. 实现方法

①向身旁的朋友征求意见；②切勿不假思索地说话；③对自己的舌头加以管束。

4. 日省吾身

①说话时是否不假思索呢？②你是否有过不假思索地说话的经历？③有没有人向你提出过说话要小心？④自认为自己是口无遮拦的人吗？⑤应该怎样做才能小心说话呢？⑥有什么地方需要注意呢？⑦有可以向你提供意见的朋友吗？⑧有什么话会触动你的情绪，让你难以自控呢？⑨过分兴奋的情绪对你说话有影响吗？⑩有没有一些习惯是要改正的？

● 阶段六

1. 阶段特征

当你进入这一阶段，代表着你的一切思维、行为和表达都符合正道。此时，你并不需要再刻意去做什么，只需要坚守你目前的处世原则，将这种优良的品格表露出来，感染身边的众人，平衡这个世界的气氛，就可以获得想达到的目的。

2. 历史故事

以民为本，以仁为政

孟子的思想在后代被尊为经典，他的学说也终于被世人接受，与孔子并称为"孔孟"，成了儒家学派的代表人物。

在孟子的思想中，民本与仁政思想尤其为后人重视，这些思想即使在今天仍有价值。孟子说："民为本，社稷次之，君为轻。"孟子以"仁政"为根本的出发点，创立了一套以"井田"为模式的理想经济方案。提倡"省刑罚、薄税敛""不违农时"等主张。要求封建国家在征收赋税的同时，必须注意生产，发展生产，使人民富裕起来，这样财政收入才有充足的来源。这种思想，也是值得肯定的。虽然孟子的学说中也有重农抑商等问题，但其仍然无愧于任何伟大的思想家！

3. 实现方法

①坚守原则；②坚持"无为即有为"的处事态度；③以身作则，感染别人。

4. 日省吾身

①应该怎样做才可以坚守原则，继续现在的行为？②最容易影响现在为人处世原则的是什么？③时间是不是一个重要的影响因素？④如果没有人欣赏你，你仍然会坚持吗？⑤当你希望别人学习你的做事风格时，你会如何做？⑥若过程中遇到失败，你会如何安慰自己？⑦如何将这种行为持续发散？⑧朋友能够接受你的行为方式吗？⑨是不是有必要做出一些举动？⑩有什么事情是此刻需要担心的？

要点总结

①静观己身，时常检讨自己；②省察一切错误的思想和行为，并加以制止；③注意内心所想及语言表达。

第五十三章 发 展

总体特征

这一时期的主旨是让事情渐进、自然地发展，急速的、革命性的扩展是不合时宜的。

在权力和政治事务上，需要循序渐进的方法。虽然过程有时好像缓慢及没有挑战性，但逐步提升你的位置将是成功的关键。

在社交中，已有的社交习俗和传统价值观将是激发其他人的关键。现在要做出惊天动地的事情是不合时宜的，影响力也不会长久。所以，你的社交方式最好选用社会可接受的合作方法，任由事情自然发展，水到渠成。

在商业事务里，谨记渐进式的发展十分重要。此时不是加速扩张和加紧回报的时候，只要将自己的计划与已有的商业原则相协调，就能够取得成功。

在人际关系中，当你在尝试处理众多的可能性和困难的时候，你会发现可以从已有的传统观念中找到指引。"渐之进也，女归吉也。"克制自己急于求成的冲动，渐进地培养彼此的爱。

此时你所探讨的问题是缓慢的、自发的。你要采取传统的、谨慎的步伐去达成自己的目标，这需要极大的恒心、毅力和原则。前面的路是没有捷径的。

进阶教程

● 阶段一

1. 阶段特征

你所渴望的是在生命中有重大的转变，不过这种转变没有立竿见影的方法，而是需要逐渐成长，从良师和长辈中寻求指引，这样的成长才是最稳固的。时间的长度虽令你感到苦闷，但你却可以从中获得最好的磨炼。

2. 历史故事

拜师荀子，自成一系

韩非子是战国时期韩国贵族，出生于战国末期的韩国都城新郑。此时的韩国积贫积弱、朝不保夕，心怀救国宏愿的韩非拜荀子为师，求教治国安邦之术。然而，荀子的学说并没有让韩非子满足，他又学习黄老之术，综合各家的观点，终于形成了自己的学说。回到韩国的韩非子并没有受到韩王的重用，而是被小人排挤，于是退而著书，写出了《孤愤》《五蠹》《内外储》《说林》《说难》等著作，表达了自己的哲学思想与治国理念。

3. 实现方法

①成长需要时间的积累；②寻找合适的人对你进行指导；③于过程中寻找学习的契机。

4. 日省吾身

①你最希望获得的成长是什么？②你认为成长需要多少时间？③你会怎样付诸实际行动？④有没有人对你进行指导？⑤过程中最难挨的是什么？⑥时间的长度是你所关注的问题吗？⑦应该如何等待时机的出现？⑧若在过程中失去耐心，有什么人或事可以支持呢？⑨有没有一些鼓励性的话语对你特别有帮助？⑩有没有个人的座右铭？

● 阶段二

1. 阶段特征

经过逐渐的成长和学习，现在的你已经开始变得强壮，行事日渐成熟，继续保持这样的进度，将来必定会站上高峰。

2. 历史故事

秦王赏识，出使秦国

韩非子的书传到秦国，深受秦王赏识。于是为了得到韩非子，秦王一面命军队攻打韩国，一面索要韩非子。韩王无奈，只好让韩非子出使秦国。秦王见到韩非子后，十分高兴，与他谈论经国大事，语语中的。面对文采斐然的韩非子，秦王十分想留住他收为己用。

3. 实现方法

①保持现在的学习进度；②耐心等待，切勿急躁；③用知识回馈社会。

4. 日省吾身

①你对现在的进度感到满意吗？②希望达到更高的境界吗？③如果到达更高的境界，你愿意接受新的挑战吗？④面对新的挑战，你会害怕吗？⑤你会为此进行什么准备？⑥你认为自己应该向什么方向发展？⑦你认为自己应该如何成长？⑧是否制订了一个时间表？⑨预期于什么时间达成目标？⑩与之前比较，你认为自己成长了多少？

● 阶段三

1. 阶段特征

现在的你已经成熟，拥有了足够的实力面对各种困难。但你要明白，自己不是无所不能的"超人"，而是懂得进退的"达人"，因此若遇上难以应付的局面，冲动对抗只会招致失败。暂时的离开不是退缩，而是明哲保身的明智之举。

2. 历史故事

出现祸端，失机未察

此时，秦国的丞相是李斯，他与韩非子师出同门，但知道韩非子要强于自己，害怕被韩非子抢走自己的权位。李斯帮助秦王做的统一规划，是先灭韩国，而韩非子则主张先灭赵国。于是，两位曾经的同门，就亡韩与存韩一事上产生了激烈的争执。

两人争执不下，只好请求秦王做决断。韩非子对自己的辩术十分有信心，认为当庭驳倒李斯绝非难事，于是安心在秦国住了下来，等待秦王召见。

3. 实现方法

①实施具有可行性的计划；②充满信心地面对身边的风浪；③懂得进退的尺度。

4. 日省吾身

①你所处的环境中，有什么需要处理的问题？②你可以做出什么样的行动？③你想达成什么目标？④这些目标对现在的环境有帮助吗？⑤现在的环境允许你做出这些改变吗？⑥有没有反抗的势力？⑦这股势力强大吗？⑧如果受到强力反抗，你的对策是什么？⑨如何才能免去这些凶险呢？⑩在风浪

前，你能够做的事情是什么？

● 阶段四

1. 阶段特征

现在最好的选择是寻找一个能够给予你最大支持的人，这个人可能是你的上司，因为你所面对的问题可能来自工作环境中的危机，只有他才可以给予你足够的保障，让你远离危机，并伺机反击。不用担心，危机终究会过去。

2. 历史故事

失去信任，被捕下狱

李斯也知道韩非子的辩才，于是决定先下手为强。他连忙上疏秦王，说道："韩非子前来，未必不是认为他能够让韩留存，是重韩之利益而来。他的辩论辞藻掩饰诈谋，是想从秦国取利，窥伺着让陛下做出对韩有利的事。"

秦王觉得李斯之言有理，于是下令先将韩非下狱，等待进一步调查。

3. 实现方法

①寻求上司的协助；②耐心等待危机过去；③重心振作，寻找机会。

4. 日省吾身

①你现在是处于危机之中吗？②有什么征兆，令你知道身边危机四伏呢？③有没有可以支援你的人？④你是否获得上司或有权力人士的支持？⑤他们对你的支持力度有多大？⑥他们愿意支持你的原因是什么？⑦有没有感到现在已经很安全了？⑧有没有感到灰心或害怕？⑨失意的时候，你会如何振作起来？⑩何时才是再度出击的好时机？

● 阶段五

1. 阶段特征

现在是等待的关键时刻。你可能正处于两难的关口，出击并无必胜的把握，同时又不安于等待。此时切忌急躁，最合适的时机还未到来，忍耐到底才是最好的方法，将会为你带来最大的益处。

2.　历史故事

百口莫辩，含冤而亡

李斯见韩非子已经下狱，害怕秦王反悔，于是派人将毒药带给韩非子，逼迫他自杀。韩非子在狱中要求再次面见秦王，陈说自己的主张，为自己辩解，但李斯怎会给他第二次机会。无奈之下，韩非子最终服毒而亡。

不久，秦王果然反悔，命人赦免韩非，可此时韩非子已经死去了。

3.　实现方法
①耐心等待；②切勿急功近利；③调整心态。

4.　日省吾身
①如何知道现在的时机并不合适呢？②现在最需要留意的是什么心态？③怎样才能让你忍耐到底呢？④有没有一些事情令你不安于现状？⑤怎样才能避免接触这些事情？⑥若不能避免，谁能够提供给你最大的支持？⑦有没有一些话，对你具有最大的鼓励作用？⑧现在可以学习的是什么？⑨怎样才能令自己避免过于急躁呢？⑩你认为更合适的机会会在什么时候出现呢？

● 阶段六

1.　阶段特征
对你和任何人来说，成败可以很重要，也可以完全不重要。别人所在意的是你的精神，即使他们对你的所作所为并不认同，但仍然会被你强大的精神力所感染，由衷地敬佩你的为人。

2.　历史故事

治国安民，吾之夙愿

韩非子虽然死了，但是他的成就却与《韩非子》一同流传下来。在《韩非子·问田》一文中，韩非子这样写道：

堂谿公对韩非子说："我听说遵循古礼、讲究谦让，是保全自己的方法；修养品行、隐藏才智，是达到顺心如意的途径。现在您立法术，设规章，我私下认为会给您生命带来危险。用什么加以验证呢？听说您曾讲道：'楚国不用吴起的主张，而国力削弱，社会混乱；秦国实行商鞅的主张而国家富足，力量强大。吴起、商鞅的主张已被证明是正确的，可是吴起被肢解，商鞅被车裂，是因为没碰上好世道和遇到好君主而产生的祸患。'遭遇如何是不能肯定的，祸患是不能排除的。放弃保全自己和顺心如意的道路而不顾一切地去干冒险的事，替您设想，我认为这是不可取的。"韩非子说："我明白您的话了。整治天下的权柄，统一民众的法度，是很不容易施行的。但之所以要废除先王的礼治，而实行我的法治主张，是由于我抱定了这样的主张，即立法术、设规章，是有利于广大民众的做法。我之所以不怕昏君乱主带来的祸患，而坚持考虑用法度来统一民众的利益，是因为这是仁爱明智的行为。害怕昏君乱主带来的祸患，逃避死亡的危险，只知道明哲保身而看不见民众的利益，那是贪生而卑鄙的行为。我不愿选择贪生而卑鄙的做法，不敢毁坏仁爱明智的行为。您有爱护我的心意，但实际上却又大大伤害了我。"

也许，这样为人处事的胸怀才是韩非子真正留给后人的财富吧。

3. 实现方法

①拥有坚持不屈的精神；②拥有依正道而行的决心；③坚守自己的价值观。

4. 日省吾身

①对你来说，现在需要坚持什么事情？②什么信念，是你不能放弃的？③有什么行为，是你必须坚持到底的？④成与败会影响你一直以来的信念吗？⑤若最终失败，你还会坚守自己的信念吗？⑥现在所行的，是合乎正道的吗？⑦若有一天可以东山再起，你仍会坚持以往的信念吗？⑧有没有人认同你的信念？都是些什么人？⑨过程中你不能忘却的是什么？

要点总结

①成长需要循序渐进，不可急躁；②学习的同时，坚定自己的信念；③等待时机，不要逞强；④不论何时，都要坚守信念。

第五十四章　下　属

总体特征

现在环境中的力量是完全不平等的。对于你来说，所处环境是重要的依靠；而对于环境来说，你却是可有可无的。如果你尝试坚持己见，或是认为自己是不可或缺的，便会招致灾难。此时你无法控制任何事情，所做之事也都是不适当的，你能够做的只有洞察你所遭遇的困难，以及能够做出的反应。此时应对的最佳方法是像"下属"一样，表现得体，被动受命，谨小慎微。

在社交中，你作为一个独立体会被完全淹没在众人之中。就算有人能够听你说话，也不会引起他的重视。如果你极力表现自己，人们反而会认为你自大和放肆，没有人会对你的观点感兴趣。此时最坏的情况是你可能被别人利用，无论如何，小心才是上策。

如果你是刚刚开始工作，便要格外小心初入职者常犯的错误，默默地将其改正过来，做一个安守本分的下属。不要尝试推崇自己的创意，或急于超越自己，抑或取代你的上级，任何急功近利的尝试都会招致灾难。做好你的本职工作，不多也不少，就不会遭受指责。

在权力或政治事务中，现在最好的方式是退居幕后，让其他人看到你无能为力的现状和归隐的决心，集中精力强化自己的内心和理想。

在人际关系中，人们只会看到你怎样扮演自己的角色，而不会发现真正的你。此时你所扮演的角色虽然属于微末，但只要耐心等待，小心处事，机会终究会到来的。

此时你可以花费时间思索将来。建立和坚守长远的理想，会引领你度过这艰难的时刻，让你少犯错误，以及让你的目标更加清晰。此时无论你选择什么道路，无论你以为它会带你到什么地方，其实都是一个循环的圆圈，你会发现最后都是回到起点，而没有超越你现在的角色。如果你认为这是不幸的话，就转头回到起点吧，这里是所有问题的根源，亦是做出改变的起点。

进阶教程

● 阶段一

1. 阶段特征

在这一阶段，你可能是一个被遗忘的角色，从未被安排重要的工作，也不是别人眼中有能力的人。但不要放弃，要留意上司的处境，尝试替他分忧。切记此时要多做少说，用实力和态度为自己证明。

2. 历史故事

甘心小吏，胸藏韬略

侯嬴，战国时期魏国人。侯嬴胸怀韬略，但却一直没能受到赏识，年已七旬，只是在魏国都城大梁的夷门担任看守小吏。不过侯嬴并没有因为明珠暗投而有所怨恨，仍然甘心于自己的差事。可即便如此，他的能力经由身边人的口耳相传，最终传到了信陵君的耳朵中。

3. 实现方法

①不要在意他人的冷眼旁观；②积极寻找上司的需求；③少说多做。

4. 日省吾身

①面对旁人的不理睬，你会如何为自己打气？②需要怎样才能认清当前的环境？③你是否积极地训练自己的能力？④你是否留意到别人的需求？⑤若上司遇到困难，你有什么行动可以为上司分忧？⑥怎样做才不会越权？⑦如果需要上司协助，有什么事情必须要注意到？⑧有哪些行动对你有帮助？

● 阶段二

1. 阶段特征

千万不要想在现在的位置上越权行事，对环境的不了解将为你带来极大的危害。此刻，你个人最大的限制是缺乏对外的认知性。不要着急，保持中正的态度，先使自己立于不败之地，耐心等待自然的晋升。

2. 历史故事

坚守己心，不累于物

信陵君是魏国公子，因崇拜齐国孟尝君，自己也养了一批门客。他听门客说了侯嬴的情况，便带着贵重的礼物去看望侯嬴。见面后，信陵君十分恭敬地将礼物送给侯嬴，却被侯嬴拒绝。侯嬴说道："我几十年来修身养性，功名利禄已与我无缘，我如此卑微的地位，可不敢接受您如此贵重的礼物。"

3. 实现方法

①站稳阵脚，甘于等待；②保持自然的成长速度；③了解个人此时的限制。

4. 日省吾身

①你现在的心情是否是焦急的？②是不是想得到更大的晋升？③现在应该怎样平复这些非分之想？④如何做到"耐心等待"？你等待的是什么？⑤现在是否又必要接受一些培训？⑥你的内心是否有可调整的空间？⑦现在的成长进度是否正常？⑧怎样做才不会过于急躁？

● 阶段三

1. 阶段特征

你现在应该得到更高的位置，可惜因为种种原因，反而屈居人下。这种内心的不甘人人都明白，只是现在并不是反抗的时机，不要因为一时的失意而赔上更多。真正有实力的人终有一天会得到与之相配的地位，此时你要做的只有等待，同时磨炼自己的忍耐力。

2. 历史故事

试探信陵，开口有益

侯嬴的言谈举止引起了信陵君的好感，于是有一天大办酒宴，自己亲自带着车马去迎接侯嬴，甚至为了表示尊重，特意把象征尊贵的左侧座位留给侯嬴。侯嬴则毫不客气地坐在上面。走到半路，侯嬴对信陵君说，我有个朋友在市场里卖肉，请您陪同我一起去看看他。信陵君亲自赶着车陪同前往。侯嬴的朋友叫朱亥，侯嬴见到朋友便开始攀谈，信陵君则静静地守在一旁，旁观的人无不称奇。后来在宴席上，侯嬴告诉了信陵君他如此做的原因。侯嬴说道:"我刚才难为您,其实是想看看您是不是像人们说的那样礼贤下士。我不过是个抱门闩、看城门的人,本不配劳驾公子亲自驾车去接,而公子却去接了。所以我故意让你招摇过市,让人们围观,让人们进一步认识你这位谦让下士的长者。"于是,侯嬴成了信陵君的上宾。

3. 实现方法

①不必急于重掌权力;②以坚忍的心渡过难关;③在任何环境下都可以应付自如。

4. 日省吾身

①你现在的心情有多么不甘?②这种不甘的心态会如何发泄?③现在你想用的方法是否过于急躁?④面对现在的难关,你会以什么心态去等待?⑤在等待期间,有什么事情是不能做的?⑥在等待期间,最不能忍受的是什么?⑦此时需要坚持的是什么?⑧当听到别人的恶语,你会有什么感受?⑨应该怎样适应现在的处境?⑩有什么事情是应该接受的?

● 阶段四

1. 阶段特征

经过长久的等待,现在时机已经到来,期望的晋升机会已经出现,正是值得庆祝的时候。但切勿急于做出承诺,别让人认为你是贪图权力的小人,一切顺其自然,慢慢将被动的地位变为主动。

2. 历史故事

赵国请援,信陵救赵

侯嬴在成为信陵君的上宾后,一直受到礼遇,于是就准备找机会报答信陵君。不过自己已经年逾七旬,一时半会还找不到报答的方法。公元前257年,秦军大举围攻赵国,赵国危在旦夕。赵国的平原君派人到魏国前来求救,但魏王害怕秦国强大,不敢出兵,信陵君几次请援都被魏王拒绝。无奈之下,信陵君只好召集门客,准备亲自前往解救。侯嬴知道,报答信陵君的时候到了。不过在这之前,他还要最后考验信陵君一下。

3. 实现方法

①不必急于行动;②不要显露出对权力的贪恋;③不要被动。

4. 日省吾身

①现在可以做出的行动是什么？②你对现在的地位感到满意吗？③若能要求更多，你会如何提出要求？④怎样才不会令人觉得你是贪得无厌的小人？⑤你应该获得的权力地位是什么？⑥是否仔细分析了当前的情况？⑦现在你是处于主动的状态吗？⑧要怎样才可以反客为主？⑨现在所提出的条件，有多少是你可以进行参与的？⑩你要获得多少才能够满足？

● 阶段五

1. 阶段特征

唯有真正了解自己身份地位的人，才不会做出过分的修饰。此时的你应该是内敛的，充满内涵。人们对你的喜爱不单是因为你的个人修为，更是因为你与他们同甘共苦，所以你与他们的关系一定是和谐的。

2. 历史故事

考验信陵，表白真心

信陵君带领门客来到夷门，见到侯嬴，说道："如今赵国派人来向我求援，魏王不许，我只好自己前往，这一去可能再也见不到老先生了。"侯嬴说："公子就努力前进吧，恕老奴不能跟你们去了！"信陵君率军出了夷门，边走边想：平时我对你侯嬴不薄，我此次赴死，你不随我去还算罢了，怎么连句送别的话都没有呢？他越想心里越觉得别扭，于是便掉转马头，回去质问侯嬴。侯嬴已经在门前迎候，见信陵君回来了，便说："我就料定公子会回来的。公子重名士，世人皆知。如今遇到危难之事，不充分发挥名士们的作用，却要同秦军拼命，这同拿肉往虎口里填有什么区别呢？"信陵君一听，连忙询问侯嬴破敌之法。

3. 实现方法

①了解个人的身份地位；②虽处高位，仍有谦卑的心态；③安于现状，创造和谐的关系。

4. 日省吾身

①现在有什么人是需要你服务的？②你会如何令他们感到舒适呢？③你会如何做好"下属"的岗位呢？④应该建立什么样的态度？⑤要避免怎样的

心态？⑥处于高位时，应该如何调整自己的心态，才不会自满骄傲呢？⑦有没有需要留意的状况？⑧有什么人或事会令你难以保持谦卑的心态？⑨你与其他人的关系好吗？⑩怎样做可以令众人与你的关系更进一步？

● 阶段六

1. 阶段特征

作为下属，如果不能为上司出谋划策，分忧解困，上司又怎会对你信任有加呢？不要在得到权力之后就马上松懈，此时你应该更加尽力地协助上司，好像阶段一时谨小慎微的小职员一样。

2. 历史故事

献策破敌，守诺自刎

侯嬴先是告诉信陵君，让曾经对其有恩的魏王宠姬如姬盗取虎符。又推荐了朱亥，让信陵君带着朱亥去将军晋鄙处取兵，如果晋鄙同意，一切好办，如果不同意，就让朱亥杀死晋鄙，强行夺权。侯嬴对信陵君说："我年岁已高，不能随你一同去杀敌了。但我会计算你的行程。当你到达晋鄙所在的营地的时候，我将面向北方（即邺的方向），用自杀来报答公子的爱重之情！"最终，信陵君依照侯嬴的计策，成功击败秦军，救了赵国，侯嬴也依照诺言，在信陵君到达晋鄙军营的那一天自刎而死。

3. 实现方法

①尽力施展自己的所长；②不要松懈，坚守岗位；③一如既往地付出。

4. 日省吾身

①与以往相比，你是不是已经欠缺了当初的热情？②为什么会有所欠缺？③怎样才能做到贯彻始终的工作态度？④对于现在的地位，你"谦卑"的程度足够了吗？⑤你现在的岗位职责是什么？⑥现在不能松懈的是什么？⑦怎样才能令上司对你信任有加呢？⑧你现在仍可付出的是什么？⑨有没有需要接受培训的地方？⑩有什么长处可以在此时发挥？

要点总结

①甘于处下，积极服务上司。②切勿急于获得权力，顺其自然。③不论处于何种地位，都要有做下属的心态。④有权力时更要持续付出。

第五十五章　全　盛

总体特征

此时，你正处在一个全盛期，潜能发挥得淋漓尽致，真正的目标已经实现，所有的可能性都被使用。但需要注意的是，"全盛"时期通常都是短暂的。当衰落将至时，真正聪明的人不会坐等这一时刻的到来，因为他已经事先预想到这是自然规律的循环。在这一时刻，他会将注意力集中在怎样把目前的情况发挥至最好，这样的态度能够让他继续担当领导者的角色。不要花任何精力去试图延续你的"全盛期"，你现在的成就、形象、表现，都将会支持你度过这一衰落的时期。

在商业事务中，成功和兴旺即将来临。因为潜能完全被发挥出来，目标已经达到。利用你此时的成功作为将来成长的基础，如果你觉得有必要，可以扩展目标，把衰落暂时延迟。投入更多的人力和资源，建立更高的目标，会令你的潜能再达高峰，但无论如何，衰落期总会到来，这是自然的规律。

在社交中，只要你付出努力，就会有收获，因为你的地位方隆，自尊心也正处于高位。现在可以完全运用你的判断去决定你的行为，坚守原则，为自己创造一个长久的形象，就算个人能力开始衰退，这形象也能得以延续。

在亲密关系中，如果你们一起建立好对这段关系的期望和了解，其他细节便会水到渠成，持久的爱会包容那些无可避免的磕磕绊绊。

当你感受到自我主宰的顶峰时，会发现自己的原动力突然转变到一个全新的方向。明白这内心修为的自然转变，对于了解自己和其他人都有莫大益处。此时将是你发掘自我的绝佳时机，但行动要快，因为这一时期不会长久。是时候对你身边的大量成果做出选择，不要被你的欲望所控制。想要进步的话，你就要判断什么是对你的修为和改变有益的，避免过分的依附。

进阶教程

● 阶段一

1. 阶段特征

这是一个跃进的时期，那个能够帮助自己、提拔自己的人随时会出现。可能时机稍纵即逝，所以你要把握住这个千载难逢的机会，就必须行动迅速，兼具效率，才能从芸芸众生之中脱颖而出。

2. 历史故事

年少任侠，乡试第一

姚启圣，可能对于很多人来说，这都是个陌生的名字。但是他却在康熙统一台湾的战役中，发挥了决定性的作用。

姚启圣从小就崇尚侠义，曾经在一次郊游中遇见两个士兵抢劫女子，便上前佯装劝解，猛然夺过士兵佩刀，杀死了他们，然后送女子回家。公元1663年，姚启圣在八旗乡试中考得第一名，被授予广东香山知县，开启了自己的仕途生涯。

3. 实现方法

①发现机会的洞察力；②及时行动的判断力；③超强的竞争力。

4. 日省吾身

①现在环境中的有利因素在哪里？②有没有一些人或事是你认为有利的？③当机会出现时，你觉得自己准备好了吗？④令你可以得到跃进的人或事会是怎样的？⑤有什么需要培训的？⑥过程中什么需要注意？⑦有没有竞争对手出现？⑧有比他们更好的人选吗？⑨助你获得胜利的关键是什么？⑩你将怎样利用这个机会？

● 阶段二

1. 阶段特征

在这一时期，环境并不会阻碍个人的发展，只要自己坚守本性，秉公而行，即使环境不佳，也不会妨碍你进入全盛期。

2. 历史故事

发展经济，擅开海禁

姚启圣的前任香山知县因财政亏空巨大而被下狱，姚启圣任职后，发展经济，将亏空全部补上。但当时为了筹钱，姚启圣不得不开放海禁，他最终也因此被弹劾罢官。但姚启圣并不着急，他知道以自己的能力，早晚有受到重用的一天。

3. 实现方法

①注意个人的自我修养；②时刻保持开放、自信的心态；③了解现状，做好部署。

4. 日省吾身

①环境的不利有没有影响你的工作士气？②最令你不能接受的气氛是什么？③现在应该保持怎样的心态，才能在当前环境中保持清晰的头脑？④有什么信念可以帮你度过现在的困境？⑤你的习惯是否可以帮助到你？⑥有没有人可以在此时鼓励你？⑦你是否"坚毅不屈"呢？⑧现在的环境中有没有一个突破口？⑨你是否有信心？⑩你需要做什么，才能令自己更有信心面对挑战？

● 阶段三

1. 阶段特征

持续的进展会带来许多隐藏的威胁，而你可能无法察觉到这些可能爆发的危机。如果没做好准备，你很容易犯下错误。不过不用担心，所损失的事情并不会影响你的发展，只等元气恢复，就可以更上一层楼。

2. 历史故事

累积战功，一着不慎

康熙统一台湾，立下第一功的当属姚启圣，另一个重要人物则是施琅。施琅原本追随郑芝龙投降清朝，后来又反水，追随郑芝龙的儿子郑成功，举起抗清大旗，并且屡立战功，成为郑成功的得力助手。

但就在施琅顺风顺水的时候，一场大祸却降临到他的头上。郑成功有一个心腹名叫曾德，曾得罪过施琅，施琅便借故将其杀死。这可一下子惹恼了郑成功，他杀死了施琅的父亲与兄弟。失去亲人的施琅为了报仇，再次投降清朝，被任命为福建水师提督，准备攻打台湾。

3. 实现方法

①谨慎小心，留意危机；②常做准备，随时面对危机；③莫怕失败，待机重新出发。

4. 日省吾身

①你认为做到事事小心的程度有多难？②难在何处？③是不是没有足够的准备？④当危机出现时，你可以应付得来吗？⑤有什么事是你必须留意的？⑥令你疏于防范的事情是什么？⑦当前的环境是否给你带来什么麻烦？⑧面对失败，你会如何鼓励自己，重新振作？⑨如何避免同类事情再度发生？⑩是否能够从每一次困难中汲取教训？

● 阶段四

1. 阶段特征

即使你面对令人迷惑的处境也不用忧愁，因为前路的曙光仍然能够让你辨清方向。这些光辉可能来自于上司或同事的指引，令你感到安全，并从中看见更大的开源之地。

2. 历史故事

整顿军备，发展海军

清朝自关外入主中原，向来是"马上"的天下，因此没有海军。即使到了康熙年间，海军建设也十分落后。姚启圣被任命主持平台事宜后，最挠头的问题就是如何筹办一支可以与郑军相抗衡的海军。

为此，姚启圣在担任福建总督期间，奏请朝廷委派重臣专职水师提督，重视水师事务。康熙于是调拨万人，从浙江选战船百余艘，并从湖广拨发新式西洋火炮。

3. 实现方法

①面对暂时的黑暗，保持平常心；②黑暗的尽头便是丰盛的开始；③寻找可以信赖的人作为支援和后盾。

4. 日省吾身

①面对当前的问题，你是否能够保持平常心？②有什么事情会令你感到疑惑，不知如何面对？③你是否有前进的方向？④前进的步伐是否坚定？⑤有什么因素会动摇你此刻的信念？⑥有什么人是你可以信赖的吗？⑦他们对你有何帮助？⑧你看得到自己的发展空间吗？⑨你会如何寻找这些空间呢？⑩准备好迎接这丰盛的时期了吗？

● 阶段五

1. 阶段特征

你的成功于此时此刻是必然的，但个人实力并不是左右这次成功的主导因素，有没有使用合适的人才，才是令你进入这全盛期的关键所在。现在，就是你的全盛期，好好享受吧。

2. 历史故事

甄选人才，创造时机

有了海军船只，还需要海员来驾驭。为此，姚启圣想到了两个办法。他一面与大学士李光地联名保举施琅，让康熙放心地将这个曾经反水的将领委以重任，一面壮大水师。另外，姚启圣不断招抚郑军，先后有陈士恺、郑奇烈、朱天贵等名将携所属官兵近五万人投诚，让清廷与郑军的实力此消彼长。至此，攻打台湾的准备工作基本已经完成，毕其功于一役的时刻马上就要到来了。

3. 实现方法

①留意身边的每一个可用之才；②制订迈向成功的计划；③给予下属最大的支持。

4. 日省吾身

①当前可运用的人才是谁？②你有没有做到"唯才是用"呢？③用人之道，难在哪里？④你是否信任现在的下属？⑤怎样才能提高他们的工作能力？⑥你对他们的信任是基于什么？⑦私人情感是不是影响你的最大因素？⑧你有信心让计划按预期进展吗？你的信心来自于哪里？⑨你期望在计划完成时获得什么？

● 阶段六

1. 阶段特征

全盛过后终会迎来衰落，回到最初的空虚。但这只是一个循环，不是结局。得到成果后便开始腐败，令创建的基业不能持久，是这次失败的主因。

2. 历史故事

攻打台湾，身死福州

公元1678年，姚启圣与黄芳度收复平和、漳平二县，再克海澄，开始了攻打台湾的战斗。公元1680年，收复金门、厦门，被授予骑都尉。

公元1683年，施琅成功攻克台湾，姚启圣则还兵福州。回到福州后不久，姚启圣病发身亡。

3. 实现方法

①谨守正义，不自甘堕落；②接受一切物质循环往复的事实；③切勿存不义之心，享受所得的一切。

4. 日省吾身

①在收获颇丰之后，有没有失去守正之心？②你此刻是否已经离弃了自己的信念？③回忆当初，你现在是否抱持着同一个信念？④面对奢华，你会如何保证自己不自甘堕落呢？⑤有什么信念，可以帮助你？⑥有什么人或事会给你带来负面影响，需要避开？⑦当真正需要面对衰落期的时候，你接受得了吗？⑧如果要重新再来，你会感到困难吗？⑨这种困难与刚刚开始发展时相比，有什么不同？⑩为什么会令你感到更加困难？

要点总结

①丰盛是来自个人修养的成熟；②别人的支持会是你进入全盛期的关键之一；③成功并不是一个人的功劳，还在于你懂得如何用人；④任何时候都不要忘记保持中正。

第五十六章　行　走

总体特征

这个世界上充满了各种团体，它们都有自己的历史、传统、习俗、规矩。这些团体可以是乡镇和城市，可以是因职业或特别兴趣组织的团队或小组，可以是因宗教和哲学思想聚集的流派，也可以是按血缘和种族区分的家庭、部落。"行走"的人，是生命的旅者，会接触到所有团体而不生根。此时更注重的是一种心态，能够指引旅者到真正想去的地方。

你此时正在当下的环境中"行走"。你不会在此生根，而是在品尝、测试、观光和收集资料，无论来到这里的原因是什么，你都会离开。因此，长远和重要的目标在此时是不能成功的。旅者应持有适当的目标，保持合乎礼仪的态度及行为。当然，要与途中偶遇的旅伴谨慎相处，必要时可有所保留。

没有其他任何情况比现在"行走"的时刻更需要坚守原则的了。追随着你认为的有益的道路，避免去往放纵、颓废的地方。此时，你没有太多的传统、地位和权利来保护你，所以要持有乐于助人、谦虚低调的态度，然后你便可以避开危险。

在社交和人际关系中，这一时期不该做出任何长远的承诺。诚实地对待你的立场，以其他人的需求作为你的职责，把你的激情减少到最小，因为这不是热切表达意见和把你的做法强加于人的好时机。此时，你应该聆听和学习。这可能是你生命中的一个阶段，你正走向自己的内心世界。你可能从一个全新的角度去看待日常刻板的生活。无论发生什么事，坚守正道，这将是你迷失在未知大海中的明灯。

如果你在同一个地方待得太久，就应该去寻找一条新的出路。你要知道，当你耗尽你的资源，用完你的创造力时，就应该离开。如果拖延离开的时刻，你的生命之火就会熄灭。

进阶教程

● 阶段一

1. 阶段特征

你在生活中会有不同的尝试，可能是事业上或学习上，也可能是人际关系中，这些都会令你得到成长。但是要留心，不要将自己的所有底牌都亮出来，这会惹人嫉妒及反感。注意自己的言行，不要过于招摇。

2. 历史故事

考场失意，创立教派

洪秀全，一个中国历史上举足轻重的人物，他的登高一呼，几乎埋葬了中国最后一个封建王朝。

洪秀全原本出生在一个耕读世家，自幼熟读四书五经的他，曾经是大家眼中那个可以光宗耀祖的人物。只可惜洪秀全三次考试落榜，深受打击。此后，洪秀全又一次考试失败，这也坚定了他另辟一条蹊径的想法。公元1836年，洪秀全根据曾经读过的基督教刊物，自创了"拜上帝教"，自称上帝的二儿子、耶稣的弟弟。由此，一场影响深远的历史运动拉开了序幕。

3. 实现方法

①随心地学习与尝试；②注意自己的言行举止；③宜多收敛，不要过于惹人注目。

4. 日省吾身

①现在的培训学习是否合乎你的期望？②你学到了什么？③在人际关系中，你需要注意什么？④有什么技巧是需要立即学习的？⑤你的言行举止是否符合你的地位？⑥有没有太过夸张，惹人不悦呢？⑦你的行为会不会令人反感？⑧有没有一些事情是不被你重视的？⑨若有人认为你过于表现自我，你会作何反应？⑩怎样才能在现在的环境中虚心学习呢？

● 阶段二

1. 阶段特征

在这一阶段，你有能力在不同的岗位上、地位上，甚至地区间自由行走。令你感到安全的是你拥有足够的资源，以及支持你的下属，所以整个旅程充满了愉快的回忆。

2. 历史故事

开始传教，广收教众

洪秀全最早在广州附近传教，并在此时拉拢好友冯云山入伙，并打着"天下一家，共享太平"的口号，开始在各处传教。公元1844年，，洪秀全来到广西传教，并让冯云山常驻此处，教众也与日俱增。公元1847年，洪秀全为了增加自己的理论能力，在广州一所教堂中学习了几个月，之后再次来到广西，创办了"拜上帝会"，会员达到2000多人，其中就包括后来成为起义骨干的杨秀清、萧朝贵、韦昌辉等人。

3. 实现方法

①整理个人的所有资源；②寻找支持你的下属；③多加学习，充实自我。

4. 日省吾身

①你需要提前预备好什么物资？②若需要有人协助你管理这些物资，他需要具有什么特质？③你身边有这样的人吗？④你有多信任他？为什么？⑤有没有需要预防的危机？⑥对于未来的学习计划，你有长期目标和短期目标吗？⑦在这段时间里，你有没有必须学习的事情？⑧怎样在过程中尽量充实自己？⑨有什么是你必须去学习和了解的？⑩制订好学习计划了吗？

● 阶段三

1. 阶段特征

在整个行走的过程中，需要对下属有足够的信任和礼遇，你才能得到最大的益处。你对下属一定要尊重，这是你在"行走"阶段获得最大的保障。

2. 历史故事

积极宣传，扩大影响

洪秀全不仅在形式上创立教会，在理论上也有所成就，他于公元1845年至1846年间，先后创作了《原道醒世训》《原道觉世训》《百正歌》等。

此时的洪秀全，因为要增加自己的影响力，因此对教众的需求还是十分在意的，其中很重要的一点，就是向那些穷苦大众讲述"共享太平"的理念。他告诉这些饱受压迫的农民，只要追随他，终有一天可以摆脱那些压迫者。正是迎合了当地穷苦百姓的心理，农民起义发展迅速。

3. 实现方法
①善待下属；②学习相处之道；③不要以自我为中心，多为别人着想。

4. 日省吾身
①你是一个过分自我的人吗？②你的性格影响到你与别人相处了吗？③这些性格是好是坏？④你与人相处时是否圆滑有余呢？⑤你有没有善待下属？⑥他们与你共事时是否开心？你会如何让他们感觉自己受到重用了？⑦你信任他们吗？⑧什么事情会提升他们处事的自信心？⑨你觉得他们对你忠诚吗？

● 阶段四

1. 阶段特征
可能对你来说，这并不是预期得到的结果。你所渴望的是更高的、有更多回应的效果，可惜现实情况并不能让你满意。内心的不情愿令你对现状不屑一顾，但切勿急进，充分地等待会令你长久的梦想更快地实现。

2. 历史故事

金田起义，辗转天京

公元1851年，洪秀全认为时机已到，在金田发动起义，建号"太平天国"。洪秀全自称天王。两年后，洪秀全率领太平军攻入南京，并定都于此，改名天京。起义军占领南京后，虽然定都于此，但朝政并不稳定，国库空虚，百姓更是食不果腹、贫苦异常。于是，洪秀全采取了若干措施，比如剪除权力过大的杨秀清、韦昌辉，颁布《天朝田亩制度》，同时制定了严厉的刑罚，打击鸦片销售，不仅保存了国库，也增强了百姓体质。

3. 实现方法
①暂且忍耐，等待晋升的机会；②延迟个人的满足感，提升情商；③对所得的一切感到满足。

4. 日省吾身

①你现在所得到的是什么？②为什么不能满足你？③你想要的到底是什么么？④对你来说，真正令你感到满足的是什么？⑤你对现在所得到的有什么评价？⑥现在就想得到渴望的事情，会不会太过激进呢？⑦在过程中有什么事情难以掌握？⑧怎样才会令你对现在的所得感到满足？⑨机会会在何时到来？⑩你对愿景有所期盼吗？

● 阶段五

1. 阶段特征

这一阶段是你需要付出的时刻，这样才能获得更多贤人的帮助，让你过上更加丰裕的自由生活。不要害怕失去，所有的付出终会令你有所回报。

2. 历史故事

提拔新进，充实势力

随着冯云山、杨秀清、韦昌辉、萧朝贵等一批将领的去世，洪秀全感到急需提拔一批新人来担起匡扶太平天国的重任，于是又分封了洪仁玕、陈玉成、李秀成等年轻将领。洪仁玕是洪秀全的族弟，曾在香港居住多年，使得他对西方的认知多于其他太平天国将领。洪仁玕1859年来到天京，一度掌管朝政。他当政后提出《资政新篇》，这是一部发展资本主义主张的政治纲领。陈玉成与李秀成是天平天国中后期的重要将领，他们带兵连破清朝江南、江北大营，使得一度危机重重的局面出现了缓和。

3. 实现方法

①礼贤下士，广集人才；②真诚信任，用真心维系关系；③尊重、抬举、使用人才，将他们最好的能力发挥出来。

4. 日省吾身

①你愿意吸纳更多的人才吗？②对于增加更多的人才，你愿意付出更多的资源吗？③怎样运用他们才是最佳方案？④你知道他们各自能力的强弱吗？⑤你会如何鉴别人才的特质？⑥对于新晋的下属，你会如何提高他们彼此的信任？⑦如何才能令他们效忠于你，为你奔走呢？⑧有没有人可以成为你的指导者？⑨你与现在的下属关系如何？

● 阶段六

1. 阶段特征

得到权力是令人过起放荡生活的原因，这种令人沉醉的生活，往往伴随着容易被忽视的危机。最容易出现的威胁是人的嫉妒和恶意的中伤。这些人总是试图将你从高位拉扯下来，所以你必须随时随地小心在意。

2. 历史故事

沉迷享乐，国祚难续

为什么太平天国农民起义最终会被清兵与国外势力联合绞杀？洪秀全在占领天京后，失去了最初带领百姓推翻压迫的雄心壮志，而是自己当起了大地主，广选后宫，沉迷享乐，不理朝政，致使刚刚建立的政权就没有了朝气，腐败盛行，政权的根基已经动摇。最终，洪秀全越来越远离了他最初的理想，太平天国也在不断的内耗中，输给了强大的外部敌人。

3. 实现方法

①言行谨慎；②于富庶中保持正直的本性；③留意别人对你的评价。

4. 日省吾身

①你现在的生活是否放纵？②你现在的生活如何呢？③你有没有注意到危机出现？④最容易出现嫉妒心理的人是谁？⑤现在要小心的人或事是什么？⑥怎样才不会太过招摇过市呢？⑦怎样保持"富亦有道"的行为方式呢？⑧他人对你的评价是什么？⑨现在的生活还有什么需要改善的地方？

要点总结

①善用人才，以礼待之；②订立目标，自由学习；③时刻保持警觉，以及正直的行为操守。

第五十七章　渗透作用

总体特征

在中国的文学作品中经常会描述风对地势所起的作用。山被侵蚀和雕塑成变化多端的形状，树被扭曲成奇特的姿势，云在天上戏剧性地卷舒，带来滋养生命的雨水。中国人思索风时，明晰了"渗透作用"的深远影响和这力量如何渗透进人类的生活。

你现在所面临的影响是舒缓却绵绵不断的力量，此时的关键就是"温和"。猛烈和激进的行动只会惊动他人，令其反抗。要想有效地进行影响，你一定要长时间坚守清晰的目标，你的努力越不显眼越好。要尝试效仿温和却不休止的风，令目标更加清晰，成功终究会到来。

要影响一群人，你就一定要透彻了解这个团体的精神。如果这群人有一个强大的领导者，或者一个清晰的目标，你便要和这个主要的原动力相配合。当你的言谈举止开始以民心为出发点时，便可以逐渐影响他们。这种"渗透作用"不是激烈的，需要花费较长的时间才能起作用，但其造成的影响也是持久的。

同样地，只有和缓而渐进的影响力才可以令你的人际关系有进展，急速的行动和激烈的宣言只会创造出距离。这时候你需要有足够的耐心、长远的承诺，以及一个你最后想要达成的理想。

进阶教程

● 阶段一

1. 阶段特征

可能是经验的关系，也可能是眼光的问题，此时你个人的盲点在于对环境的不了解。只要局势变得不明朗，所有的决定就会变得无法掌控，所以要格外小心在意。此时可以向别人请教进退之道，把握每一个机会。

2. 历史故事

时局动荡，拜师曾氏

李鸿章少年聪慧，公元1845年入京会试，两年后中进士，拜在当时的重臣曾国藩门下，学习经世之学。

李鸿章所处的时代，已经是大清帝国日渐衰败的开始，曾经不可一世的王朝如今已经不可挽回地走向末路。内忧不断，外患又至，让人总有一种"大厦将倾，独木难支"的感觉。

在曾国藩门下的这段时间里，李鸿章深受老师的影响，不仅对当时的局势有了更加清醒的认识，在个人修为和为人处世上也有了很大的进步，为接下来驰骋政坛奠定了基础。

3. 实现方法
①拥有把握机会的能力；②拥有敏锐的眼光；③向他人虚心求教。

4. 日省吾身
①现在有没有机会呢？②有没有比现在更好的发展空间？③要得到更好的回报，环境应该是怎样的？④应该怎样做，才可以更好地看清未来？⑤你知道未来会有什么新的趋势吗？⑥这趋势会怎样影响你的发展？⑦有没有人拥有类似的经验？⑧是否能够向他请教？⑨当机会到来时，你认为自己有能力捕捉到它吗？⑩要得到成功，你会如何执行每一个决定？

● 阶段二

1. 阶段特征
看到下属有需求就进行协助。现在是要将同一个价值观渗透进团体之中的时候，要让众人明白，上之所欲，亦是下之所欲。如果你希望他日建立一个互相帮助、团结奋斗的集体，现在就是你付出的时候。

2. 历史故事

组建淮军，上下同欲

公元1861年，在曾国藩的湘军与太平天国的军队激战正酣之时，李鸿章奉命前往安徽组建淮军，声援曾国藩，继续向太平军施压。到达安徽后，李鸿章首先通过张树声招募了合肥西乡三山诸部团练。接着李鸿章又通过前来安庆拜访的庐江进士刘秉璋与驻扎三河的庐江团练头目潘鼎新、吴长庆建立了联系。

公元1862年，李鸿章被任命为江苏巡抚。刚抵达上海时，正值太平军大举进攻，此地官员、富商指望外国军队抵抗起义军，对淮军不以为然，甚至讥笑其为"乞丐"。李鸿章激励将士道："军队重要的是能打胜仗，看我击破敌人，让这些瞧不起人的人看看。"果然，淮军就在不久后的虹桥、北新泾、四江口等恶战中击败太平军，让中外人士对淮军有了新的认识。

3. 实现方法

①主动地提供帮助；②留意下属的需求；③将互助的思想渗透进团队之中。

4. 日省吾身

①你是否是一个愿意帮助下属的上司？②看到别人有需要，你会主动帮助他吗？③这种互助的价值观对你有什么帮助？④要求你率先付出，你会做何感想？⑤是否会感到不情愿？为什么？⑥你是否留意过别人的需求？⑦现在你的团队中开始流行互助的思想了吗？⑧团队的团结性如何？⑨有什么方法可以令团队的工作更有效率？⑩怎样率先付出？

● 阶段三

1. 阶段特征

聆听也需要选择对象。你现在需要的并不是一个普通的聆听者，而是一位可以给予你建议的专家。为了自己的未来着想，你要自行判断谁的意见是最好的。

2. 历史故事

组建幕僚，聆听众议

李鸿章作为朝廷重臣，麾下的幕僚众多，他们就是李鸿章在处理军政大事时最为倚重的智囊团。1879年，担任海关总税务司的英国人赫德一再给朝廷上疏有关筹建海军的条款，实际目的却是为了控制清朝的海军。而当时朝中的大臣，纷纷赞同让英国人掌管海军，李鸿章手下的幕僚薛福成却大声疾呼：“赫德为人阴险，如果财政和兵权全部交给他一个人，后患无穷。”

薛福成的建议让李鸿章如梦初醒，连忙问计于薛福成，薛福成说道："只要清朝总理各国事务衙门通知赫德，要赫德亲自赴海滨练兵，赫德一定会因为怕苦和舍不得海关的财物而拒绝。"这一招果然奏效，李鸿章轻轻松松夺回了中国人对自己海军的控制权。

3. 实现方法

①聆听专业人士的意见；②留意对方是否是专业人士；③不要随便选择聆听的对象。

4. 日省吾身

①当你遇到难题的时候，通常会向谁倾诉？②为什么会选择他？③他可以向你提供专业意见吗？④有没有比他更好的人选？⑤一个正直、可以协助你的人，应该具备什么条件？⑥现在的聆听对象，是否可以给你有用的意见？⑦当你想知道现在的方向是否正确时，谁会比较适合给出意见？⑧当你要处理人际关系的时候，谁有经验可以指导你？⑨遇上危机，谁有处理的方法可以供你参考？⑩需要发展的时候，有没有人可以向你提供具有可行性的意见？

● 阶段四

1. 阶段特征

当你拥有地位，又懂得用人之术，你面前的发展机会就会无限扩大。此时你要聚集所有的资源，充分发挥自己的能力，令你得以强壮。如此，在任何环境下都能获得丰厚的回报。

2. 历史故事

发展洋务，经营国家

在平定太平天国、捻军，以及鸦片战争之后，李鸿章越来越意识到洋务运动的必然性。他知道凭借清朝现在的长枪大刀，根本不可能与西方列强对抗。于是，李鸿章开始运用自己的地位和人脉，大力组织发展洋务运动。

1865年，李鸿章在曾国藩的支持下，收购了上海虹口美商旗记铁厂，与韩殿甲、丁日昌的两局合并，扩建为江南制造局。与此同时，苏州机器局亦随李鸿章迁往南京，扩建为金陵机器局。同治九年，李鸿章调任直隶总督，接管原由崇厚创办的天津机器局，并扩大生产规模。于是，中国近代早期的四大军工企业中，李鸿章一人就创办了三个。同治十一年，李鸿章又创办了轮船招商局，这是中国第一家民营轮船公司。在之后的日子里，李鸿章开铁矿、煤矿，凭借一己之力，努力实现着富国强兵的夙愿，希望能够让清朝这艘偏离航线的巨轮重回正轨。

3. 实现方法

①灵活运用人才和资源；②拥有创造及发挥的空间；③善于实行计划，达成目标。

4. 日省吾身

①现在可供你利用的资源有多少？②可调度的人才有多少？③你希望达成的目标有哪些？④可执行的计划有哪些？⑤怎样在过程中发挥更大的效果？⑥每项目标的进度合乎预期吗？⑦你会如何协调人际关系呢？⑧有什么方法可以制止工作表现的滑落呢？⑨有什么空间可以发挥？⑩你会如何利用这个发挥空间？

● 阶段五

1. 阶段特征

正所谓前人种树后人乘凉，你今天稳固的地位并不是你一个人的功劳。个人实力当然是重要因素，但绝不是唯一因素。前人已经将制度制订完善，现在所欠缺的就是一个优秀的管家，而你正好担当了这个角色。

2. 历史故事

曾帅之后，国之栋梁

曾国藩作为清朝中兴之臣，在清朝历史中的地位极高，被称为"中兴以来，一人而已"。他儒雅的作风，内敛的性格，处事的技巧，高远的眼光，使其成为清朝中期以后独撑大局的第一人。

李鸿章拜在曾国藩门下，虚心学习，快速成长，使得他不仅仅成为曾国藩的得力助手，更是成为了他的接班人。当年曾国藩保举李鸿章为江苏巡抚，其实就是将李鸿章在当作自己的接班人来培养。

平定太平天国之后，曾国藩的湘军已经扬威全国。聪明如曾国藩，怎会不知道功高盖主的大忌，于是主动向朝廷请求裁撤湘军，但唯独保留下来了淮军。正是曾国藩的悉心培养，才使得李鸿章顺风顺水，走上了自己的政坛顶峰。

3. 实现方法

①坚守中正之道；②管理现在的制度；③不必寻求突破，顺其自然。

4. 日省吾身

①现在的制度足够完善吗？②如果不完善，现在是修改的时机吗？③有没有更好的时机完善制度？④现在的管理运转良好吗？⑤你会如何做好"管理者"的角色？⑥现在的角色对你来说有什么难度？⑦以你的能力来说，有没有合适的管理资质？⑧现在应守的本分是什么？⑨什么事情决不能出错？⑩若对制度有不明白的地方，应该向谁请教？

● 阶段六

1. 阶段特征

已经到了权力更替的时候，处于高位的你也已不再稳妥。虽然心中难免伤感，但你要接受万事都有始有终，没有永恒不变之事的事实。今天的下台，其实正是另一个新的开始，你仍有机会创造一个绚丽的未来。

2. 历史故事

大厦将倾，独木难支

李鸿章无论是在政治眼光上，还是外交能力上，都是晚清时期无出其二的人才。只可惜清政府这个巨大而锈迹斑斑的机器，早已到了被历史淘汰的临界点。即使有李鸿章这样的人苦撑大局，也难以挽回末日的结局。

甲午海战的失利，如一记重拳，将清政府这个巨人连同他的自尊一起击倒。李鸿章代表清政府，签订了臭名昭著的《马关条约》，清政府渐渐走到覆灭的边缘。

李鸿章临终时，将接班人的"椅子"交给了袁世凯这个他最看中的人物，亦如当年曾国藩将位子传给他一样。可他不知道的是，日后正是这个人，亲手埋葬了这个他苦苦支撑的大清王朝。

3. 实现方法

①接受改变的来临；②勇于改变，开始新的计划；③不必心存怨恨，万事皆属自然。

4. 日省吾身

①当转变的时刻来临时，你抵受得住吗？②你最难以接受的是什么？③你应该如何重新振作起来？④要开始新的计划，你现在必须做什么？⑤如何寻找新计划的方向？⑥在过程中，你会如何鼓舞自己？⑦有没有一句话能够让你立刻鼓足精神？⑧这种转变会令你产生怨恨吗？⑨若有新的计划，会朝哪个方向开始呢？⑩你想象中新的光辉未来是什么样子的？

要点总结

①团结同事，互助互勉；②收集专业意见，达成更高理想；③接受万事的可能性，尽快开始在新的地方进行"渗透作用"。

第五十八章　鼓　励

总体特征

在这一时期，你可以通过其他人的鼓励达成自己的目标。鼓励是人类力量最大的来源地之一，它可以启发人最高的合作性。在鼓励他人时，你可以在表面上展示你的温和善良，但在内心里一定要坚守毫不妥协的真理。这美好的气氛带来的是忠诚、合作和最后的成功。但要小心，不要让情况倒退至无法控制的欢愉或乐观的假象，心中一定要坚守道德的底线。

社交活动是现在的重点。你的鼓励会赢取你朋友的心，带来重要的社交成就。现在不是挑剔或主观的时候，不要对威吓的即时效应有错误的认知，威吓的效果很快便会消失，留下来的只有令人不快的印象。反之，你要在社会或团体里创造和谐，鼓励他人争取自己的目标。

在商业和政治事务里，对他人的友善、慷慨会为你赢得前所未有的忠心。为了有价值的目标，追随者会自觉担负起艰巨的任务，甚至不惜牺牲自己。同时，他们还会感到异常喜悦和自豪，从而令所有人受益。此时，领导者必须要坚定、正直，抱着鼓励他人的态度。

在人际关系中，你有机会以前所未有的深入程度进行沟通，深切的了解和互惠的态度令你的关系进展神速。如果你在教导自己的爱人，用鼓励的方式传授信息会取得很好的效果。但要记住你的目标，不要在欢愉里迷失自己。

一般来说，此时最好用在与他人的讨论上。由于沟通能力大大提升，你现在有机会和你四周的人进行深入的哲理性讨论。你可以公开检讨自己的原则和度量它们的效果，测试你的理想，发掘你的感受的最深层面，跟其他人讨论，从他们身上学习，找寻贯穿所有事物的真理。这样，你的性格会变得多样化和清晰。

进阶教程

● 阶段一

1. 阶段特征

这是一种能够独自享乐的心境，来自于个人内心对自己的鼓励，是超越环境限制的，不受其他客观因素的影响，让你可以笑着迎接每一个挑战。

2. 历史故事

少年优游，寄情山水

谢灵运，小名客儿，是南北朝时期杰出的诗人、文学家。

谢灵运出身于名门望族，陈郡谢氏辅佐东晋开国，功劳与琅琊王氏大抵相当。可以说，谢氏和王氏是那个时期最有影响力的两个大族，而谢灵运的母亲正是王氏中王羲之的独生女。

谢灵运生于会稽郡始宁，这里山水秀美，后来又被寄养在钱塘。两个地方陶冶了谢灵运的心灵，秀美的自然风景在谢灵运心中留下了不可磨灭的印记。这大概也是谢灵运为何如此钟爱自然山水的原因之一吧。

3. 实现方法

①鼓励自己；②超越环境的限制；③自得其乐，不必受控。

4. 日省吾身

①什么话可以让你鼓励自己？②有没有你能参考和学习的？③你觉得每天活得快乐的秘诀是什么？④如果这快乐不是物质给予的，你认为会是什么呢？⑤环境所给予你的限制和挑战是什么？⑥他们影响到你的心情了吗？⑦在你不快乐时，有没有知己良朋可以倾诉？⑧你会如何突破环境的限制？⑨若无法突破，你会如何面对它呢？⑩你需要做什么才能令自己更有魄力？

● 阶段二

1. 阶段特征

此刻，你的热诚是吸引一切事物助你发展的关键。旁人会因为你内心的澎湃感情而被激励，继而对你表示支持。你要善用这份支持，实现你的梦想。

2. 历史故事

初入仕途，热心功名

公元405年，二十岁的谢灵运出任琅琊王司马德文的行军参军，正式踏上仕途。这一时期的谢灵运热心于功名，迫切地希望在军国大事中能有一番作为。两年后改任豫州刺史刘毅的参军，这次调动看起来平平无奇，结果却影响了谢灵运的一生。

公元413年，刘裕击败刘毅，刘毅自杀，东晋两大军事集团用这种方式完成了重组，谢灵运被收编入京，担任秘书丞，但刘裕与谢灵运的芥蒂却已经根深蒂固。

3. 实现方法

①拥有对事物的热诚；②影响身边的人；③运用别人的支持达成目标。

4. 日省吾身

①你对哪些价值观比较执着？②它们会为你的人生增添什么色彩？③你能够正面地影响他人吗？④别人受你影响，会导致行动吗？⑤你值得及会得到支持吗？⑥若遭到别人的冷嘲热讽，你会如何坚持信念呢？⑦过程中最难挨的是什么？⑧如果长时间无法感染他人，你会放弃吗？⑨你有没有坚持到底的信念？是什么？⑩若有人对你表示支持，你会如何运用？

● 阶段三

1. 阶段特征

令你受到威胁的原因是你渴望得到满足感。人若长期沉迷于左右逢迎的关系上，只为满足个人的私欲，最终只会导致两面不讨好的下场。

2. 历史故事

理想丰满，现实无情

作为曾经的名门，谢氏已经不可逆转地走向下坡路，子弟凋零，尤其是在谢混被刘裕杀死后，谢氏一门已经没有人能够在政坛上真正起作用。"旧时王谢堂前燕，飞入寻常百姓家"，就是没落的王谢两族的真实写照。

谢灵运作为一个有理想的青年，曾经试图重振雄风。他曾经希望借助亲近士族的刘毅，实现自己的理想，结果被刘裕击败。刘裕起自寒门，对亲近东晋的各个士族权力打压，刘裕的最终胜利，使得谢灵运重振门风的愿望彻底被击得粉碎。

3. 实现方法
①满足享受地生活；②抑制个人私欲；③切勿对生活和关系过分讲究。

4. 日省吾身
①就职场而言，你是个满足于现状的人吗？②你对现在的工作环境中最不满意的是什么？③为什么会感到不安于现状？④什么事情会令你感到满足？⑤这些满足是否难以获得？⑥你是否过于追求这些满足感了？⑦现阶段有什么是需要留意的？⑧当你开始过分追求的时候，有什么人可以阻止你？⑨你会以什么信念处理这种心态？⑩有什么事情是你应该立刻停止做的？

● 阶段四

1. 阶段特征
避免与小人同席会令你的仕途越来越顺畅，所以有时割席的行为是必须的。你要远离他们的奉承，否则就会落入险境。

2. 历史故事

小人诬陷，遭受排挤

公元420年，刘裕代东晋自立，谢灵运的爵位由康乐公降为康乐县侯，食邑五百户。然而，这还仅仅是谢灵运厄运的开头。在接下来的几年里，他遭受了徐羡之、傅亮等权臣的排挤，甚至一度被迫离开京城。

公元422年，谢灵运出任永嘉郡太守，在职仅一年，便返乡隐居。仕途不顺的他，开始重拾寄情山水的乐趣，希望在自然美景间寻求到一些慰藉。

3. 实现方法
①保持清廉正直的行事作风；②远离小人；③识破别人的用心。

4. 日省吾身
①你的身边有小人出没吗？②他们会如何引诱你呢？③这些引诱令你难

以抵抗吗？④你会如何避免被引诱？⑤如果他们是你的朋友，你会怎样做？⑥要做到清廉的作风，有什么难度？⑦你的性格中有什么优点可以有助于清廉的作风？⑧你能察觉别人对你的用心吗？⑨要做到"光明正大"的君子作风，有什么难度？⑩你有没有信心远离小人？

● 阶段五

1. 阶段特征

现在是需要你做决断的时刻。当你受了这种影响，开始放纵个人的私欲，这并不是立竿见影的，而是一种慢慢的侵蚀，逐渐吞噬你那颗正直的心。你要小心，因为这种影响是由上而下的，令你难以抗拒，甚至不会察觉。所以你必须提高自己的警觉性，时刻准备迎接挑战。

2. 历史故事

仕途不顺，任性行事

宋文帝继位后，仕途不顺的谢灵运早已没有了昔日的雄心壮志，虽然权臣徐羡之、傅亮被杀后，皇帝一度召他入京，但只是让他做一些低等文职，在军国大事上从来没有咨询过他。心灰意冷的谢灵运开始任性胡为，常常称病不上朝，游山玩水，有一次甚至带领百余人深入山林，探寻美景，被临近的县府误以为是强盗。

谢灵运的所作所为不仅受到朝官的批评，皇帝对其也是十分失望，最终于公元428年被免职，结束了自己短暂的仕途生涯。

3. 实现方法

①提高警觉性，留意身边的每一个人；②保持个人的正义感；③拥有毅然断交的决心。

4. 日省吾身

①有没有人对你的影响十分巨大？②他是不是你难以抗拒的？③他有没有对你造成负面影响？④与他相处的同时保持个人的正直，难度大吗？⑤为什么这样难呢？⑥如果只可以选择一样，你会拒绝他，还是接纳他？⑦你对自己的警觉性有没有信心？⑧有什么人或事是你没有留意的？⑨在心态上，你要注意什么？⑩有没有一些人是值得交往的？

● 阶段六

1. 阶段特征

如果能力不足，只以逢迎的态度取悦于人是十分不明智的做法，你也许会因此受到别人的宠信，甚至得到权力，但这些都是转眼即逝，无法长久的。此时最重要的是看环境是否适合发展之用，以及个人的能力能够与之相配。总而言之，这就是个人能力的问题。

2. 历史故事

能力不足，雄心泯灭

即使赋闲回家，命运也没有放过谢灵运。公元431年，谢灵运再次被人诬告，声称其有谋反之心。谢灵运被吓坏了，连夜进京面圣辩解，才免于被害。宋文帝知道谢灵运是被诬告的，任其为临川内史。然而，毫无政治敏感性的谢灵运并没有把握住这次机会，仍然荒废政事，游山玩水，最终被司徒刘义康批捕。也可以说，谢灵运的能力配不上他的野心，所以在野心受挫后，只能在山水之间寻求安慰。公元433年，谢灵运被发配广州，随后又被文帝以"叛逆"的罪名杀害，死时只有49岁。

3. 实现方法

①留意个人的晋升之道；②留意环境的改变；③明晰个人实力的重要性。

4. 日省吾身

①你是以什么方法获得晋升的？②你得到权力的方法合乎正道吗？③你是凭借实力得到现在的地位吗？④当前的环境是否为你提供了适合发展的机会？⑤你觉得什么环境更加适合你？⑥现在的发展有价值吗？⑦你的个人能力适合发展之用吗？⑧你拥有足以匹配当前地位的能力吗？⑨环境的发展是否会影响你的晋升？⑩你现在的个人能力是否还有缺失？

要点总结

①切勿单纯顾忌个人私欲；②注意别人对自己的影响；③谨守个人的处事理念。

第五十九章　重新联系

总体特征

所有社会都经历过一种重要的时刻，就是将分离的力量"重新联系"在一起，去达到共同的目标。虽然这种时刻是罕有的、不常见的，但对于整个社会和个人的进步都有着深远的影响。本杰明·富兰克林对此有过形象的比喻："我们要不是相互扶持，就分别上吊。"

所有社会文化都有自己的社交上、政治上或宗教上的礼仪，这些礼仪的作用是将人们的精神联系在一起，打破纷争，使人的心和思想联结。此时你要采取任何所需的行动，将自己与社会、团体重新联系起来，打破隔阂，消除纷争和阻力。你一定要把自己投入一个对社会有真正影响的目标或工作中，把社会或组织成员联系在一起，这共同的分享必定会引发强烈的共鸣。

在人际关系和家庭关系中，这是一个十分重要的时刻。家庭是社会里最小的组成单位，也是社会的直接反应。一个社会或家庭遗忘了自己从哪里来的话，便不能知道自己要到哪里去。如果家庭成员没有利用家庭传统等做出定期的联系的话，成员便会慢慢离散，忘记自己的根。家庭关系是你生命中最重要的关系，所以如果你和他们是疏离的，便要下功夫消除令你们隔离的原因，重新建立联系。

这"重新联系"的时刻还直接和你的个人修为有关。你需要重新确定内心的信念，重新认识真正的根，并把自己和你的根"重新联系"起来。

进阶教程

● 阶段一

1. 阶段特征

刚刚离散是最容易聚合起来的，不论在事业上还是关系上，你都将有足够的资源和方法，将欲分离的部分重新连接起来。

2. 历史故事

天下大势，合久必分

"天下大势，分久必合，合久必分。"在东汉末年，由于外戚与宦官轮流执政，皇室衰弱，导致各地郡守、州牧纷纷拥兵自立，原本大一统的国家已经有了分崩离析之兆。

黄巾起义给了东汉王朝致命的打击。在镇压起义的过程中，各地诸侯招兵买马，互相吞并，东汉皇室再也无法制止诸侯，政策不由己出，权力下移已经成为不可逆转的趋势。在这种形势下，众多人物被推上历史的舞台，"治世之能臣，乱世之奸雄"的曹操，也迎来了展现自己能力的"乱世"。

3. 实现方法

①审视需要重新维系的部分；②运用拥有的资源帮助自己；③及时做出应对。

4. 日省吾身

①现在有没有需要修补的事情？②事情的演化是不是如想象的那样严重？③有必要做出行动吗？④可做出的行动是什么？⑤若事情无法补救，会造成什么损失呢？⑥现在有什么资源可以帮助到你？⑦与别人重新建立联系，需要什么支援呢？⑧有没有后备计划？⑨若出现问题，你能够意识到吗？⑩怎样才能快速着手解决问题？

● 阶段二

1. 阶段特征

在你前进的道路中，将有不同的险阻出现，这是每个人都要经历的必经阶段。只要坚毅不屈，最后的结果通常都是好的，收获也是丰厚的。

2. 历史故事

治世能臣，崭露头角

曹操，字孟德，东汉时期著名军事家、政治家、文学家。曹操为曹嵩后人，得祖上荫蔽，举孝廉，入朝为官。当时的京城中皇亲国戚聚居，十分不好管理。曹操一上任，便一改前任懦弱的行事风格，申明禁令，严肃法纪。当时皇帝宠信的宦官蹇硕的叔父蹇图违法，曹操毫不留情，用五色大棒打死，于是"京师敛迹，无敢犯者"。可惜曹操生活的年代不是盛世，而是没落的东汉王朝，他的刚硬得罪了许多权贵，也因此被调离京师。看清了形势的曹操，也放弃了自己作为"治世之能臣"的夙愿，开启了"乱世之奸雄"的道路。

3. 实现方法

①坚忍前行，奋斗不息；②相信明天会更好；③接受现阶段的状况，等待情况好转。

4. 日省吾身

①你是否已经开始行动？②有没有出现阻碍？③此刻你的感受是什么？④有什么事情令你不知所措？⑤有什么情况是你没有能力面对的？⑥你会如何克服困难？⑦你相信以后会获得丰厚的回报吗？⑧现在你抱持的信念是什么？⑨怎样才可以将信念"贯彻始终"？⑩若现在折返，所蒙受的损失会更大吗？

● 阶段三

1. 阶段特征

有些人的志向是外向的，希望得到更大的成就，建立新天地。新的道路是艰难的，布满荆棘，不过你放心，这些苦难只是你开拓一切的开始，布满的荆棘代表你前往的正是一片杳无人迹的新天地。

2. 历史故事

宦官造次，陈留起兵

公元189年，汉灵帝驾崩，大将军何进想要趁机剪灭宦官势力，结果却被反杀。同年并州牧董卓进京，把持朝政，废帝杀官，政由己出。

公元190年，袁术等人推举渤海太守袁绍为盟主，汇合十八路诸侯共同征讨董卓，掀起了轰轰烈烈的勤王战争。

此时的曹操被任命为奋武将军，参加讨伐董卓的战斗。但由于各路诸侯各怀私心，互相掣肘，导致义军无法获得决定性的胜利。心灰意冷的曹操也开始发展自己的势力，剿灭黄巾余党，扩大自己的地盘，为接下来的几场恶仗奠定后方基础。

3. 实现方法

①积极勇敢地走出去；②四处查看当前的环境；③将所有的艰难视为开拓。

4. 日省吾身

①你对前景有信心吗？②什么地方是你最有信心发展的呢？③什么地方暗藏危机，令你不愿前行呢？④现阶段的环境中有没有吸引你的可发展因素呢？⑤有没有制订发展的计划？⑥有什么资源可以利用？⑦有没有人事上的助力？⑧有什么事情暂时不用理会呢？⑨你会如何发展？⑩三年内需要发展到什么阶段才算合格？

● 阶段四

1. 阶段特征

危机也可以是展现人与人之间美善关系的时刻。种种危机的出现，迫使原本处于分离状态的人开始联合起来，团结的力量开始萌发。你必须留意这个聚散交换的关键时刻，明白当中的规律所在，并投身其中。

2. 历史故事

选贤任能，整顿军备

在乱世之中，得人者得天下。曹操深知其中的道理。于是，曹操在吞并了兖州刺史刘岱的地盘，又获得济北相鲍信的支持后，开始大肆招兵买马。这一时期，不仅众多谋士、武将投靠了曹操，他还甄选军队，将其中的精锐组成了一支战斗力极强的军队，号称"青州兵"。这支军队也成为他日后逐鹿中原的基础。

3. 实现方法

①切勿分散力量，要化零为整；②团结是解决问题的基础；③倡导团结。

4. 日省吾身

①留意别人的困境是什么？②你能够帮助别人吗？③在精神上或物质上，你可以提供什么帮助？④可以团结更多人吗？⑤现在有没有领袖？你会不会是合适的人选？⑥若你也正面对困难，是否还愿意帮助他人？⑦有没有难以跨越的心理关口？为什么？⑧你会怎样跨过呢？⑨现在团队的凝聚力如何？⑩现阶段大家可以一同做的是什么？

● 阶段五

1. 阶段特征

可能你正在受人领导，也可能你在领导别人，总之，你是在危难之中艰难前行。现在团队需要的是一位领导者，凭借他的实力和领导力，将前面的阻碍一一破解。这时候，团队的向心力会达到最高的境界。

2. 历史故事

官渡之战，平定北方

曹操的势力迅速发展壮大，在先后剿灭吕布、张绣、袁术等势力后，终于迎来了最强大的敌人——袁绍。

公元199年12月，曹操亲自率军驻扎在官渡，与袁绍展开对峙。此时的袁绍兵多将广，而军队数量处于绝对下风、军粮紧缺的曹操看起来仿佛没有任何胜算。此时，甚至很多曹操身边的官员都开始暗自写信给袁绍，希望能在曹操败亡后投靠他，为自己找寻后路。但曹操却是一个真正的领袖，他知道在如此困难的时候自己需要什么。他用超乎常人的决心和毅力坚守着自己的阵地，最终等来了期盼已久的机会。他率军奇袭了袁绍屯粮的乌巢，造成袁绍军队的混乱，继而一鼓作气击败袁军主力。

官渡一战，奠定了曹操统一中国北方的基础，他也由此成为当时势力最强大的诸侯。

3. 实现方法

①精明的领导力；②良好的跟随者；③拥有解决问题的能力。

4. 日省吾身

①现在团队的向心力足够吗？②大家愿意一同面对困难吗？③谁可以领导现在的状况？④你觉得自己有能力控制局面吗？⑤若真需要你来处理，你会如何做？⑥你对自己的领导力有信心吗？⑦作为一个追随者，你会多投入吗？⑧应该如何鼓励每一个人共同为团队付出呢？⑨前面的阻碍还有多少？⑩解决问题的计划是什么？

● 阶段六

1. 阶段特征

当所有困难都被解决，就到了避免同类事件再度发生的时候。人需要作出检讨，防范下一次危机再临。同时，也要通过这次危机，明白团结的重要性。

2. 历史故事

立储危机，前车之鉴

官渡之战后，曹操东征西讨，终于统一了中国北方，与江南的孙权势力、蜀地的刘备势力三分天下，形成了对峙的局面。

此时，摆在曹操面前的一个重要问题就是选定继承人。经历了东汉末年皇室衰弱的曹操，深知继承人责任重大，因此在曹丕与曹植两个人中举棋不定，不知道应该立谁为嗣。

曹丕与曹植各有优势，曹丕善于谋略、年纪又长，但曹植才华横溢，深得当时士人的喜爱，拥有团结士族的资本。拿不定主意的曹操只能向他的智囊贾诩询问，贾诩只回答了曹操一句话："你还记得袁绍、刘表是如何败亡的吗？"

曹操恍然大悟。原来袁绍有三个儿子，袁谭、袁熙、袁尚，三人不和，各自拥兵，结果被曹操各个击破。刘表有两个儿子，结果废长立幼，导致被曹操所灭。于是下定决心的曹操立年长的曹丕为继承人，同时极力打压曹植的势力，为曹丕在后来取代汉朝，登基为帝打下了坚实的基础。

3. 实现方法

①做出检讨及评估；②建立危机管理系统；③了解团结的重要性。

4. 日省吾身

①导致问题出现的主因是什么？②应该在什么地方进行防范？③有没有一些地方是没有注意到的？④若要建立危机管理系统，内容会是什么呢？⑤应该在何时建立好系统？⑥谁去管理比较合适？⑦有没有对事件做出过评估？⑧应该向团队灌输什么价值观呢？⑨在以后面对挑战时，什么信念最有价值呢？⑩什么样的危机是最大的？

要点总结

①聚散是自然规律，要懂得其中的道理；②危机是合一的转机；③必须建立完善的危机管理系统。

第六十章　限　制

总体特征

在自然界中，万事万物都处在规律的"限制"之中，无法逃脱。甚至人类文明，也是因为种种"限制"而存在的，如日历就有可能是最早的有关规律和"限制"的文献之一，而它记载的就是在大自然四季更替的限制中，人类如何有秩序地进行生产生活。从某种意义上说，"限制"令生命和个人变得更有意义。

在这一时期，节俭变得尤为重要。你要"限制"自己的支出和投资，无论是金钱上、精力上，还是感情上，都是如此。聪明的做法是避免任何"极端"的行为——既不要过分热情，也不要无动于衷。如果你此时正打算做出革命性的改变，或漠不关心的退守，那么这些做法在这一时期就会显得不合时宜。

在商业事务中也要做出适当的"限制"，可能这些规则的限制会让人觉得十分麻烦，但在这时的经济状况下，这是聪明的做法。种种财务上的开源节流，可以让你在危机来临前做好充足的准备，也可以让你和你的同僚在经济环境的改变中拥有保障。当然，也不要"限制"太多，不然会破坏你的人际关系。

在人际关系中，要约束任何极端的思想、感情和行为。接受你所爱的人的本来面目，会让你们的关系更加巩固。如果你对别人的"限制"太多，只会让你们的关系产生裂痕，招致不快。此时你应该限制的，是你自己对这关系的依附程度。

在个人修为上，自我"限制"的克己行为将能够很好地提升你的道德水平，当你为自己订立了方针和原则时，便可以去追求真正有意义的事情。没有"限制"，你会因无限的可能性而迷失自己，这样的人很难对一件事情做出真正的承诺。现在要刻意"限制"自己，但小心不要被"限制"所捆绑，变得束手束脚，甚至不敢采取任何行动。你对自己的"限制"应该是符合自然规律的，这些限制将引领你获得伟大的个人成就。去接受这些限制，做出适当的行动，你的前途便会一片光明。

进阶教程

● 阶段一

1. 阶段特征

因为地位和权力都不够，所以现在不是争一日之长短的时候。记住，来日方长，先稳固自己的根基，克制自己的冲动欲望，增强自己的能力，等待时机的来临。

2. 历史故事

贪图权力，祸乱开端

"八王之乱"是西晋时期一次历时十六年的动乱。在这段时间内，西晋王室互相残杀，兵祸连年，西晋刚刚完成的大一统局面分崩离析，北方少数民族趁机入侵中原，对日后的政治、经济、文化造成了深远影响。

"八王之乱"的开端，还要从一个人对于权力的欲望说起。杨骏是晋武帝司马炎的岳父，因为女儿受宠，自己也深得晋武帝的宠信，与弟弟杨珧、杨济势倾天下，时称三杨。公元290年，晋武帝病重，本意让杨骏与汝南王司马亮共同辅政，但杨骏害怕司马亮与其争权，因此将晋武帝软禁起来，篡改诏书，改为自己单独辅政，并命司马亮前往许昌上任，离开权力中心。

杨骏的做法引起了西晋宗室的不满，仅仅一年之后，晋惠帝的皇后贾南风联合司马亮和楚王司马玮，发动政变。司马玮带兵进京，杀死杨骏，夷三族，株连而死者数千人。

3. 实现方法

①切勿与人争胜；②积蓄个人力量；③开源节流。

4. 日省吾身

①当有人向你挑衅的时候，你能够忍耐、不鲁莽出手吗？②若要有所发展，需要积蓄什么资源？③发展的最佳时机是什么？④看到别人晋升得更快，你会陷入"恶行比较"吗？⑤与别人相比，你有哪些不足之处？⑥有什么方法可以弥补这些不足？⑦留意自己的处境，有什么是需要先稳固的？⑧在积蓄力量的过程中，会遇到什么困难？⑨什么事情是难以限制的？⑩如何开拓渠道，达到开源节流呢？

● 阶段二

1. 阶段特征

可以发展的话就不要等待，因为机会是转瞬即逝的，必须及时把握，才不会追悔莫及。面对大好的发展良机，有些支出在所难免。不过，要保持敏锐的触觉和锲而不舍的决心，仔细留意每一个细节，所付出的就必定会有回报。

2. 历史故事

逡巡犹豫，失机被杀

杨骏死后，汝南王司马亮与老臣卫瓘把持朝政，策划政变的贾南风与带兵勤王的司马玮都没能独揽大权，因此心生不满。就在杨骏败亡的同一年，贾南风再次矫诏，命司马玮杀死了辅政的司马亮与卫瓘。

司马玮杀死司马亮与卫瓘后，他的门客岐盛献策道："现在天下大势在阁下，阁下应该趁机废除贾后的势力，这样才可以独揽大权，免去后患。"但司马玮却犹豫不决，失去了先机。贾南风害怕司马玮权力太大，用张华的计谋，称司马玮矫诏杀死大臣，命军士押解司马玮认罪伏法，就这样兵不血刃地杀死了不可一世的楚王。

3. 实现方法

①拥有捕捉机会的敏锐触觉；②拥有达成目标的决心；③敢于付出，拼搏奋进。

4. 日省吾身

①有没有留意每一个发展的良机？②以现实的处境来看，你能付出的极限是什么？③若需要付出更多，你愿意继续增加投入吗？④怎样才能让你不会在持续的付出中放弃呢？⑤是什么在鼓励你勇于付出？⑥什么事情会成为你达成目标的推动力？⑦有什么心态是必须摒弃的？⑧要获得更大的成就，需要增加多少投放的资源？⑨有什么细节是必须留意的，否则就会招致失败？⑩要达到"锲而不舍"的状态，你还差多少？

● 阶段三

1. 阶段特征

在这一阶段，人会因为失去了节制而过上纵情放荡的生活。这种不自制的行为会导致在财力、精力及个人关系上的完全失控，产生不良的影响。"节制"是一种美德，你现在所要做的就是节制自己的欲望。

2. 历史故事

不知节制，乱局愈烈

贾南风杀死司马玮后，终于大权独揽，开始树立党羽，她的亲戚党羽，如其族兄贾模、内侄贾谧、母舅郭彰这些亲党，多被委以重任。贾皇后还起用当时名士张华为司空，世族裴颜为尚书仆射，裴楷为中书令，王戎为司徒。

至公元299年，贾南风已经掌权八年，但因为没有儿子，无人继承自己的权力就成为她的一块心病。当时的太子司马遹聪明伶俐，一旦登基为帝，绝不会任由贾南风摆布。于是，贾南风设计陷害太子，囚禁于金墉城，最终将太子杀死。此时，太子太傅赵王司马伦早已觊觎权力多时，在看到贾南风一系列的屠戮宗室的表现后，终于发动政变，将贾南风废为庶人，并最终杀死于金墉城。

3. 实现方法

①克制私欲，学会节制；②订立个人收支表和时间表；③懂得"需要"和"想要"的区别。

4. 日省吾身

①你现在的收支状况是平衡的吗？②你的哪一方面的支出可以减少？③买东西时，会先考虑自己到底是"需要"还是"想要"吗？④如何控制自己不过度消费呢？⑤怎样可以令你的精神得到恢复呢？⑥有没有订立收支表的习惯？⑦什么事情会破坏你节俭的习惯？⑧有什么支出——不论是精神上的还是财物上的，会令你难以抗拒？⑨若你自己做不到节制，有没有人可以帮助你？⑩你愿意在何时约见这些人？

● 阶段四

1. 阶段特征

节制是一种个人的修养和品格。在这一阶段，你必须学会节制，不要因为财富和地位的增加而放纵自己，追求奢侈的享乐。应该满足于简单朴素的生活，将精力用在有价值的地方，这会助你成就一番事业。

2. 历史故事

金玉满堂，莫之能守

石崇，字季伦。西晋时期著名的富豪。石崇任荆州刺史时，依靠抢劫远行的商客，积累了巨额财富。但他行事不拘小节，傲慢粗暴，依靠贾南风为政治靠山，与贾谧等人亲善，号称"二十四友"。

贾南风在政变中倒台后，坐拥巨额财富的石崇也没能幸免。当时赵王司马伦为了巩固自己的地位，急需大量财物来收买朝中官员，于是就将目光锁定在攀附贾党的石崇身上。公元300年，也就是贾南风倒台的同年，石崇被司马伦党羽孙秀诬陷，夷灭三族，家财全部充公，一代巨富就这样走完了自己的一生。

3. 实现方法

①保持知足常乐的心态；②留意诱惑并断然拒绝；③将精力用在有价值的地方。

4. 日省吾身

①对于现在的你，节制的生活是否是一种枷锁，令你不自在呢？②怎样才能令节制变成习惯？③你对于现在的所得感到满足吗？④身边是否有人或事引诱你去放纵自己？⑤当诱惑真的出现了，你会如何拒绝？⑥如果有一件事会令你沉迷其中，会是什么事？⑦你现在会将多少时间和精力花费在上司身上？⑧在工作中你还有进步的空间吗？是什么？⑨怎样才能做到"鞠躬尽瘁"的工作状态？⑩现在公司的发展需要什么样的岗位和技能？

● 阶段五

1. 阶段特征

节制并不是断绝一切消遣，而是确保每件事不会超出应有的支出，达到收支的平衡，令人过上一个安稳妥善的生活。

2. 历史故事

平衡不再，分崩离析

纵观"八王之乱"，很大一部分原因是西晋王室的权力中心没能保持权力的制衡，于是倾斜的天平下，位高权重者任意杀戮，致使众多名士，如陆机、陆云、张华、卫瓘等人纷纷被杀，严重动摇了西晋统治的根基。

无论是独自辅政的杨骏，还是后来的司马亮、司马玮、贾南风，以至后来的司马伦、司马乂、司马越等人，都是在这种形势下被推进政治权力的漩涡中的。

没有了皇权的制约，西晋王室惨烈的内斗，极大地削弱了国力，连年战斗造成的内耗也让西晋无力再去抵抗北方少数民族的入侵，甚至还有王室成员勾结北方少数民族，壮大自己的势力，为后来匈奴、鲜卑等族入侵中原埋下了隐患。

3. 实现方法

①明白必要的支出不等于放纵；②明白必要的支出是合理的；③在每一件事情上设立限制，防止过度。

4. 日省吾身

①在你的所有支出中，哪些是不能节省的？②现在是否有一些不必要的支出？③你会如何控制不合理的支出，避免其继续增加？④你是否为支出设立不得越过的底线呢？⑤如何平衡各项支出？⑥有没有一些支出的细节需要留意？⑦控制支出最大的阻力是什么？⑧新政策出现后，是否有一些漏洞没有注意？⑨现在的支出用于什么"开源"的项目上？⑩保持节俭之余，是否忽略了别人的需求？

● 阶段六

1. 阶段特征

当节制失去平衡，变得过分节约，就会成为"守财奴"。过分注重金钱会令你忽略其他人的感受，这会是很危险的情况。

2. 历史故事

卖李贪财，贻笑大方

王戎是西晋时期的名士。晋惠帝时候，王戎敏锐地察觉到天下将乱，于是不理政事，寄情于山水之间，整日游山玩水。但即使是这样，身为贵族的王戎也没能幸免，多次被卷入权力的争夺战之中。"八王之乱"中，王戎逃奔至陕县，公元305年去世。

不过王戎最为后人熟知的却是另外的一些事情。据说王戎十分吝啬，虽然家财丰厚，但却做出了许多让人忍俊不禁的事情。王戎家中有棵很好的李树，王戎欲拿李子去卖，又怕别人得到种子，就事先把李子的果核钻破。王戎之女嫁给裴頠时，向王戎借了数万钱，很久没有归还。女儿回来省亲时，王戎神色不悦，直到把钱还清才高兴起来。王戎的侄子要成婚，王戎只送了一件单衣，完婚后又要了回来。时人谓王戎为"膏肓之疾"。

通过这三个例子，王戎的吝啬可见一斑。

3. 实现方法

①平衡节制的程度，不要过分节制；②学会慷慨解囊，独乐不如众乐；③寻找生命的更高价值。

4. 日省吾身

①你在现实生活中是否过分节制？②你有什么可进步的空间？③想要做到"慷慨解囊"的地步，你需要付出什么？④要改变现状，你需要放弃什么心态和信念？⑤应该怎样在"放纵"和"守财"中间保持平衡？⑥有没有参与一些公益慈善活动？感觉如何？⑦如果要令自己的生命更有意义，应该做些什么？⑧在丰富自己生命的过程中，有什么难以放下的事情？⑨过分守财，令自己不愿帮助有需要的人，会给你造成什么影响？⑩有没有其他人或事可以帮助你？

要点总结

①节制的生活，是成就大业的开始；②学会平衡，不放纵也不紧缩；③支出不一定意味着失去，有可能带来更多的回报。

第六十一章　启　示

总体特征

在这一时期，你要对自己的内在力量充满信心，全面审视和接触当下的环境，了解自己的能力，明晰自己的优势所在。要组织自己的力量，以最小的代价获得最大的利益。

当你仔细分析过所处的环境，衡量了自己的能力强弱、才能优劣，就可以暂时停下来，花些时间向内审视自己的内心、性格、原则和自我。从一个客观的角度进行自我审视，然后获得更加真切的了解和"启示"。尝试将自己带入另一个人的性格或位置中，用旁观者的角度看待环境和自己，你不会因此而失去自己的观点，也不会损坏你的原则，反而会得到一些重要的"启示"，从而更加深入地了解自己和环境。这些得来的"启示"对你十分有利，你会知道如何正确地说话，怎样进行最高效的行动，以及如何控制局面。

在人际关系中，把友谊建立在崇高的真理之上，这会形成更加坚固持久的联系，而不是流于简单的接触或无聊的消遣。一般来说，此时是建立亲密关系的好时机，然后利用这有利的关系去达成重要目标。谨记在任何事情上都保持正直的操守和端正的态度。当你获得"启示"后，不需要做出激进、猛烈的行动，有时候几句有意义、带着怜悯的话可以获得更多成就。

通过启示，你可以更加全面地了解自己的性格、目标和价值，这有助于你处理任何所处环境中的事情。带着这份"启示"，你可以用真正的理想带领其他人一起迈向成功，或者回归到个人，选择安静、健康的生活，避免纷争，获取人与自然的和谐。总之，无论你做什么，都会获得足够丰富的体验。

进阶教程

● 阶段一

1. 阶段特征

在这一阶段，你需要进行客观、长远、深入的思考，来决定接下来应该做的事情。这个决定对你来说十分重要，会是今后一切动力的来源。一旦经过深思熟虑得出答案，选定目标，就要坚定不移地向着目标努力。

2. 历史故事

隆中对策，三分天下

诸葛亮，字孔明。三国时期著名政治家、军事家。青年时期的诸葛亮隐居在襄阳隆中，常自比管仲、乐毅。诸葛亮虽然是足不出户，但对于天下形势的发展变化却是十分明了。

当时，刘备经名士司马徽的推荐，前往隆中请诸葛亮出山，两人见面后，诸葛亮为刘备陈说了自己对于当时形势的认知，以及刘备下一步行动的目标：

当今天下，曹操用兵北方，根基牢固，不可取；孙权依靠长江天险，只可以用为援军。荆州、益州两地，州牧暗弱，有机可乘，如果能够兼并二州之地，便可以三分天下。

诸葛亮三分天下的计策让刘备恍然大悟，终于明确了之后数十年的基本国策。

3. 实现方法

①进行客观、长远、深入的思考；②通过分析及听取意见后做决定；③坚定不移，不惧风雨。

4. 日省吾身

①回顾过往的日子，有没有进行过一段长时间的思考？②对于一个重要的决定，你会花多少时间进行思考？③做决定之前，有没有进行深入、细致的分析？④有没有一些人的意见可供参考？⑤事前做好资料收集工作了吗？⑥你是否会贯彻自己的决定？⑦有什么方法可以消除你的疑虑？⑧在你通盘考虑之后，得出了什么结论？⑨现在要达成什么目标？⑩从长远来说，你要建立什么目标？

● 阶段二

1. 阶段特征

在这个阶段，你要格外注重人际关系，而这关系是建立在互相信任之上的，需要彼此的付出，做到"有福同享，有难同当"。你要在自己的人际网络中，寻找到一个可以支持你的人。

2. 历史故事

人际关系，赢得支持

诸葛亮出山后，刘备对其言听计从，经常一起商谈天下大事，关系也日渐亲密。这让一直跟随刘备打天下的将军关羽、张飞十分不悦。刘备看出事情的端倪，找到关、张二人，说道："我们自镇压黄巾起义以来，连年征战，虽然取得过一些战斗的胜利，但是时至今日仍如丧家之犬，没有一个落足之地，只能依附于他人度日。这是因为什么？就是因为我们没有一个能够认清天下形势的高人相助。如今我有了孔明，就像鱼儿得到水一样。所以我希望你们不要再抱怨孔明了。"关、张二人从此不再抱怨，而诸葛亮也用一系列的行动，最终赢得了他们的信任，彼此建立起了牢固的关系。

3. 实现方法

①切勿在人际关系中将利益摆在首位；②以真诚、信任、开放的态度对待朋友；③在不同的环境中互相帮助。

4. 日省吾身

①在你的工作环境中，是否有值得你真诚付出的人？②你愿意和这个人成为"有福同享，有难同当"的知己吗？③能够在这种关系中坦诚互信、互相交流吗？④若你获得成功，愿意与他分享吗？⑤如果你的朋友遇到问题，你会怎样帮助他解决？⑥将来你得到提携的时候，会怎样帮助他呢？⑦一个可令你对他真诚相处的知己，应该有什么特质呢？⑧你们有没有一同商讨过未来的发展目标呢？⑨你会怎样维系与他的关系呢？⑩在这段交往过程中，有什么需要注意的？

● 阶段三

1. 阶段特征

在这个阶段，你和队友同仇敌忾，同心协力，共同对抗困难，团结将是取胜的关键。你可以想象或已体验到真正大获全胜的时候，那种喜悦之情是多么让人激动，然后让自己动力十足，继续努力，胜利就在眼前！

2. 历史故事

联合孙权，大战赤壁

公元208年，曹操率兵大举南下，意图一举扫平江南，而荆州正是他的第一个目标。刘备原本依附于荆州牧刘表，刘表死后，失去靠山的刘备很快被新的利益集团所排挤，被迫从樊城向南退走，败退至夏口。

诸葛亮准确分析了当时的局势，自荐前往柴桑做说客，与孙权的重要谋士鲁肃结为朋友，共同说服孙权联合刘备，抵御曹操。在面见孙权时，诸葛亮向孙权展示了赤壁之战的形势：曹操军队多为山东的青州军，不习水战，而且疲师远征，已经是强弩之末；新加入曹军的荆州兵并不是忠于曹操，只是迫于形势，所以不会卖力战斗；所以只要孙刘联盟，就一定能够战胜曹操。

听到诸葛亮分析的孙权信心大增，决定联刘抗曹。最终在赤壁大战中，大胜曹军，巩固了自己在江南的势力，而刘备趁曹操败退至北方之际，连续攻占四郡，拥有了自己的立足之地，为之后的三分天下打下了坚实的基础。

3. 实现方法

①保持团队的团结；②拥有坚持到底的决心；③想象他日欢庆的时刻。

4. 日省吾身

①面对困境，团队的凝聚力可以发挥什么作用？②这些作用是否会提高处理事情的效率？③如何才能一直保持这种积极、有建设性的团队精神？④如何避免团队"向心力"的流失？⑤有没有一些人或事减低团队的向心力？⑥如果在未来取得成功，你会如何与队员庆祝？⑦回顾整个过程，有没有一些人的感受是需要注意的？⑧有没有什么方法，可以令每一个团队成员都保持良好的状态？⑨就你来说，你与团队中每个人的关系如何？⑩你认为自己在团队中足够投入吗？

● 阶段四

1. 阶段特征

正所谓人往高处走，水往低处流，为了获得更高的权力，选择不断往高处走，寻求地位更高之人的支持就势在必行。在这个过程中必定会有所付出，要好好调整自己的情绪，端正心态。

2. 历史故事

择主而事，献策益州

刘备占领荆州等地后，又将矛头指向益州。益州牧刘璋软弱无能，手下的智能之士纷纷寻求新的主公，法正就是其中之一。

当时曹操准备攻打汉中，刘璋害怕曹操夺取汉中后又觊觎益州，十分心忧。法正趁机劝说刘璋迎接刘备前往益州，抵御曹操。刘璋便命法正为使者，前往游说刘备。法正趁机向刘备献策："阁下是命世英才，刘璋无明主之能，可以张松为内应，夺取益州；以益州的富庶为根本，凭借天府之国的险阻来成就大业，易如反掌。"诸葛亮认为想要夺取天下就必须占据荆州和益州，法正、张松的倒戈实乃天赐良机，于是刘备应允，随即率军入蜀。

3. 实现方法

①留意发展机会的出现，好好表现自己；②懂得"付出才有回报"的道理；③给予自己时间进行选择。

4. 日省吾身

①你所处的环境中是否存有发展空间？②你如何在这些发展空间中表现自己？③为了获取更好的未来，你愿意现在付出多少？④你有没有为了未来拼搏的心态？⑤你需要多少时间进行考虑，才能制定一个能够贯彻始终的目标？⑥怎样做决定才能无愧于心？⑦如何才能义无反顾地遵循自己制定的目标？⑧有没有难以放下的事情阻碍你进行选择？⑨在什么环境中，你会萌生放弃的想法？⑩你愿意为目标奋斗多久？

● 阶段五

1. 阶段特征

要保持你的真诚，不允许自己有一丝虚假，让众人由衷地信服你的管理，相信你的每一个决定。此时正是你大展宏图的时候，向着你预定的目标前进吧。

2. 历史故事

身居丞相，治理蜀国

刘备在成都称帝后，诸葛亮作为蜀汉的丞相，安抚百姓、遵守礼制、约束官员、慎用权利，对人开诚布公、胸怀坦诚，为蜀国形势稳定做出了重要贡献。

在用人方面，诸葛亮赏罚分明，为国尽忠效力的即使是自己的仇人也加以赏赐，玩忽职守犯法的就算是他的亲信也给予处罚，只要诚心认罪伏法就是再重的罪也给予宽大处理，巧言令色逃避责任就是再轻的过错也要从严治理，再小的善良和功劳都给予褒奖，再小的过错都予以处罚。正是因为他用心端正坦诚而对人的劝戒又十分明确正当，终于使蜀国上下的人都害怕却敬仰他，使用严刑峻法却没有人有怨言。

3. 实现方法

①保持廉洁的作风；②正视法律及规则；③有效的管理方法。

4. 日省吾身

①如何才能保持整个团队清廉的风气？②有没有提高效率的管理方法？③你此刻所扮演的角色，应该有什么特质？④有没有一些事情是需要留意的？⑤如果会有危机出现，哪里最适合隐藏？⑥有没有制订管理计划？⑦计划的内容包括什么？⑧团队内部还需注意什么？⑨如果内部问题已经解决，应该如何对外发展？⑩有多少个项目，是需要多人配合完成的？

● 阶段六

1. 阶段特征

对人的信任是一起共事的基础，但信任发展过分，就会成为"迷信"，这就会带来危机。如果认为只要有信任就不会招致凶险，这样的人反而更易遭遇困境。

2. 历史故事

误用马谡，北伐失利

诸葛亮用人，向来是用人不疑，疑人不用。他对每个自己的手下都充满了信任，但有时候这份信任却给他带来了不小的损失。

公元231年，诸葛亮率军攻打祁山，当时曹魏大将军曹真病重，司马懿领兵据守。五月，诸葛亮派遣魏延、高翔、吴班等人大败司马懿，形势一片大好。可就在此时，诸葛亮对其信任有加的运粮官李严却因为个人失误，没能保证蜀军充足的粮草，诸葛亮害怕粮尽被困，只得放弃北伐，退回蜀国。

3. 实现方法

①要懂得平衡对他人的信任和对自己的诚信；②寻找可以提醒自己的人；③保持警惕，常做自我检讨。

4. 日省吾身

①现在的你是否过于信任他人？②是否太在意自己的承诺？③是否想过过于信任他人的危害呢？④有没有一些人是你疏于防范的？⑤你会如何保持警惕性，令自己不随便相信别人呢？⑥有没有人提醒自己呢？⑦怎样才能提醒自己不要太自信呢？⑧如果有人要欺骗你，应该怎样应对呢？⑨你是否会坚守自己的承诺呢？⑩有没有留意到四周潜伏的危机呢？

要点总结

①人无信不立，要以诚信待人；②保持自己的正直品性；③凡事不必过于执着，懂得灵活回应。

第六十二章　谨　慎

总体特征

当你处理各种事务时，一定要尽可能地"谨慎"，把握时机的能力从来都没有像现在这样重要过。要学会自我控制，留意每一个细节，此时并不适合追逐远大的理想，要把精力放在日常生活之中，不要遗漏任何细节。

在权力和政治事务上，有可能你正处在一个需要负太大责任的位置，而你却并不适合这个岗位。这个时候你要格外地小心谨慎，尤其留心处理问题的方式，不要遗漏任何细节，亦不要做出公开声明或言论。现在不是做大事的时机，对你现在的职务和责任来说，"谨慎"的态度才是恰当的。

留意你所有的经济活动，节省开支。如果你在考虑一些大胆的投资，或者其他特别的收入的话，更要小心谨慎。不要贪图一时的小利，谨慎的投资态度才能将你引向成功之路。

在人际关系中，你会发现最有利的方法是跟随既定的社会模式，任何炫耀或自命不凡都会带来灾难，使你处在危险的位置上。简单而真诚的态度反而会令你融入四周的环境之中，取得和谐。此时成功的关键是社交中的礼貌。

在个人情感中，此时你的情感体验不会是深刻的，相反，你会发现自己有很多琐碎的情绪上的烦恼，但你如果花时间深思这些虽然细小但极具戏剧性的感受的话，仍然会有所获益。这时候你要扮演自己既定的角色，避免过分的情绪宣泄，审视自己内心真正的感受。

在自我修为上，你需要保持谦虚，任何骄傲的表现都会阻碍你获得成功。此时的你就好像希腊神话中的伊卡洛斯，他的翅膀是用蜡制成的，但他却想飞向太阳，最终太阳的热量融化了他的翅膀，使其跌回地上。所以这一时刻并不支持有野心的人，你需要保持低调，谨慎地、带着个人尊严地过日常生活，才是对你最有利的。

进阶教程

● 阶段一

1. 阶段特征

当力量不足时，你要格外谨慎小心，因为四周环境所发出的轻微警示，都足以对你造成无法想象的灾难。你要像"惊弓之鸟"一样，提高警觉性，随时观察外面发生的事情。

2. 历史故事

谨慎恭敬，大悦龙颜

石奋，字天威，西汉时期著名大臣。石奋十五岁的时候，在家乡做一个小官。因为侍奉汉高祖刘邦谨慎恭敬，获得了刘邦的好感。刘邦问石奋："你的家中还有什么人？"石奋回答道："我家中还有一个失明的母亲，以及一个姐姐。"刘邦又问："你愿意跟随我吗？"石奋答道："我愿意尽心效劳。"于是刘邦纳石奋的姐姐为妃子，石奋也做了中涓，这是一个常伴皇帝身边的亲近官位。谨小慎微的石奋就这样开启了自己的人生新篇章。

3. 实现方法

①小心谨慎，隐藏自己；②保持警觉性；③了解警示信号可能对自己造成的伤害。

4. 日省吾身

①你是否保持了足够的警觉？②你是否保持了较强的危机意识？③既然无法预知危机何时出现，你会如何小心防范呢？④现在是不是一个适合发展的机会？⑤怎样才能舒缓过分紧张的神经？⑥外面所发生的事情，是否会对你有影响？⑦是否想过危机的破坏性有多大？⑧有没有人会为你提供"避难所"呢？⑨现阶段最应该小心的是什么？⑩有没有一些容易被忽略，却充满危险的事情呢？

● 阶段二

1. 阶段特征

在这一阶段，你在工作中要格外谨慎，尤其是在事业成就方面。可能此时你正在谋求更大的功劳，成就更多的建树，但必须谨记，这些成绩不要超越你的上司，因为万一惹来他的嫉妒，最终只会让你功亏一篑。

2.　历史故事

诚惶诚恐，善于隐藏

陈平，西汉王朝开国功臣之一。陈平早年追随项羽，后来投靠刘邦，并且屡献计谋，为刘邦最终击败项羽，开创西汉，做出了极大贡献。刘邦称帝后，由于担心自己的皇位不稳，便开始着手屠戮功臣，英布、陈豨等异姓王纷纷被诛杀，韩信、彭越等人也没有逃脱狡兔死走狗烹的命运。

陈平虽然屡出奇计，但并不像那些冲锋陷阵的武将一样张扬，他永远是那个隐藏在背后的人。也正因为如此，他才没有像韩信、英布、彭越那样，让刘邦感受到巨大的威胁。一生谨慎的陈平，也靠着这种善于隐藏锋芒的行为，最终躲过了西汉初年一场场血雨腥风。

3.　实现方法

①表现自我能力，但要懂得收敛；②建功立业，但不要超越上司；③成就并不等于一切，关系也需兼顾。

4.　日省吾身

①你此刻想要达到的目标是什么？②若真的成功，是否会有人因此感到威胁？这人会是谁？③若此人感到不悦，对你的影响有多大？④怎样才能避免这些问题的出现？⑤你忽略了什么地方？⑥是否有两全其美的方法，既能取得事业的成功，又不会因此得罪人？⑦若两者必须平衡，你的标准是什么？⑧回顾自己的工作表现，有什么是需要收敛的？⑨你希望自己用多长时间改进这些缺点？⑩在争取功劳的过程中，是否为自己定下规则？

● 阶段三

1.　阶段特征

此时你需要小心的是不要盲目跟随他人，虽然这种行为看起来充满安全感，但其中却隐藏着危机。在这种跟随他人的状态中，你会慢慢失去主见，只懂得依附旁人，一旦领导者离开了，你很可能会丧失所有的求生技巧。

2. 历史故事

刚而犯上，殒命狱中

田丰，字元皓，东汉末年著名谋士。田丰自幼天资聪慧，博学多才，在冀州很有名望，被当时的重臣袁绍任命为别驾，十分器重。

但聪明的田丰并没有察觉出袁绍的真实为人。虽然袁绍看起来招贤纳士，其实却是嫉贤妒能，优柔寡断，根本听不进谋臣们为他献上的计谋。而为人刚正的田丰，每每直言犯上，让袁绍逐渐疏远了他。

官渡之战前夕，田丰再次因进谏触犯袁绍，再加上他人的诬陷，忍无可忍的袁绍终于将田丰囚禁起来，准备战争胜利后再处置他。结果官渡之战中，袁绍大败，不禁感叹："要是田丰还在，我也不至于落到如此境地。"但袁绍转念一想，自己灰头土脸，有何面目再去见田丰，于是便命人将田丰赐死于狱中。

就这样，这个著名的谋臣，就因为跟错了主公，落得个身死他手的下场。

3. 实现方法

①增加自我决策的机会；②客观收集和分析资料，然后再做决定；③切勿盲目跟随别人。

4. 日省吾身

①你是否为自己争取更多的决策机会？②做决定时需要注意什么？③做决定之前是否进行过仔细分析？④有没有数据支持你的决定？⑤领导者一旦离开，你需要面对什么困难？为什么？⑥当领导者离开后，你有信心度过危机吗？⑦在做出抉择的时候，什么会令你变得不客观？⑧你觉得自己足够"独立自主"吗？⑨你会如何提升自己这方面的能力？⑩人际关系会在多大程度上影响你的决定？

● 阶段四

1. 阶段特征

现在你很可能处在"一人之下，万人之上"的位置上，手握可以呼风唤雨的权力，管辖数个部门。此时你要格外留意那个赋予你这个地位的上司，若做出逾越之举，或者"功高盖主"，会给你带来不必要的麻烦。

2. 历史故事

功高盖主，却得善终

说到王翦、王贲父子，在秦始皇统一六国的进程中可谓是居功至伟，在东方六国中，有五个国家是王氏父子攻灭的。公元前228年，王翦灭赵；公元前225年，王贲灭魏；公元前223年，王翦灭楚；公元前222年，王贲灭燕、代；公元前221年，王贲灭齐。

秦王嬴政作为一位十分有雄心的君主，手下很多权谋之士都没有得到善终，其中就包括吕不韦和白起。那么，王氏父子有如此大功，最后又是怎样逃脱了秦王的嫉恨呢？原来，王氏父子每次出兵前，都会向秦王请求赏赐田产。时人常常讥讽二人贪婪，却不知这正是二人的高明之处。他们以这种方法，向秦王表明自己的志向只是做一介富翁，绝没有对于权力的觊觎。也正是这份谨慎，让二人在这个乱世中获得了善终。

3. 实现方法

①留意你与上司的关系；②切勿有"功高盖主"的行为出现；③甘于现状，做好本职工作。

4. 日省吾身

①在现在的位置上，你会如何行使职权？②有没有做过超越本分的事情？③若出现取代上司的念头，会如何制止？④现在的表现是不是"功高盖主"？⑤你的本职工作是什么？⑥如何才能甘于现状呢？⑦你与上司的关系是否融洽？⑧你认为自己是一个"本分"的人吗？⑨有没有忽略上司的感受？⑩有没有人能够为你提供意见，令你不轻易做出越轨的事情？

● 阶段五

1. 阶段特征

在这一阶段，你已经晋升为管理阶层，你的地位使你不得不专注于处理事务方面，而忽略了下属的需求。所以，此时你需要小心，失去下属对自己的忠心将是难以弥补的损失。

2. 历史故事

成都称帝，安抚人心

刘备作为三国时期人们耳熟能详的人物，他的事迹已经广为人知。在与孙权集团联合取得赤壁之战的胜利后，刘备率兵攻占荆州、零陵、武陵，后吞并蜀地，又在汉中击败曹军，稳定了自己的势力版图。

但让刘备困惑的是，此时如日中天的他，竟然总是有手下人叛逃，或者是不告而别。百般不解的刘备向身边的谋士询问，谋士告诉他："您身边的这些文武官员，从您落魄的时候就追随您，出生入死，就是为了能够有朝一日成为开国之臣。如今您已经拥有荆州、蜀地和汉中，却迟迟不肯继承大统之位，因此让这些追随您的人寒心了。"

明白了其中缘由的刘备恍然大悟，为了稳定人心，同时也是为了继承汉朝基业，终于在公元221年，于成都继承帝位。

3. 实现方法

①学会"人""事"兼顾；②了解下属的需求；③组织团队建设活动，提高凝聚力。

4. 日省吾身

①是不是忽略了下属的需求呢？②他们在工作上有什么需求是需要你来提供的？③最近的工作中是不是过于注重对"事"而忽略了人的感受呢？④怎样分配工作才能提高下属的工作效率呢？⑤公司有没有开展全员参加的集体活动？⑥你是否会参加这些活动？投入吗？⑦员工对你的评价是怎样的？⑧若出现负面评语，你会如何处理？⑨你是否会定期检查自己的工作？⑩有没有可供参考的意见或数据？

● 阶段六

1. 阶段特征

如果一个人对自己的处境毫无敏感性，不去谨慎地审视自己有没有越界，危机就会出现，会将人从权力的高峰拉扯下来。这时若已经达到目标，就不要再争强好胜，"停止"会是你安全的避难所。

2. 历史故事

急流勇退，泛舟西湖

范蠡，字少伯，春秋末年著名政治家、军事家。范蠡曾经与文仲一起辅佐越王勾践，攻灭吴国，成为春秋时期最后一个霸主。功成名就之后，范蠡看清了越王的为人，知道他只能共患难，不能同富贵，于是在事业的顶峰急流勇退，从此隐居于江湖之中。传说他与西施一起隐居在西湖旁，泛舟度日，颐养天年。

3. 实现方法

①谨慎自己的发展程度；②小心防范，提高危机感；③学会暂停一切行动。

4. 日省吾身

①在你的计划中，要如何调节方可暂停下来？②现在的发展是否超过预期？③发展过程中是否潜伏着不安的因素？④怎样才能令自己做到不主观呢？⑤是否有人会为你提出中肯的意见？⑥如果有人想利用你获利，你会如何做？⑦当你准备暂停下来时，会有什么阻碍？⑧你要怎样做，才会令暂停的过程顺利呢？⑨要控制自己不妄为，有什么困难呢？⑩若有一件事会令你意欲发展，会是什么事？

要点总结

①任何时候都要小心谨慎；②不因身份地位而疏于防范；③不要忽略他人的需求；④任何发展都需要有限度。

第六十三章　完结之后

总体特征

现在的情况达到了完美的平衡点，所有东西都处于最好的秩序之中，过渡期已经过去，你会变得轻松和自满，这种感觉是"完结之后"或是一个阶段的高潮之后必然会有的。这种情况也可以从我们熟知的历史规律中观察到：当一个社会的文明达到顶峰，衰落便会开始；日常的事务中出现不积极和不负责任，重要的社交联系减弱，从前被公认为绝对高尚的地方出现颓废和腐化。

你无法避免"完结之后"的衰退，但你可以学习怎样度过这一时刻。重要的是不要试图延长现在的理想状态。这种太平盛世的幻想只是你在自欺欺人，十分危险。物极必反，盛极而衰，是自然的规律，不承认这一规律，就会无法看准时机，陷入混乱，无法脱身。

在社交和人际关系中，可能会出现一些问题，但只要准备充足，还是可以安然度过的。如果你事先已经知道会受到情感的困扰，便不会因它的影响而觉得无助。

在商业和政治事务中，你要格外小心。衰落是"完结之后"的大趋势，到了顶峰的事业都要不可避免地遇到这个问题。此时，就是考验一个领导者眼光的时候了，只有真正有远见的人才能度过这一重大的转变。

此时你要留意身边的每一个细节，任何地方都有可能潜伏着危机。你必须时刻保持警觉，准备弥补每一个漏洞，应付每一次危机。你的警觉和专注度将帮你度过这一时期。

进阶教程

● 阶段一

1. 阶段特征

这世界没有"完美"的事情，只有"完美"的规律，令所有事物都按照高低起伏的"完美"循环运作。所以，你要学会在自己认为"完美"的时刻小心谨慎，警惕衰落的出现。

2. 历史故事

亲历党争，皇族相残

爱新觉罗·弘历，也就是我们熟知的乾隆皇帝，有关他的各种逸闻趣事，我们可谓是耳熟能详。作为中国历史上在位时间第二长（仅次于康熙）的皇帝，他的一生，经历了清朝的盛世，也见识了这个庞大帝国危机的到来。

弘历出生于1711年，即康熙五十年，父亲胤禛，也就是后来的雍正皇帝。弘历的幼年时期，正赶上康熙诸多皇子争夺皇位的白热化时期，在这场暗藏杀机的博弈中，众多皇子纷纷倒下。年幼的弘历也耳闻目睹了一个个泣血的家族故事。

据说康熙第一次见到弘历时，弘历刚刚十岁，康熙很快就喜欢上了这个聪明的孙子，而这也成为雍正在争储中获胜的重要因素。

公元1722年，康熙去世，雍正继位。然而，皇室的争斗并没有因为雍正的继位而停止。雍正为了巩固自己的位置，对于曾经和自己争夺皇位的竞争对手们纷纷开刀，一个个兄弟不是被软禁，就是被革职，让年少的弘历再一次见证了皇权斗争的残酷性。

3. 实现方法

①深知世上没有完美的事情；②在个人最荣耀的时刻保持谦虚；③拥有居安思危的态度。

4. 日省吾身

①你心中的完美形象是什么？②你能够接受瑕疵吗？③你生命中最辉煌的时刻是什么时候？④在这一时刻需要小心什么？⑤如何才能在最荣耀的时刻保持谨慎？⑥你是否满足于当前的环境？⑦你是否有忽略掉的细节？⑧现在最容易令你松懈的是什么事情？⑨有什么小事，可以令你的"完美"时刻即时破裂呢？⑩你会如何保存这完美的时刻呢？

● 阶段二

1. 阶段特征

这时的平衡会因为你的妄动而被打破，有些事情会诱惑着你做出决定，所以你必须谨小慎微，不被动摇。要以客观、严谨的心态考虑问题，收集和分析数据以作参考，谨慎做出每一个决定。

2. 历史故事

为人谨慎，立为太子

弘历是雍正的第五个儿子，而他的四个哥哥中，长兄弘晖、二兄弘盼、三兄弘昀先后早逝，比他年长的只有弘时一人。其中弘盼早殇，没有与序行次，所以弘历排行第四。弘时性情放纵，行事粗犷，让一贯谨慎的雍正十分头疼，他的种种行为也让自己逐渐失去了父亲的欢心。

而弘历则与哥哥完全相反，不仅聪明伶俐，行事也十分谨慎，大有乃父之风。于是，公元1723年，即雍正元年，弘历战胜了哥哥弘时，成为了太子。

3. 实现方法

①以不变应万变是行动的基础；②做每一个决定之前都要仔细衡量；③多询问意见，以弥补不足。

4. 日省吾身

①什么事情会导致你轻举妄动？②你为何会被引诱而妄动？③你忽略了什么危机？④是什么令你失去了平常心？⑤你会如何避免自己落入这种险境？⑥什么训练对你现在的状态有帮助？⑦怎样才能令你做出错误的决定？⑧谁的意见对你来说最有帮助？⑨你会以什么标准审视每一个意见的可靠性？⑩有没有以往的数据作为参考？

● 阶段三

1. 阶段特征

在这个阶段，完美的局面面临着严峻的考验。你希望通过改革将这光辉的时刻变得更加明亮，但实际上，妄动只会令事物由盛转衰，所以千万不可于此时做出任何激进的举动。

2. 历史故事

继位皇帝，改革弊政

公元1735年，年轻的弘历继位为帝，并于第二年改元"乾隆"。

乾隆皇帝即位后，面临的是一个严谨而庞大的国家统治集团。这个集团包括文武百官及各种机构，如同一个精密的机器一样日夜不停地运行着。

不过这个看起来巨人一样的机器，内部却已经危机重重。雍正治国以严厉著称，百官害怕他多于敬爱他。不仅仅是昔日的对手，就连普通官员，都感觉被雍正日夜监视着，统治阶级的矛盾不断积累，等待着一个爆发的机会。

乾隆深知雍正统治方法的弊病，于是在即位后，便开始着手纠正父亲的错误。他先是释放了曾经在争储中失败而被迫害的允禵等人，然后为年羹尧、隆科多等人进行了平反，这对于二十出头的年轻皇帝来说，是需要极大勇气的。

通过一系列的举措，乾隆终于取得了百官的信任与爱戴，皇室内部空前团结，为接下来的盛世打下了坚实的基础。

3. 实现方法

①拥有不为所动的平常心；②暂停一切行动的想法；③切勿听信小人的鼓动。

4. 日省吾身

①现在你有向外扩张的野心吗？②既然已经处在良好的环境中，为何还要扩张？③你有信心掌控扩张后的局面吗？④是谁对你说可以扩张的？⑤现在行动的风险是什么？⑥如何避免自己的主观性太强？⑦有没有人可以给你真正客观的评语？⑧你觉得自己可以保持平常心吗？⑨什么机会会让你难以放弃呢？⑩有没有一些人的话会让你小心提防呢？

● 阶段四

1. 阶段特征

虽然现在的生活十分安定，一切事物表面上都运作得井井有条，但也需要小心行事，不可过于松懈。因为漏洞的出现，就是始于放松警惕。

2. 历史故事

木兰围猎，演武成风

看过《还珠格格》的人都应该知道，乾隆皇帝就是在木兰围场狩猎时遇到假格格"小燕子"的。虽然小燕子其人是小说杜撰的，但木兰围场却是确有其事。终乾隆一生，都钟情于木兰围猎，而这个围猎的最初目的，绝对不是个人的玩乐活动。

乾隆继位初期，虽然雍正看起来为他留下一个有序的皇朝，但其实这个皇朝内部已经是危机重重。康熙中期以来的社会稳定局面，以及富足骄奢的生活，让曾经驰骋沙场的八旗兵风气日下，军备废弛。此时，边疆地区的不安定因素又逐渐增多，各种势力蠢蠢欲动，甚至已经有的地方公然造反。

为此，乾隆决心大开讲武之风，恢复木兰秋狩，遵循祖制，演武练兵。这也为日后平定苗疆叛乱、与准噶尔议和、完成雍正皇帝未竟的事业奠定了坚实的基础。

3. 实现方法

①拥有知足常乐的心态；②维持现有的运作模式；③提醒自己懂得居安思危。

4. 日省吾身

①对于现在的生活，你是否感到心满意足？②什么事情让你觉得仍不满足？③你会如何维持自己满意的生活？④一直以来，是否有被你忽略的事情？⑤你应如何配合现在的运作模式？⑥有什么事情是现在不可做的？⑦你最需要小心的心态是什么？⑧有没有留意危机的出现？⑨坦白地说，现在的神经是不是有点松懈呢？

● 阶段五

1. 阶段特征

虽然一切都进入最完美的状态，但不代表可以什么都不理会，反而需要你进一步发挥本领，让这完美的时刻能够运作得更长久一些。

2. 历史故事

励精图治，康乾盛世

经过一系列的政治、经济、军事改革，乾隆皇帝终于赢来了中国封建时期最后一个盛世——康乾盛世的顶峰。乾隆中期，全国各地区的农业、手工业、商业都有了大幅度的发展，人口增加，国库充实，社会经济空前繁荣。

在文化方面，乾隆时期也取得了丰硕的成果，其中最为著名的就是《四库全书》的编修。

然而，盛世之下难以掩盖的，却是管制的逐渐废弛。晚年的乾隆皇帝已经无心进取，宠信的和珅开始经营自己的势力集团，党争再次兴起，康乾盛世也逐渐走向自己的终点。

3. 实现方法

①配合现在的状况，发挥个人能力；②投身其中，不要袖手旁观；③当机立断，持续行动。

4. 日省吾身

①你与此刻的完美有什么关系？②若你不投入其中，会对此刻的完美造成什么影响？③若要避免完美的终结，你要做些什么？④你可以怎样延长这完美的时刻？⑤你需要注意的地方是什么？⑥如何保证你不在行动的过程中犯错？⑦现在需要"投入"和"坚持"，这对你来说有难度吗？⑧谁可以帮助你？⑨如果现行的状况出现问题，罪魁祸首会是谁？⑩应该怎样避免意外发生？

● 阶段六

1. 阶段特征

如今完美的局面已经接近尾声，这是大自然颠扑不破的规律。你要接受发生这种变化的历史必然性，也要看到这完美局面的尾声，往往是另一个完美局面的开始。

2. 历史故事

由盛转衰，一去不返

乾隆晚年，原本充盈的国库，在年复一年的穷兵黩武以及贪污腐败中逐渐被耗空，巨大的社会矛盾让农民起义此起彼伏，文字狱的连年兴起更是让乾隆为首的统治阶级失去了大批治国人才。

公元1797年，年事已高的乾隆立十五子永琰为太子，第二年归政，改元嘉庆。此时留给嘉庆皇帝的，已经是一个内忧外困、不可收拾的烂摊子。乾隆作为太上皇又度过了四年时间，公元1799年，乾隆帝于养心殿逝世，走完了他八十九年的一生，而清朝也随着他的逝去，大跨步走向了衰落。中国封建社会最后一个盛世就此画上了句号。

3. 实现方法

①接受"动"所带来的影响；②将损害减少至最小；③制订新的行动计划。

4. 日省吾身

①对于现在的"不动"来说，你如何接受"动"所带来的改变？②你如何在心态上接受完美被破坏所造成的冲击呢？③你需要在什么时候重新振作？④有什么人可以帮助现在的你？⑤如何可以将变动的伤害减至最低？⑥有什么事情是可以避免不受牵连的？⑦你会如何制订新的计划，创造新的"完美"？⑧未来的目标是什么？⑨有什么资源可以运用？⑩你预期重建的时间是多少？

要点总结

①接受"此事古难全"的事实；②完美终会过去，人力只能将之延缓；③等待转机的到来，准备创造下一个完美的局面。

第六十四章　终结之前

总体特征

在可预测的将来，你会达成自己的目标，看来只要继续努力，期待已久的事情就会发生，从前觉得模糊不清的情况会变得更加清晰。"终结之前"的时刻意味着有利的将来。

在人际关系中，因为你现在已经熟识所探讨问题的方方面面，所以能够做出准确的判断，让混乱的情况变得有秩序，最终达成自己的目标。在社交或公共场合，聚集人群对你来说是很容易的事情。当你足以服众时，便可以运用集体的力量，满足每一个人的需求，从而得到他们的支持。如果你在考虑政治上的晋升或商业上的投资的话，现在"终结之前"所提供的有利环境，正好可以成为你成功的助力。

如果你以为达到目的便万事大吉、美好的环境和有序的制度便会延续，那可就大错特错了。"终结之前"的时刻就好像上山一样，当你快要到达山顶时，会看清还有多少山路要走，又因为你已经有了很多攀登此山的经验，也知道了如何才能到达顶峰。但当你经过努力终于到达顶峰时，你会发现自己其实只爬完了这一个山头，此时的你没有任何山的另一面的经验和资料。太过自信地冲上顶峰只会带来灾害。

因此，在冲上顶峰前，你务必要做好准备，并且保持警惕，小心谨慎。即将到来的情况在任何方面对你来说都是陌生的，和你以前所有的经验都不同，在不久的将来，你会无法运用以前所积累的经验，因为这一时刻在很多地方对你来说都是一个完全陌生的环境。

进阶教程

● 阶段一

1. 阶段特征
此时你的忧虑主要来自于对自己能力的信心不足，或者是因为所承担的

418

责任太重，令你吃不消，从而出现了危机。其实，此刻的忧虑是很正常的情况，只要在危机爆发前好好锻炼自己，就可以避免危机。

2. 历史故事

朝政险恶，韦后专权

李隆基早年的生活环境，用危机四伏来形容一点不为过。公元685年，李隆基出生在洛阳，父亲是唐朝皇帝——睿宗李旦，不过当时真正掌权的却是鼎鼎大名的武则天。李隆基出生仅仅五年后，他的父亲就被废去帝位，又过了三年，他的母亲又因为"巫蛊"事件，被武则天下令处死。

年幼的李隆基过早接触到人心的险恶，在目睹了宫廷中的一场场悲剧后，他变得格外谨小慎微，生怕被别有用心的人抓住把柄。正因为他的谨慎，终武则天一朝，李隆基也没有受到实质上的威胁。

神龙政变发生后，武则天被迫将帝位还给李旦，但生性懦弱的李旦根本无法把持朝政，他的皇后韦氏和女儿安乐公主实际掌握了朝中大权。韦氏希望效法自己的婆婆武则天，成为新的女皇，甚至为此杀死了太子李重俊，并让自己的兄弟亲族掌握军政大权，作为皇嗣的李隆基再次陷入水深火热的境地。

3. 实现方法

①尽快消除内心的忧虑；②磨炼自己的意志品质；③了解危机的破坏性。

4. 日省吾身

①对于你现在的职责来说，有什么是你的能力所不能达到的？②你会不会因为自己能力的不足而感到有压力？③你会如何处理此时的压力？④如何才能在短时间内提高你的能力？⑤你是否过分担心犯错呢？⑥积极的工作态度应该是怎样的？⑦若要有完成工作的信心，你要注意什么细节？⑧有什么人可以供你咨询？⑨你在个人能力上还存在什么不足？⑩最容易出错的地方是哪里？

● 阶段二

1. 阶段特征

个人能力是摆脱此时困境的关键，面对困境，知道如何应对，不妄自逞强，困难终会被克服。

419

2. 历史故事

精心谋划，发展势力

此时的李隆基并没有逞匹夫之勇。他知道凭借自己的能力，根本无法与掌握了军政大权的韦氏集团相抗衡。于是，他开始暗自发展自己的势力，为将来的政变做准备。为此，他将目光放在了一支特殊的军队上，这支军队的名字叫作"万骑"。

"万骑"作为皇帝的亲兵，源自唐太宗李世民时期。当时，太宗甄选百官子弟中骁勇的武士，穿着虎纹衣服、豹纹靴子，跟随皇帝车驾进行游猎演武，号称"百骑"。到了武则天时期，这支亲兵部队发展为千骑，再到李旦时期，人数已经发展到万骑。这只军队常年护卫皇帝，战斗力极强，且就在皇帝身边，具有发动政变的先天优势。在李隆基的活动下，"万骑"的众多军官纷纷投靠，李隆基的势力也越来越庞大。

3. 实现方法

①充分展现个人能力；②不要逞强；③制订详细的行动计划。

4. 日省吾身

①此时的困难是什么？②你需要拥有什么能力才能解决这些困难？③你有足够的能力吗？④若能解决的话，什么方法是最合适的？⑤怎样才不会操之过急？⑥要稳步推进，有什么需要注意的？⑦过程中最容易被忽略的是什么？⑧最容易做过头的事情是什么？⑨现在是否有空间让你展现个人能力？⑩若要彻底解决问题，计划中应包含什么项目？

● 阶段三

1. 阶段特征

在面对危机时，个人能力不足，勉为其难，必然会带来更大的凶险。此时应该寻找同伴，共同面对这艰难的时刻。

2. 历史故事

寻求同盟，密谋政变

公元710年，李隆基认为自己羽翼已丰，决定发动政变。他找来的第一个盟友就是自己的姑姑——太平公主。太平公主是武则天的女儿，在武则天时期曾经权倾一时。后来武则天的统治被推翻后，太平公主风光不再，但她手中的人脉和势力仍然不可小觑。最重要的是，太平公主与号称武则天第二的韦氏不和，有着强烈的推翻韦氏集团的愿望。

除了太平公主，李隆基还拉拢了太平公主的儿子薛崇简、苑总监钟绍京等人，以及"万骑"中的军官李仙凫、葛福顺、陈玄礼等人，开始密谋推翻韦氏集团。

七月二十一日，葛福顺突袭羽林营，杀死掌握兵权的韦跨、韦播等人，掌握了羽林军，同时李仙凫也率兵攻来，李隆基则带领"万骑"的其他军队从中接应，政变一举成功，韦氏集团就这样被颠覆。

3. 实现方法

①切勿表露放弃的心态；②要有自知之明，不妄自逞强；③寻求同伴的帮助。

4. 日省吾身

①面对当下的困境，你是否感觉到独木难支？②有没有想过放弃？③如果要坚持下去，你应该抱持什么样的态度？④有没有人能够与你共度时艰呢？⑤如果最终可以摆脱困境，对你帮助最大的是什么？⑥如果有人做你的同伴，你应该如何修改和执行计划？⑦你和同伴如何相互鼓励？⑧如何步步为营，一步步解决问题？⑨你留意到继续前进的危险性了吗？⑩如果最终解决问题，你会如何与同伴庆祝？

● 阶段四

1. 阶段特征

此时面对困境，你需要有百折不回的的毅力，也需付出极大的努力，才能最终度过这一艰难的时刻。

2. 历史故事

明争暗斗，终获大胜

李隆基推翻韦氏集团后，睿宗李旦复位。此时，皇权被李隆基与太平公主二人平分。二人也在朝中各树党羽，明争暗斗。李旦复位初期，他更倾向于听从太平公主的意见，后来慢慢向李隆基靠近，这让太平公主十分不满。

从公元710年至712年，太平公主与李隆基各自培养亲信，太平公主拉拢了宰相岑羲、萧至忠，尚书仆射窦怀贞、太子少保薛稷等人，李隆基也不遑多让，将王琚、张说、王毛仲等文武官员笼络起来。两方势力的较量出现白热化趋势。

睿宗见局势一发不可收拾，竟然做出将皇位让给李隆基的举动，这让太平公主决心用政变杀死李隆基，夺回皇权。李隆基听到密报后，决定先发制人，于是发动了"先天政变"，一举覆灭了太平公主的势力，太平公主也兵败被赐死于家中。至此，朝政大权终于归入李隆基一人手中。

3. 实现方法

①以毅力度过这艰难的时刻；②为迎接长期挑战做好身心准备；③发挥个人能力，同时不断自我增值。

4. 日省吾身

①你准备用多长时间摆脱当前的困境？②如果需要更多的时间，你是否做好心理准备？③如果在过程中遇到不顺的情况，你会如何应对？④你会如何调整自己在困境中的心态？⑤有没有同伴可以帮你调整心态？⑥面对困境，你需要具备什么能力？⑦如果能力不足，应如何充实自己？⑧你制订的计划灵活度高吗？⑨遇到突如其来的事件，你是否有信心处理？⑩现在你能够付出的时间是多少？

● 阶段五

1. 阶段特征

在这个阶段，要想获得成功，就必须依靠正确的用人方法，灵活地调配资源，让合适的人处在合适的位置上，就可以帮你度过当下的黑暗时期，寻找到黎明的曙光。

2. 历史故事

励精图治，开元盛世

李隆基重新掌权后，摆在面前的是一个兵祸连年、皇室衰败的唐王朝。于是李隆基改元"开元"，以示重整河山之决心。他先后任用姚崇、宋璟、张说、张九龄等重臣，内治国政，外抚百姓。一方面大力发展农业，增收国库；一方面整顿武备，加强兵力。经过一系列的改革措施，大唐王朝终于出现了一个兴盛的局面，史称"开元盛世"。

3. 实现方法

①用人唯才，用人不疑；②运用及调配资源，达成目标；③切勿放弃，看到危机背后的生机。

4. 日省吾身

①你需要什么人支持你度过当下的危机呢？②有没有合适的人可以帮助你？③这类人拥有什么样的特质？④在解决难题的过程中，如何做到"用人不疑"呢？⑤你愿意将权力下放给这些人吗？⑥有没有足够的资源供你使用？⑦一个有效率的行动计划应该是什么样的？⑧怎样才可以做到众志成城？⑨解决当下的危机后，你会获得多大的发展空间？⑩你开始制订后备发展计划了吗？

● 阶段六

1. 阶段特征

当你摆脱所有困境后，现在已是踏入完美时代的开始，这一时期将充满惊喜与和谐，一切事物都运作良好。但是要记住，此时不要沉迷享乐，否则危机迟早会再度出现。

2. 历史故事

沉迷享乐，安史之乱

"开元盛世"让李隆基获得了极大的声誉，同时也消磨了他励精图治的雄心。李隆基开始逐渐沉迷于享乐之中，宠信高力士、杨国忠等佞臣，以及妃子杨玉环，任人唯亲，卖官鬻爵之风再次兴起，大唐王朝也终于来到了由盛转衰的时间节点。

公元755年，安史之乱爆发，安禄山、史思明趁唐朝内部腐败、兵力空虚之际，联合北方少数民族，长驱直入，一举攻占了唐朝的都城长安，李隆基仓皇逃亡，一代盛世就这样结束了。

3. 实现方法

①制订制度，妥善管理；②享受现时的一切；③切勿放纵自己，仍要继续努力。

4. 日省吾身

①是否还有没解决的危机？②你是否完全利用了当前环境中可发展的空间？③还有什么制度是需要重新订立或改善的？④这些制度应该怎样维系现有的平衡？⑤对于现在的管理，有没有数据或意见可供参考？⑥现在最需谨慎小心的是什么？⑦最容易令你放纵的事情是什么？⑧最可能出现的危机是什么？⑨如何防范各种危机出现？⑩要维持长久的繁荣，有什么人是必须要离开的？

要点总结

①明白每个困难都是新的生机的开始；②不要放弃，亦不要逞强；③寻找同伴一起渡过难关；④明白自然万物皆有始终的道理。